压力容器生产（设计）单位质量保证系统责任工程师培训教材

主　编　周小平
编　委　袁　丹　高德志
　　　　朱永刚　李邵峰

湘潭大学出版社
XIANGTAN UNIVERSITY PRESS

图书在版编目(CIP)数据

压力容器生产(设计)单位质量保证系统责任工程师培训教材 / 周小平主编. -- 湘潭 : 湘潭大学出版社, 2022.5
ISBN 978-7-5687-0831-9

Ⅰ. ①压… Ⅱ. ①周… Ⅲ. ①压力容器一质量管理体系一技术培训一教材 Ⅳ. ①F407.466.3

中国版本图书馆 CIP 数据核字(2022)第 133029 号

压力容器生产(设计)单位质量保证系统责任工程师培训教材

YALI RONGQI SHENGCHAN (SHEJI) DANWEI ZHILIANG BAOZHENG XITONG ZEREN GONGCHENGSHI PEIXUN JIAOCAI

周小平 主编

责任编辑: 丁立松 夏金玉
封面设计: 张丽莉
出版发行: 湘潭大学出版社
社　　址: 湖南省湘潭大学工程训练大楼
电　　话: 0731-58298960 0731-58298966(传真)
邮　　编: 411105
网　　址: http://press.xtu.edu.cn/
印　　刷: 长沙鸿和印务有限公司
经　　销: 湖南省新华书店
开　　本: 787 mm×1092 mm 1/16
印　　张: 15.25
字　　数: 365 千字
版　　次: 2022 年 5 月第 1 版
印　　次: 2022 年 5 月第 1 次印刷
书　　号: ISBN 978-7-5687-0831-9
定　　价: 58.00 元

前 言

《中华人民共和国特种设备安全法》明文规定："本法所称特种设备，是指对人身和财产安全有较大危险性的锅炉、压力容器（含气瓶）、压力管道、电梯、起重机械、客运索道、大型游乐设施、场（厂）内专用机动车辆，以及法律、行政法规规定适用本法的其他特种设备。"压力容器属于特种设备，列入国家强制管理范围。压力容器质量的好坏，很大程度上取决于生产环节，而生产环节的质量把关，主要依靠各质量控制系统责任工程师。

本书是根据国家颁布的有关压力容器生产安全的法规、标准及压力容器生产单位质量保证系统要求，结合本人三十余年压力容器相关工作经验编写。本书对压力容器生产单位质量保证系统的质量保证工程师和各系统责任工程师的任职条件及岗位职责，各质量保证体系的建立，体系文件的编写，各质量保证系统程序文件、作业（工艺）文件及质量记录表卡，各质量保证系统责任工程师应掌握的相关法规、标准和专业知识进行了介绍。本书分为压力容器生产（设计）法规与标准，质量保证体系，合同控制系统，设计质量控制系统，材料，零部件质量控制系统，焊接质量控制系统，作业（工艺）质量控制系统，无损检测质量控制系统，检验与试验质量控制系统，理化检验质量控制系统，热处理质量控制系统，生产设备和检验与试验装置质量控制系统，质量保证体系的其他控制要素（包括文件和记录控制、不合格品（项）的控制、质量改进与服务、人员管理、执行特种设备许可制度）13 章。

本书还介绍了一些压力容器生产的新方法、新技术、新工艺。

本书适用于压力容器生产（设计）单位质量保证系统质量保证工程师和各系统责任工程师培训的需要，也可以作为压力容器生产（设计）单位质量保证系统质量保证工程师和各系统责任工程师及相关人员的工具书。

本书还适用于锅炉生产与安装、压力管道安装等承压类特种设备生产与安装单位质量保证系统质量保证工程师和各系统责任工程师培训的需要，也可以作为承压类特种设备相关人员的工具书。

本书在出版发行过程中得到了湖南汉华京电清洁能源科技有限企业、韶山市创元机械有限企业、湘潭市明辉容器制造有限企业的大力支持，在此表示衷心感谢！本书中的不妥之处，恳请批评指正。

编者

2022 年 4 月

目　录

第一章　压力容器生产（设计）法规与标准

第一节　法规体系

一、我国的法规体系框架（层次）

宪法→法律→行政法规、地方性法规→行政规章(部门规章)→规范性文件→标准6个层次。

二、特种设备法规体系框架（层次）

法律→行政法规→行政规章(部门规章)→安全技术规范→引用标准5个层次。

1.法律

压力容器生产单位所生产的压力容器产品及其生产活动，必须满足下列法律要求。

(1)《中华人民共和国特种设备安全法》；

(2)《中华人民共和国产品质量法》；

(3)《中华人民共和国计量法》；

(4)《中华人民共和国标准化法》；

(5)《中华人民共和国安全生产法》；

(6)《中华人民共和国民法典》；

(7)《中华人民共和国刑法》；

(8)《中华人民共和国行政许可法》。

2.行政法规

按照《宪法》和《立法法》，全国人民代表大会及其常务委员会有权作出决定，授权国家最高行政机关国务院制定行政法规,如《特种设备安全监察条例》。省、自治区、直辖市以及副省级市和设区的市人大及其常委会根据实际需要制定行政法规及地方性法规。

3. 行政规章(部门规章)

行政规章:指国务院各部委以及各省、自治区、直辖市的人民政府和副省级市以及设区的市人民政府根据宪法、法律和行政法规等制定和发布的规范性文件。国务院各部委制定的称为部门行政规章,其余的称为地方行政规章。《规章制定程序条例》(国务院令第695号)第六条,规章的名称一般称"规定""办法",但不得称"条例"。行政法规是我国最高国家行政机关国务院制定的有关国家行政管理方面的规范性文件,其地位和效力低于宪法和法律。如《特种设备安全监察条例》。

4. 安全技术规范(规范性文件)

泛指经过规定的编制、审定,由国家市场监督管理总局授权特种设备局局长签署、以国家市场监督管理总局名义公布的文件。是政府对特种设备的安全性能和相应的设计、制造、安装、改造、维修、使用和检验检测等所作出的一系列规定,是必须强制执行的文件,安全技术规范是特种设备法规标准体系的主体,是在世界经济一体化中各国贸易保护性措施在安全方面的体现形式,其作用是把法律、法规和行政规章的原则规定具体化。

5. 压力容器相关标准

(1)压力容器材料标准,如 GB/T 713、GB/T 3531、GB/T 24511 等;

(2)压力容器设计制造标准,如 GB/T 150、GB/T 151、GB/T 12337、JB 4732 等;

(3)试验方法标准,如 GB/T 228、GB/T 232、GB/T 229、GB/T 4334、NB/T 47010 等;

(4)检测标准,如 NB/T 47013 等。

第二节　安全技术规范

一、安全技术规范的分类

根据国务院公布的特种设备目录,将安全技术规范分为综合、锅炉、压力容器、压力管道(及元件)、电梯、起重机械、游乐设施、客运索道、场(厂)内机动车辆九大类。综合类规范以安全监察管理内容为主,并将适用于各类设备的综合性规范划入其中;其他各类设备规范以该类设备的全过程控制为主,包括管理要求和技术要求。

二、安全技术规范的特点

1. 全方位:在单位(机构)、人员、设备、方法等方面体现管理和技术要求的全方位。

2. 全过程:在设计、制造、安装、改造维修、使用、检验、监察等环节体现管理和技术要求的全过程。

3. 全覆盖:在锅炉、压力容器、压力管道、电梯、起重机械、游乐设施、客运索道、场(厂)内机动车辆,及其材料、安全附件等设备体现管理和技术要求的全覆盖。

三、 安全技术规范的组织实施

为充分发挥技术机构和安全技术专家的作用,体现开放立法的原则,具体起草工作由起草组负责。起草组由安全技术规范涉及领域的技术或管理专家组成。

四、安全技术规范的审批

(1)全国征求意见。

(2)特种设备安全技术委员会审议。

(3)主要涉及管理要求的安全技术规范,由国家市场监督管理总局领导签发;主要涉及技术要求的安全技术规范,由国家市场监督管理总局领导授权特种设备局局长签署。已批准的安全技术规范的目录由国家市场监督管理总局予以公布。

第三节　我国特种设备安全监管历程及压力容器生产(设计)法律、法规、标准

一、我国特种设备安全监管历程

1. 最早开展安全监督管理的设备:锅炉、压力容器、起重机械——1955 年。

2. 第一个行政法规:《锅炉压力容器安全监察暂行条例》——1982 年。

3. 第一次对 7 类特种设备制定行政法规:《特种设备安全监察条例》——2003 年。

4. 第一部法律:《中华人民共和国特种设备安全法》——2013 年。

5. 目前我国已有特种设备安全技术规范 50 余个,涉及 8 类特种设备,技术标准近 1 000 项。

二、压力容器生产(设计)相关法律、法规、标准

1.法律:特种设备安全法、产品质量法、计量法、标准化法、安全生产法、民法典、刑法、行政许可法。

2.行政法规:特种设备安全监察条例。

3.安全技术规范(规范性文件):

特种设备生产和充装单位许可规则(TSG 07—2019);

固定式压力容器安全技术监察规程(TSG 21—2016);

移动式压力容器安全技术监察规程(TSG R0005—2011);

气瓶安全技术规程(TSG 23—2021)。

4.标准

(1)压力容器材料标准:GB/T 24511《承压设备用不锈钢和耐热钢钢板及钢带》、GB/T 713《锅炉和压力容器用钢板》。

(2)压力容器设计、制造、检验标准:GB/T 150—2011《压力容器》、GB/T 151—2014《热交换器》、GB/T 12337—2014《钢制球形储罐》、NB/T 47041《塔式容器》、NB/T 47042—2014《卧式容器》、JB 4732《钢制压力容器——分析设计标准》、JB/T 4734—2002《铝制焊接容器》、JB/T 4745—2002《钛制焊接容器》、JB/T 4755—2006《铜制压力容器》、JB/T 4756—2006《镍及镍合金制压力容器》、NB/T 47014—2011《承压设备焊接工艺评定》、NB/T 47015—2011《压力容器焊接规程》、NB/T47016—2016《承压设备产品焊接试件的力学性能检验》、NB/T 47013《承压设备无损检测》、GB/T 5099—2017《钢制无缝气瓶》、JB/T 4736—2002《补强圈》、GB/T 25198—2010《压力容器封头》、NB/T 47018—2017《承压设备用焊接材料订货技术条件》、NB/T 10558—2021《压力容器涂敷与运输包装》、NB/T 47057—2017《液化气体罐式集装箱》等。

第四节　压力容器生产(设计)主要法规、标准介绍

一、中华人民共和国特种设备安全法

《中华人民共和国特种设备安全法》(以下简称本法)由中华人民共和国第十二届全国人民代表大会常务委员会第三次会议于2013年6月29日通过,中华人民共和国主席令(第四号)公布,自2014年1月1日起施行。

本法是为加强特种设备安全工作，预防特种设备事故，保障人身和财产安全，促进经济社会发展制定的法律。

特种设备的生产(包括设计、制造、安装、改造、修理)、经营、使用、检验、检测和特种设备安全的监督管理，适用本法。

本法所称特种设备，是指对人身和财产安全有较大危险性的锅炉、压力容器(含气瓶)、压力管道、电梯、起重机械、客运索道、大型游乐设施、场(厂)内专用机动车辆，以及法律、行政法规规定适用本法的其他特种设备。

特种设备生产、经营、使用单位应当遵守本法和其他有关法律、法规，建立、健全特种设备安全和节能责任制度，加强特种设备安全和节能管理，确保特种设备生产、经营、使用安全，符合节能要求。

特种设备生产、经营、使用、检验、检测应当遵守有关特种设备安全技术规范及相关标准。

二、中华人民共和国行政许可法

《中华人民共和国行政许可法》于 2003 年 8 月 27 日第十届全国人民代表大会常务委员会第四次会议通过，中华人民共和国主席令(第七号)公布，根据 2019 年 4 月 23 日第十三届全国人民代表大会常务委员会第十次会议《关于修改〈中华人民共和国建筑法〉等八部法律的决定》修正，中华人民共和国主席令(第二十九号)公布，自公布之日起施行。在《中华人民共和国行政许可法》的第十二条有关行政许可设定中规定："直接关系公共安全、人身健康、生命财产安全的重要设备、设施、产品、物品，需要按照技术标准、技术规范，通过检验、检测和检疫等方式进行审定的事项。"《中华人民共和国行政许可法》第十四条规定"法律可以设定行政许可。尚未制定法律的，行政法规可以设立行政许可。""必要时，国务院可以采用发布决定的方式设立行政许可。"

三、特种设备安全监察条例

《特种设备安全监察条例》于 2003 年 3 月 11 日以中华人民共和国国务院令第 373 号公布，根据 2009 年 1 月 24 日《国务院关于修改〈特种设备安全监察条例〉的决定》修订，以中华人民共和国国务院令第 549 号公布，自 2009 年 5 月 1 日起施行。

《特种设备安全监察条例》是国务院发布的行政法规，是压力容器的最高行政法规。

《特种设备安全监察条例》的制定是为了加强特种设备的安全监察，防止和减少事故，保障人民群众生命和财产安全，促进经济发展。

《特种设备安全监察条例》所称特种设备是指涉及生命安全、危险性较大的锅炉、压力容器(含气瓶)、压力管道、电梯、起重机械、客运索道、大型游乐设施和场(厂)内专用机动车辆。

特种设备的生产(含设计、制造、安装、改造、维修)、使用、检验检测及其监督检查,应当遵守《特种设备安全监察条例》,但条例另有规定的除外。

军事装备、核设施、航空航天器、铁路机车、海上设施和船舶,以及矿山井下使用的特种设备、民用机场专用设备的安全监察不适用本条例。

在《特种设备安全监察条例》第十四条有关许可的要求中规定:“锅炉、压力容器、电梯、起重机械、客运索道、大型游乐设施及其安全附件、安全保护装置的制造、安装、改造单位,以及压力管道用管子、管件、阀门、法兰、补偿器、安全保护装置等的制造单位,应当经国务院特种设备安全监督管理部门许可,方可从事相应的活动。”

国务院特种设备安全监督管理部门负责全国特种设备的安全监察工作,县以上地方负责特种设备安全监督管理的部门对本行政区域内特种设备实施安全监察(以下统称特种设备安全监督管理部门)。

特种设备生产、使用单位应当建立健全特种设备安全、节能管理制度和岗位安全、节能责任制度。特种设备生产、使用单位的主要负责人应当对本单位特种设备的安全和节能全面负责。

特种设备生产、使用单位和特种设备检验检测机构,应当接受特种设备安全监督管理部门依法进行的特种设备安全监察。

国家鼓励推行科学的管理方法,采用先进技术,提高特种设备安全性能和管理水平,增强特种设备生产、使用单位防范事故的能力,对取得显著成绩的单位和个人,给予奖励。

国家鼓励特种设备节能技术的研究、开发、示范和推广,促进特种设备节能技术创新和应用。

特种设备生产单位应当依照条例规定以及国务院特种设备安全监督管理部门制定并公布的安全技术规范的要求,进行生产活动。

特种设备生产单位对其生产的特种设备的安全性能和能效指标负责,不得生产不符合安全性能要求和能效指标的特种设备,不得生产国家产业政策明令淘汰的特种设备。

压力容器的设计单位应当经国务院特种设备安全监督管理部门许可,方可从事压力容器的设计活动。

压力容器的设计单位应当具备下列条件:

(1)有与压力容器设计相适应的设计人员、设计审核人员;

(2)有与压力容器设计相适应的场所和设备;

(3)有与压力容器设计相适应的健全的管理制度和责任制度。

锅炉、压力容器中的气瓶、氧舱和客运索道、大型游乐设施以及高耗能特种设备的设计文件,应当经国务院特种设备安全监督管理部门核准的检验检测机构鉴定,方可用于制造。

按照安全技术规范的要求，应当进行型式试验的特种设备产品、部件，或者试制生产特种设备新产品、新部件、新材料，必须进行型式试验和能效测试。

锅炉、压力容器、电梯、起重机械、客运索道、大型游乐设施及其安全附件、安全保护装置的制造、安装、改造单位，以及压力管道用管子、管件、阀门、法兰、补偿器、安全保护装置等(以下简称压力管道元件)的制造单位和场(厂)内专用机动车辆的制造、改造单位，应当经国务院特种设备安全监督管理部门许可，方可从事相应的活动。

特种设备制造、安装、改造单位应当具备下列条件：

(1)有与特种设备制造、安装、改造相适应的专业技术人员和技术工人；

(2)有与特种设备制造、安装、改造相适应的生产条件和检测手段；

(3)有健全的质量管理制度和责任制度。

特种设备出厂时，应当附有安全技术规范要求的设计文件、产品质量合格证明、安装及使用维修说明、监督检验证明等文件。

《特种设备安全监察条例》中所指压力容器，是指盛装气体或者液体，承载一定压力的密闭设备。其范围规定为最高工作压力大于或者等于 0.1 MPa(表压)，且压力与容积的乘积大于或者等于 2.5 MPa·L 的气体、液化气体和最高工作温度高于或者等于标准沸点的液体的固定式容器和移动式容器；盛装公称工作压力大于或者等于 0.2 MPa(表压)，且压力与容积的乘积大于或者等于 1.0 MPa·L 的气体、液化气体和标准沸点等于或者低于 60 ℃液体的气瓶；氧舱；等。

四、国家市场监督管理总局关于特种设备行政许可有关事项的公告

2021 年 11 月 30 日，国家市场监督管理总局发布《市场监管总局关于特种设备行政许可有关事项的公告》(2021 年第 41 号)，对原公告(2019 年第 3 号)中的《特种设备生产单位许可目录》进行了修订和调整。新的《特种设备生产单位许可目录》规定如下：

1.设计单位许可

(1)压力容器设计

①由国家市场监督管理总局实施的子项目：

压力容器分析设计(SAD)。

②国家市场监督管理总局授权省级市场监管部门实施或由省级市场监管部门实施的子项目：

固定式压力容器规则设计、移动式压力容器规则设计。

(2)压力管道设计

①由国家市场监督管理总局实施的子项目：无。

②国家市场监督管理总局授权省级市场监管部门实施或由省级市场监管部门实施的子项目:长输管道(GA1、GA2)、公用管道(GB1、GB2)、工业管道(GC1、GC2、GCD)。

2.制造单位许可

(1)锅炉制造[含安装(散装锅炉除外)、修理、改造]

①由国家市场监督管理总局实施的子项目:

锅炉(A,不限具体产品范围)。

②国家市场监督管理总局授权省级市场监管部门实施或由省级市场监管部门实施的子项目:

锅炉(A,限定A级锅炉部件、热水锅炉、余热锅炉、油田注汽炉、盘管锅炉、电加热锅炉等);锅炉(B)。

(2)压力容器制造(含安装、修理、改造)

①由国家市场监督管理总局实施的子项目:

固定式压力容器:大型高压容器(A1)、超高压容器(A6);

移动式压力容器:铁路罐车(C1);

氧舱(A5);

气瓶:特种气瓶[纤维缠绕气瓶(B3)]。

②国家市场监督管理总局授权省级市场监管部门实施或由省级市场监管部门实施的子项目:

固定式压力容器:其他高压容器(A2),球罐(A3),非金属压力容器(A4),中、低压容器(D);

移动式压力容器:汽车罐车、罐式集装箱(C2)、长管拖车、管束式集装箱(C3);

气瓶:无缝气瓶(B1)、焊接气瓶(B2)、特种气瓶[低温绝热气瓶(B4)、内装填料气瓶(B5)]。

(3)安全附件制造

①由国家市场监督管理总局实施的子项目:

爆破片装置。

②国家市场监督管理总局授权省级市场监管部门实施或由省级市场监管部门实施的子项目:

安全阀(A、B);

紧急切断阀(A、B);

燃气气瓶阀门(不含车用燃气阀门)。

(4)压力管道元件制造

①由国家市场监督管理总局实施的子项目:无。

②国家市场监督管理总局授权省级市场监管部门实施或由省级市场监管部门实施的子项目：

压力管道管子(A、B)；

压力管道阀门(A1、A2、B)；

压力管道管件(无缝管件(B1、B2)、有缝管件(B1、B2)、锻制管件、聚乙烯管件)；

压力管道法兰(钢制锻造法兰)；

补偿器(金属波纹膨胀节(B1、B2))；

元件组合装置。

(5)境外特种设备制造

(境外承压类特种设备实施制造许可制度)

①由国家市场监督管理总局实施的子项目：

锅炉、压力容器、气瓶、安全附件(安全阀、爆破片装置、紧急切断阀、燃气气瓶阀门)、压力管道元件(压力管道管子、压力管道阀门)。

②国家市场监督管理总局授权省级市场监管部门实施或由省级市场监管部门实施的子项目：无。

3.安装改造修理单位许可

承压类特种设备安装、修理、改造。

①由国家市场监督管理总局实施的子项目：

长输管道安装(含修理、改造)(GA1)。

②国家市场监督管理总局授权省级市场监管部门实施或由省级市场监管部门实施的子项目：

锅炉安装(含修理、改造)(A、B)；

长输管道安装(含修理、改造)(GA2)；

公用管道安装(GB1、GB2)；

工业管道安装(GC1、GC2 和 GCD)。

4.充装单位许可

移动式压力容器、气瓶充装：

①由国家市场监督管理总局实施的子项目：无。

②国家市场监督管理总局授权省级市场监管部门实施或由省级市场监管部门实施的子项目：全部。

五、特种设备生产和充装单位许可规则

2019年5月13日，TSG 07—2019《特种设备生产与充装单位许可规则》(以下简称《许可规则》)由国家市场监督管理总局批准颁布，2019年6月1日起施行。

(一)目的和依据

为了规范特种设备生产(设计、制造、安装、改造、修理)和充装单位许可工作，根据《中华人民共和国特种设备安全法》《中华人民共和国行政许可法》《特种设备安全监察条例》等有关法律、法规，制定《许可规则》。

(二)适用范围

在中华人民共和国境内使用的特种设备，其设计、制造、安装、改造、修理、充装单位的许可，适用《许可规则》。

(三)许可实施主体

实施特种设备生产和充装单位许可的部门为国家市场监督管理总局和省级人民政府负责特种设备安全监督管理的部门(国家市场监督管理总局以下简称市场监管总局，省级人民政府负责特种设备安全监督管理的部门以下简称省级特种设备安全监管部门，市场监管总局和省级特种设备安全监管部门以下统称发证机关)。

(四)许可目录

特种设备生产和充装单位的许可类别、许可项目和子项目、许可参数和级别(以下统称许可范围)以及发证机关，按照市场监管总局发布的《特种设备生产单位许可目录》执行；许可项目和子项目中的设备种类、类别和品种按照《特种设备目录》执行。

(五)许可证书及有效期

特种设备许可证书包括《中华人民共和国特种设备生产许可证》和《中华人民共和国移动式压力容器(气瓶)充装许可证》(以下简称许可证，样式见《许可规则》附件A)，其有效期均为4年。

(六)许可条件

1. 一般要求

申请特种设备生产和充装许可的单位(以下简称申请单位)，应当具有法定资质，具有与许可范围相适应的资源条件，建立并且有效实施与许可范围相适应的质量保证体系、安全管理制度等，具备保障特种设备安全性能的技术能力。

2. 资源条件

申请单位应当具有以下与许可范围相适应，并且满足生产需要的资源条件：

(1)人员,包括管理人员、技术人员、检测人员、作业人员等;

(2)工作场所,包括场地、厂房、办公场所、仓库等;

(3)设备设施,包括生产(充装)设备、工艺装备、检测仪器、试验装置等;

(4)技术资料,包括设计文件、工艺文件、施工方案、检验规程等;

(5)法规标准,包括法律、法规、规章、安全技术规范及相关标准。

具体资源条件和要求,分别见《许可规则》附件 B 至附件 L。

3. 质量保证体系

申请单位应当按照《许可规则》的要求,建立与许可范围相适应的质量保证体系,并且保持有效实施;其中,特种设备制造、安装、改造、修理单位的质量保证体系应当符合《许可规则》附件 M《特种设备生产单位质量保证体系基本要求》,压力容器和压力管道设计单位的质量保证体系应当符合《许可规则》C1.4 和 E1.4 条的要求,移动式压力容器和气瓶充装单位的质量保证体系应当符合《许可规则》C3.7 和 D2.7 条的要求。

申请单位应当具备保障特种设备安全性能和充装安全的技术能力,按照特种设备安全技术规范及相关标准要求进行产品设计、制造、安装、改造、修理、充装活动。

4. 资源条件的通用要求

(1)人员

资源条件中的技术人员应当具有理工类专业教育背景,取得相关专业技术职称并具有相关工作经验。

资源条件中的安全管理人员、检测人员、作业人员,纳入特种设备人员行政许可的,应当取得相应的特种设备人员资格证。资源条件中对人员有工程技术职称要求的,如果人员无相应工程技术职称,则需要具有相应的学历和技术工作年限,学历应当为理工类专业。工程技术职称与学历和技术工作年限比照见表 1-1。

表 1-1　工程技术职称与学历和技术工作年限比照(注 1-1)

工程技术职称	学历与技术工作年限			
	博士毕业生	硕士毕业生	大学本科毕业生	大专毕业生
高级工程师	工作 4 年以上	工作 10 年以上	工作 13 年以上	工作 15 年以上
工程师	工作 1 年以上	工作 4 年以上	工作 7 年以上	工作 9 年以上
助理工程师	——	工作 1 年以上	工作 2 年以上	工作 3 年以上

注 1-1:技术工作是指与相应特种设备生产、充装、检验、检测、使用管理等有关的技术方面的工作。高级技师和技师可以分别相当于工程师和助理工程师;中专毕业生的技术工作年限要求可以参照大专毕业生。

(2)工作场所和设备设施租赁

工作场所

生产和充装单位的场地、厂房、办公场所、仓库允许承租。工作场所承租的,租赁双方应当签订租赁合同,其租赁期限应当覆盖申请许可证的有效期、并且能够提供出租方的土地使用证明、房产证或者土地管理部门出具的其他有效证明。

设备设施

生产和充装单位资源条件要求的生产(充装)设备(厂房附属的起重设备除外)、工艺装备、检测仪器、试验装置等一般不允许承租,《许可规则》附件B至附件L另有规定的,从其规定。

5.工作外委(分包)

(1)设计、材料预处理、热处理、无损检测和理化检验等工作的外委,应当符合《许可规则》附件B至附件L的要求;

(2)允许外委的,受委托单位应当具有相应能力,无损检测、压力容器和压力管道设计应当外委给取得特种设备相应资质的单位(机构),但是不得外委给对本单位实施监督检验、型式试验的检验机构;委托单位应当与受委托单位签订合同(协议),确定外委的具体项目和详细要求;外委工作的质量控制由委托单位负责,纳入其质量保证体系的控制范围;

(3)工作外委的,与外委工作直接相关的人员和设备资源条件不做要求,《许可规则》附件B至附件L另有规定的,从其规定;委托单位应当配备相应的质量控制系统责任人员(有质量控制系统要求的)。

6.条件共享

(1)同一单位

①同一申请单位申请不同许可项目的,《许可规则》附件B至附件L规定的相应许可条件允许共享;

②同一申请单位的多处制造地址(注1-2)同完成同一许可子项目产品的,其各处制造地址资源条件之和应当满足《许可规则》附件B至附件L规定的许可条件(《许可规则》附件B至附件L另有规定的,从其规定),并且建立统一的质量保证体系。

注1-2:多处制造地址应当符合《许可规则》3.2.2条的规定。

(2)公司和子公司(公司和分公司)

①公司申请许可时,经其子公司同意,子公司可以作为制造地址在许可证中载明,但其子公司不得再单独申请许可,《许可规则》附件B至附件L规定的许可条件允许共享;公司和其子公司分别申请许可的,《许可规则》附件B至附件L规定的许可条件不允许共享;

②公司和其分公司从事相应许可活动,可以以公司的名义申请许可,也可以分别单独申

请许可;以分公司名义申请许可的,分公司应当取得其公司法人授权;公司申请许可,其分公司作为资源条件的,则分公司地址应当在许可证中载明,《许可规则》附件B至附件L规定的许可条件允许共享;公司和其分公司分别申请许可的,《许可规则》附件B至附件L规定的许可条件不允许共享;

③本条①②项所述情形,涉及多处制造地址的,还应当满足条件(1)中②的要求。

六、固定式压力容器安全技术监察规程

2016年2月22日,TSG 21—2016《固定式压力容器安全技术监察规程》(以下简称《固容规》)由原国家质量监督检验检疫总局批准颁布。

(一)《固容规》制定的基本原则

1.以原有的《固定式压力容器安全技术监察规程》(TSG R0004—2009)、《非金属压力容器安全技术监察规程》(TSG R0001—2004)、《超高压容器安全技术监察规程》(TSG R0002—2005)、《简单压力容器安全技术监察规程》(TSG R0003—2007)、《压力容器使用管理规则》(TSG R5002—2013)、《压力容器定期检验规则》(TSG R7001—2013)、《压力容器监督检验规则》(TSG R7004—2013)7个规范为基础,进行合并以及逻辑关系上的理顺,统一并且进一步明确基本安全要求,形成关于固定式压力容器的综合规范。

2.根据特种设备目录,调整适用范围,统一固定式压力容器的分类。

3.根据行政许可改革的情况,调整各环节有关的行政许可要求。

4.整理原国家质量监督检验检疫总局近年来针对压力容器安全监察的有关文件,汇总《固定规》宣贯、实施中存在的具体问题,收集网上咨询意见,增补相应内容,重点解决当前存在的突出问题。

5.扩展材料范围,重点解决铸钢、铸铁压力容器材料技术要求(安全系数、化学成分、力学性能和适用范围),增加非焊接瓶式容器高强钢材料技术要求。

6.按照固定式压力容器各环节分章进行描述,每个环节的边界尽可能清晰,明确相应的主体责任(如明确耐压试验介质、压力、温度,无损检测方法、比例,热处理等技术要求,由设计者提出并且放到相应设计章节)。

7.理顺法规与标准的关系,整合、凝练固定式压力容器基本安全要求,将一些详细的技术内容放到相应的产品标准中去规定。

(二)《固容规》制订的目的

为了保障固定式压力容器安全使用,预防和减少事故,保护人民生命和财产安全,促进经济社会发展,根据《中华人民共和国特种设备安全法》《特种设备安全监察条例》,制定《固容规》。

(三)固定式压力容器

固定式压力容器是指安装在固定位置使用的压力容器(以下简称压力容器,注 1-3)。

注 1-3:对于为了某一特定用途、仅在装置或者场区内部搬动、使用的压力容器,以及可移动式空气压缩机的储气罐等按照固定式压力容器进行监督管理;过程装置中作为工艺设备的按压力容器设计制造的余热锅炉依据《固容规》进行监督管理。

(四)适用范围

《固容规》适用于特种设备目录所定义的、同时具备以下条件的压力容器:

1. 工作压力大于或者等于 0.1 MPa(注 1-4);

2. 容积大于或者等于 0.03 m^3 并且内直径(非圆形截面指截面内边界最大几何尺寸)大于或者等于 150 mm(注 1-5);

3. 盛装介质为气体、液化气体以及介质最高工作温度高于或者等于其标准沸点的液体(注 1-6)。

注 1-4:工作压力,是指在正常工作情况下,压力容器顶部可能达到的最高压力(表压力)。

注 1-5:容积,是指压力容器的几何容积,即由设计图样标注的尺寸计算(不考虑制造公差)并且圆整。一般需要扣除永久连接在压力容器内部的内件的体积。

注 1-6:容器内介质为最高工作温度低于其标准沸点的液体时,如果气相空间的容积大于或者等于 0.03 m^3 时,也属于《固容规》的适用范围。

(五)适用范围的特殊规定

压力容器使用单位应当参照《固容规》第 7 章"使用管理"的有关规定,负责实施本条范围内压力容器的安全管理。

1. 只需要满足《固容规》总则、材料、设计、制造要求的压力容器

《固容规》适用范围内的以下压力容器,只需要满足《固容规》第 1 章至第 4 章的规定:

(1)深冷装置中非独立的压力容器、直燃型吸收式制冷装置中的压力容器,铝制板翅式热交换器,过程装置中冷箱内的压力容器;

(2)盛装第二组介质(注 1-7)的无壳体的套管热交换器;

(3)超高压管式反应器。

注 1-7:压力容器介质分组见《固容规》附件 A。

2. 只需要满足《固容规》总则、设计、制造要求的压力容器

《固容规》适用范围内的以下压力容器,只需要满足《固容规》第 1、3、4 章的规定:

(1)移动式空气压缩机的储气罐;

(2)水力自动补气气压给水(无塔上水)装置中的气压罐,消防装置中的气体或者气压给水(泡沫)压力罐;

(3)水处理设备中的离子交换或者过滤用压力容器、热水锅炉用膨胀水箱；

(4)蓄能器承压壳体。

(六)不适用范围

《固容规》不适用于以下容器：

1. 移动式压力容器、气瓶、氧舱；

2. 军事装备、核设施、航空航天器、铁路机车、海上设施和船舶以及矿山井下使用的压力容器；

3. 正常运行工作压力小于 0.1 MPa 的容器(包括与大气连通的在进料或者出料过程中需要瞬时承受压力大于或者等于 0.1 MPa 的容器)；

4. 旋转或者往复运动的机械设备中自成整体或者作为部件的受压器室(如泵壳、压缩机外壳、涡轮机外壳、液压缸、造纸轧辊等)；

5. 板式热交换器、螺旋板式热交换器、空冷式热交换器、冷却排管；

6. 常压容器的蒸汽加热盘管、过程装置中的管式加热炉；

7. 电力行业专用的全封闭式组合电器(如电容压力容器)；

8. 橡胶行业使用的轮胎硫化机以及承压的橡胶模具；

9. 无增强的塑料制压力容器。

(七)压力容器范围的界定

《固容规》适用的压力容器，其范围包括压力容器本体、安全附件及仪表。

1. 压力容器本体

压力容器的本体界定在以下范围内：

(1)压力容器与外部管道或者装置焊接(黏接)的第一道环向接头的坡口面、螺纹连接的第一个螺纹接头端面、法兰连接的第一个法兰密封面、专用连接件或者管件连接的第一个密封面；

(2)压力容器开孔部分的承压盖及其紧固件；

(3)非受压元件与受压元件的连接焊缝。

2. 压力容器本体中的主要受压元件，包括筒节(含变径段)、球壳板、非圆形容器的壳板、封头、平盖、膨胀节、设备法兰，热交换器的管板和换热管，M36 以上(含 M36)螺柱以及公称直径大于或者等于 250 mm 的接管和管法兰。

3. 安全附件及仪表

压力容器的安全附件，包括直接连接在压力容器上的安全阀、爆破片装置、易熔塞、紧急切断装置、安全联锁装置。

压力容器的仪表，包括直接连接在压力容器上的压力、温度、液位等测量仪表。

(八)压力容器分类

根据危险程度,《固容规》适用范围内的压力容器划分为Ⅰ、Ⅱ、Ⅲ类(注1-8),压力容器分类方法见《固容规》附件A。

注1-8:《固容规》划分的第Ⅰ、Ⅱ、Ⅲ类压力容器等同于特种设备目录品种中的第一、二、三类压力容器,《固容规》中超高压容器划分为第Ⅲ类压力容器。

(九)与技术标准、管理制度的关系

1.《固容规》规定了压力容器的基本安全要求,有关压力容器的技术标准、管理制度等,不得低于《固容规》的要求;

2.压力容器的设计、制造、安装、改造和修理应当同时符合《固容规》及相应压力容器产品标准(以下简称产品标准)的规定。

(十)不符合《固容规》时的特殊处理规定

采用新材料、新技术、新工艺以及有特殊使用要求的压力容器,与《固容规》的要求不一致,或者《固容规》未做要求、可能对安全性能有重大影响的,相关单位应当提供有关设计、研究、试验的依据、数据、结果及其检验检测报告等技术资料,向市场监管总局申报,由市场监管总局委托安全技术咨询机构或者相关专业机构进行技术评审,评审结果经过市场监管总局批准,方可投入生产、使用。

(十一)协调标准与引用标准(注1-9)

满足《固容规》基本安全要求的标准称为《固容规》的协调标准。《固容规》的主要协调标准如下:

1.GB/T 150《压力容器》;

2.GB/T 151《热交换器》;

3.GB/T 12337《钢制球形储罐》;

4.NB/T 47011《锆制压力容器》;

5.NB/T 47041《塔式容器》;

6.NB/T 47042《卧式容器》;

7.JB 4732《钢制压力容器——分析设计标准》;

8.JB/T 4734《铝制焊接容器》;

9.JB/T 4745《钛制焊接容器》;

10.JB/T 4755《铜制压力容器》;

11.JB/T 4756《镍及镍合金制压力容器》。

《固容规》指定采用的基础性标准称为《固容规》的引用标准,如介质标准、材料标准、方

法标准、零部件标准等。

注 1-9:《固容规》的协调标准或者引用标准中,凡是注明年号的,其随后所有的修改单(不包括勘误的内容)或者修订版均不适用于《固容规》;凡是不注明年号的,其最新版本适用于《固容规》。

(十二)监督管理

压力容器的设计、制造、安装、改造、修理、使用单位和检验、检测等机构应当严格执行《固容规》,接受各级人民政府负责特种设备监督管理的部门(以下简称特种设备安全监管部门)的监督管理,并且按照特种设备信息化管理的规定,及时将所要求的数据输入特种设备信息化管理系统。

七、气瓶安全技术规程

2021 年 1 月 4 日,TSG 23—2021《气瓶安全技术规程》(以下简称《瓶规》)由市场监管总局批准颁布。

(一)《瓶规》制定的基本原则

1.依据《特种设备安全法》《特种设备安全监察条例》,以 7 个原有气瓶的安全技术规范为基础,进行合并以及逻辑关系上的理顺,统一并且进一步明确气瓶基本安全要求,形成气瓶的综合性安全技术规范;

2.根据行政许可改革的要求,调整各环节有关行政许可的内容;

3.整理原国家质量监督检验检疫总局近年来针对气瓶安全工作的有关文件,汇总《气瓶安全技术监察规程》等 7 个安全技术规范在宣贯、实施过程中存在的具体问题,在充分吸取和结合多年来气瓶安全工作实际情况和经验的基础上,在材料、设计、制造、型式试验、监督检验、气瓶附件、充装使用、定期检验等环节提出具体规定。

(二)《瓶规》制定的目的

为了规范气瓶安全工作,保障人民生命和财产安全,促进经济社会发展,根据《中华人民共和国特种设备安全法》和《特种设备安全监察条例》,制定本《瓶规》。

(三)适用范围

1.《瓶规》适用于环境温度为−40 ℃～60 ℃(注 1-10)、公称容积为 0.4 L～3 000 L、公称工作压力为 0.2 MPa～70 MPa(表压,下同),并且压力与容积的乘积大于或者等于 1.0 MPa・L,盛装压缩气体、高(低)压液化气体、低温液化气体、溶解气体、吸附气体、混合气体(注 1-11)及标准沸点等于或者低于 60 ℃的液体的无缝气瓶、焊接气瓶、低温绝热气瓶、纤维缠绕气瓶、内部装有填料的气瓶,以及气瓶集束装置(注 1-12);

2. 长管拖车、管束式集装箱用大容积气瓶以及消防灭火用气瓶，应当满足《瓶规》总则、材料、设计、制造的有关规定，长管拖车、管束式集装箱还应当满足《移动式压力容器安全技术监察规程》的要求；大于 3 000 L 并且小于或者等于 5 000 L 的大容积气瓶，可以参照执行《瓶规》的有关规定。

《瓶规》所指气瓶含瓶体和气瓶附件，所覆盖的主要气瓶分类、品种以及代号见《瓶规》附件 A。

注 1-10：车用气瓶(注 1-13)、消防灭火用气瓶适用的环境温度应当满足相关标准的要求。

注 1-11：压缩气体、高(低)压液化气体、低温液化气体、溶解气体、吸附气体、混合气体等瓶装气体的分类以及常用气体物性参数见附件 B。

注 1-12：气瓶集束装置，是指将若干气瓶集束在一起用于公路运输或者临时固定使用的瓶组式集装装置，一般由气瓶、管路及框架组成。

注 1-13：车用气瓶，是指固定在机动车上盛装机动车燃料(如天然气、氢气、液化石油气、液化二甲醚等)的气瓶。

(四)不适用范围

《瓶规》不适用于仅在灭火时承受瞬时压力的消防灭火用气瓶，以及手提式干粉型灭火用气瓶、水基型灭火用气瓶、钎焊结构气瓶，军事装备、核设施、航空航天器、铁路机车、海上设施和船舶、矿山井下、民用机场专用设备使用的气瓶。

(五)与标准、管理制度的关系

1.《瓶规》规定了气瓶设计、制造、型式试验、监督检验、充装使用、定期检验等环节的基本安全要求，气瓶的相关标准以及有关单位的气瓶安全管理要求等，不应当低于《瓶规》的规定；

2. 气瓶产品一般应当采用国家标准或者行业标准设计制造，尚未制定国家标准、行业标准的，应当制定团体标准或者企业标准，企业标准制定者还应当提供符合《瓶规》基本安全要求的比照表，样式见《瓶规》附件 C。

(六)特殊情况处理

有关单位采用新材料、新技术、新工艺与《瓶规》的要求不一致，或者《瓶规》未做要求、可能对安全性能有重大影响的，应当向市场监管总局申报，由市场监管总局按照新材料、新技术、新工艺评审和批准程序组织进行技术评审和批准。

(七)协调标准与引用标准(注 1-14)

《瓶规》的协调标准，是指满足《瓶规》基本安全要求的国家标准。本规程的引用标准，是指材料标准、介质标准、方法标准、零部件标准、充装标准、检验检测标准等基础性标准。协调标准如下：

(1)GB/T 5099.1《钢质无缝气瓶 第1部分：淬火后回火处理的抗拉强度小于1 100 MPa的钢瓶》；

(2)GB/T 5099.3《钢质无缝气瓶 第3部分：正火处理的钢瓶》；

(3)GB/T 5099.4《钢质无缝气瓶 第4部分：不锈钢无缝气瓶》；

(4)GB/T 5100《钢质焊接气瓶》；

(5)GB/T 5842《液化石油气钢瓶》；

(6)GB/T 11638《溶解乙炔气瓶》；

(7)GB/T 11640《铝合金无缝气瓶》；

(8)GB/T 17258《汽车用压缩天然气钢瓶》；

(9)GB/T 17259《机动车用液化石油气钢瓶》；

(10)GB/T 17268《工业用非重复充装焊接钢瓶》；

(11)GB/T 24159《焊接绝热气瓶》；

(12)GB/T 24160《车用压缩天然气钢质内胆环向缠绕气瓶》；

(13)GB/T 28053《呼吸器用复合气瓶》；

(14)GB/T 28054《钢质无缝气瓶集束装置》；

(15)GB/T 32566《不锈钢焊接气瓶》；

(16)GB/T 33145《大容积钢质无缝气瓶》；

(17)GB/T 33147《液化二甲醚钢瓶》；

(18)GB/T 34510《汽车用液化天然气气瓶》；

(19)GB/T 35544《车用压缩氢气铝内胆碳纤维全缠绕气瓶》。

注1-14：《瓶规》的协调标准、引用标准中，凡是注明标准年号的，其随后所有的修改单(不包括勘误内容)或者修订版本均不适用于《瓶规》；凡是不注明标准年号的，其最新版本适用于《瓶规》。

(八)气瓶专用

盛装单一气体的气瓶应当专用，只允许充装与设计文件、制造标志规定相一致的气体(充装过程所用的置换气体除外)，不得更改气瓶制造标志和用途，也不得混装其他气体。

盛装混合气体的气瓶应当按照气瓶标志对应的气体特性(注1-15)充装相同特性的混合气体。

注1-15：气体特性，是指按照GB/T 16163《瓶装气体分类》、GB/T 34710《混合气体的分类》等标准确定的毒性(T)、氧化性(O)、燃烧性(F)和腐蚀性(C)。

(九)气瓶标志

1. 气瓶标志包括制造标志、定期检验标志以及其他标志

(1)制造标志分为钢印标志(含铭牌上的标志)、标签标志(粘贴于瓶体上的标志,下同)、印刷标志(印刷在瓶体上的标志,下同)、电子识读标志(包括射频标签及采用图像识别技术进行电子扫描读取数据的二维码等电子载体,下同)和气瓶颜色标志;

(2)定期检验标志分为钢印标志、电子识读标志、标签标志以及涂敷标志等;

(3)除本条(1)、(2)气瓶标志方式外,出租车用燃料气瓶的制造单位或者安装单位、检验机构还应当在气瓶的显著位置制作永久性出租车"TAXI"标志(钢质气瓶采用钢印标志,纤维缠绕气瓶采用树脂覆盖的标签标志等)。

2. 气瓶制造标志

气瓶钢印标志、标签标志、印刷标志。

(1)气瓶制造标志是识别气瓶的依据,标志的内容应当符合《瓶规》附件 D 以及相关标准的规定;小容积气瓶制造标志的内容可以参照《瓶规》附件 D 的规定;

(2)制造单位应当在每只气瓶上做出钢印标志、标签标志或者印刷标志等制造标志;

(3)制造单位应当在钢质燃气气瓶(注 1-16)的封头上压印内凹的盛装介质、制造年份、产权单位标志,在护罩上压印"人员密集的室内禁用"的字样;复合材料燃气气瓶应当在外套上压铸盛装介质、制造年份、产权单位标志,以及"人员密集的室内禁用"的字样。

注 1-16:燃气气瓶是指盛装液化石油气、液化二甲醚等民用燃料气体的气瓶,分为钢质燃气气瓶和复合材料燃气气瓶。

3. 电子识读标志

氢气气瓶、纤维缠绕气瓶、燃气气瓶和车用气瓶的制造单位,应当在出厂的气瓶上设置可追溯的永久性电子识读标志。鼓励其他气瓶制造单位在出厂气瓶上设置可追溯的永久性电子识读标志。

钢质燃气气瓶上设置的电子识读标志应当直接镂刻或焊接在护罩上,并且确保在钢瓶使用年限内不可更换并能有效识读。电子识读标志应当能够通过手机扫描方式链接到制造单位建立的气瓶产品公示平台,直接获取每只气瓶的产品信息数据。

4. 气瓶外表面颜色标志、字样和色环

气瓶外表面的颜色标志、字样和色环,应当符合 GB/T 7144《气瓶颜色标志》的要求;颜色标志、字样和色环有特殊要求的,还应当符合相关产品标准的要求;对未列入国家标准的气瓶颜色标志、字样和色环,应当制定团体标准。气瓶的显著部位应当标注办理使用登记的气瓶充装单位名称或者简称。

进出口气瓶，除应当符合进出口商品检验的相关规定外，还应当满足《瓶规》附录 E 的规定。

(十)管理要求

气瓶制造单位、充装单位、检验与检测机构等，应当严格执行《瓶规》，并且对气瓶产品的设计、制造、充装、检验等过程信息进行记录，建立气瓶质量安全追溯体系，并且按照特种设备信息化管理的规定，及时将所要求的信息录入气瓶质量安全追溯信息平台。

八、压力容器引用标准

有关压力容器引用的现行标准主要有：GB/T 150《压力容器》、GB/T 151《热交换器》、GB/T 12337《钢制球形储罐》、NB/T 47041《塔式容器》、NB/T 47042《卧式容器》、JB 4732《钢制压力容器——分析设计标准》、JB/T 4734《铝制焊接容器》、JB/T 4745《钛制焊接容器》、JB/T 4755《铜制压力容器》、JB/T 4756《镍及镍合金制压力容器》、NB/T 47011《锆制压力容器》、NB/T 47014《承压设备焊接工艺评定》、NB/T 47015《压力容器焊接规程》、NB/T 47016《钢制压力容器产品焊接试板的力学性能检验》、NB/T 47013《承压设备无损检测》、GB/T 5099《钢制无缝气瓶》、JB/T 4736《补强圈》、GB/T 25198《钢制压力容器用封头》、NB/T 47018《承压设备用焊接材料订货技术条件》、NB/T 10558《压力容器涂敷与运输包装》、NB/T 47057—2017《液化气体罐式集装箱》等。涉及压力容器的设计、结构、材料、焊接、热处理、无损检测、检验和零部件等方面的标准。安全技术规范引用的压力容器国家标准和行业标准大多为强制性要求，是压力容器设计、制造必须遵循的。下面仅就压力容器主要的引用标准给予介绍。

1. GB/T 150《压力容器》

GB/T 150《压力容器》是全国锅炉压力容器标准化技术委员会负责制定和归口的压力容器大型通用技术标准之一，用以规范在中国境内建造或使用的压力容器设计、制造、检验和验收的相关技术要求。

标准的技术条款包括了压力容器建造过程(即指设计、制造、检验和验收工作)中应遵循的强制性要求、特殊禁用规定以及推荐性条款，其中推荐性条款不是必须执行的部分。

标准适用的设计压力：钢制容器不大于 35 MPa。其他金属材料制容器按相应引用标准确定。

标准适用的设计温度范围：−269 ℃～900 ℃。

标准规定：钢制容器不得超过按 GB/T 150.2 中列入材料的允许使用温度范围；其他金属材料制容器按本标准相应引用标准中列入的材料允许使用温度确定。

标准要求：容器的设计、制造单位应建立健全的质量保证体系并有效运行。

2. GB/T 151《热交换器》

GB/T 151《热交换器》是全国锅炉压力容器标准化技术委员会负责制定和归口的热交换器标准,用以规范在中国境内建造或使用的热交换器设计、制造、检验和验收的相关技术要求。

标准规定了金属制热交换器的通用要求、管壳式热交换器建造过程(即指设计、制造、检验、验收工作)及其安装、使用的要求。

标准适用的设计压力:管壳式热交换器的设计压力不大于 35 MPa;其他结构热交换器的设计压力按相应引用标准确定。

标准适用的设计温度:钢材不得超过 GB/T 150.2 列入材料的允许使用温度范围;其他金属材料按相应引用标准中列入材料的允许使用温度确定。

标准中管壳式热交换器适用的公称直径不大于 4 000 mm,设计压力(MPa)与公称直径(mm)的乘积不大于 2.7×10^4。超出上述参数范围的管壳式热交换器也可参照本标准进行设计和制造。

不适用于本标准的热交换器有:①直接火焰加热的热交换器;②烟道式余(废)热锅炉;③核能装置中存在中子辐射损伤失效风险的热交换器;④非金属制热交换器;⑤制冷空调行业中另有国家标准或行业标准的热交换器。

3. GB/T 12337《钢制球形储罐》

标准规定了钢制球形储罐的设计(包括规则设计和分析设计)、制造、组焊、检验与验收的要求。

标准适用于设计压力不大于 6.4 MPa、设计温度范围按钢材允许使用温度的以橘瓣式或混合式支柱支撑的球罐。

标准规定:球罐的设计、制造、组焊、检验和验收除必须符合本标准的规定外,还应符合 GB/T 150.1~150.4 或者 JB 4732 的有关规定。

标准不适用于下列球罐:核能装置中的球罐;经受相对运动(如车载或船载)的球罐;公称容积小于 50 m^3 的球罐;双层结构的球罐。

4. NB/T 47014《承压设备焊接工艺评定》

标准规定了承压设备(锅炉、压力容器、压力管道)的对接焊缝和角焊缝焊接工艺评定、耐蚀堆焊工艺评定、复合金属材料焊接工艺评定、换热管与管板焊接工艺评定和焊接工艺附加评定以及螺柱电弧焊工艺评定的规则、试验方法和合格指标。

标准适用于气焊、焊条电弧焊、埋弧焊、钨极气体保护焊、熔化极气体保护焊、电渣焊、等离子弧焊、摩擦焊、气电立焊和螺柱电弧焊等焊接方法。

标准不适用于气瓶。

5. NB/T 47013《承压设备无损检测》

NB/T 47013《承压设备无损检测》为承压设备行业的无损检测标准。它规定了射线检测、超声检测、磁粉检测、渗透检测、涡流检测、泄漏检测、目视检测、声发射检测、衍射时差法检测、超声检测、X射线数字成像检测、漏磁检测和脉冲涡流检测等无损检测方法的一般要求和使用原则。

NB/T 47013 适用于在制和在用金属材料制承压设备的无损检测。

第二章　质量保证体系

第一节　质量保证工程师的任职条件和岗位职责

质量保证工程师是企业质量保证体系建立、运行、保持和持续改进的具体负责人。

一、质量保证工程师的任职条件

《特种设备生产和充装单位许可规则》(以下简称《许可规则》)附件 M 第 M1.2.2 条规定:压力容器生产单位质量保证工程师由生产单位法定代表人(主要负责人)任命,质量保证工程师应当为管理层成员。

质量保证工程师应当熟悉特种设备生产相关法律、法规、安全技术规范及相关标准和本单位质量保证体系文件,具有所负责工作相关的专业教育背景和工作经验,熟悉任职岗位的工作任务和要求,通过岗位培训,能够履行岗位职责。

质量保证工程师不能兼任质量控制系统责任人员,质量保证工程师的学历、工作经历等应当符合相应特种设备生产许可条件的要求,并具有如下条件:

1. A1、A6 级压力容器生产单位质量保证工程师,应具有本科或以上学历且具有高级工程师或以上技术职称。

2. A2、A3、C1、C2 级压力容器生产单位质量保证工程师,应具有本科或以上学历且具有工程师或以上技术职称。

3. A5、B、C3 级压力容器生产单位质量保证工程师,应具有工程师或以上技术职称。

4. A4、D 级压力容器生产单位质量保证工程师,应具有助理工程师或以上技术职称。

二、质量保证工程师的岗位职责

1. 组织贯彻、实施有关特种设备的法律、法规、安全技术规范及相关标准，对质量保证系统的实施负责；

2. 组织制订质量保证手册、程序文件等质量保证体系文件，批准程序文件；

3. 指导、协调和监督好检查质量，保证体系各质量控制系统的工作；

4. 定期组织质量分析、质量审核，并且协助进行管理评审工作；

5. 实施对不合格品(项)的控制，行使质量一票否决权；

6. 组织建立和健全内外部质量信息反馈和处理的信息系统；

7. 有向特种设备安全监管部门如实反映质量问题的权力和义务；

8. 组织对质量控制体系责任人员及其相关人员定期进行教育和培训；

9. 审签产品合格证(压力容器产品质量证明书)。

第二节　压力容器生产单位质量保证体系的建立和运行

一、质量保证体系的一般要求和基本控制要素

《许可规则》附件 M 规定：

1. 一般要求

特种设备质量保证体系是指生产单位为了使产品、过程、服务达到质量要求所进行的全部有计划有组织的监督和控制活动，并且提供相应的证据，确保使用单位、政府监督管理部门及社会等对其质量的信任。

2. 质量保证体系控制要素

质量保证体系控制要素，一般包括文件和记录控制、合同控制、设计控制、材料与零部件控制、作业(工艺)控制，焊(粘)接控制、热处理控制、无损检测控制、理化检验控制(注 2-1)、检验与试验控制、生产设备和检验与试验装置控制、不合格品(项)控制、质量改进与服务、人员管理、执行特种设备许可制度，以及《许可规则》附件 B 至附件 L 规定的过程控制等。

控制要素至少包括以下控制范围、程序、内容：

(1)实施中的控制要求、过程记录、检验试验项目、检验试验记录和报告；

(2)相关人员配备，职权和检查确认的工作见证。

《许可规则》附件B至附件L规定的其他过程控制要素，可以按照前款规定的基本要求，并且参照附件M3.1至M3.15，对其控制范围、程序、内容做出具体规定。

质量控制系统责任人员按照相应要求，履行审查确认、作出记录的职责。有关要素中没有要求配备质量控制系统责任人员的，由相关责任人员履行审查确认，作出记录的职责。具体职责应当在程序文件中作出明确规定，并且不少于附件相应要素提出的要求。

《许可规则》附件B至附件L规定允许外委的项目、内容，当外委时，应当制定质量控制的基本要求，包括资质资格认定、评价、选择、重新评价、活动的监督，质量记录、报告的审核和确认等要求。

注2-1：焊接控制、热处理控制、无损检测控制、理化检验控制，只适用于有焊接、热处理要求的生产工艺，以及需要进行无损检测，理化检验的产品(设备)生产过程。

二、质量保证体系的建立

1.建立原则

特种设备生产单位应当结合许可范围的特性和本单位实际情况，按照以下原则建立质量保证体系，并且得到有效实施：

(1)符合国家法律、法规、安全技术规范及相关标准；

(2)能对特种设备安全性能实施有效控制；

(3)质量方针、质量目标适合本单位实际情况；

(4)质量保证体系组织能够独立行使质量监督、控制职权；

(5)质量保证体系人员(包括质量保证工程师、各质量控制系统责任人员)职责、权限(以下简称职权)及各质量控制系统的工作接口明确；

(6)质量保证体系的基本要素及相关质量控制系统的控制范围、程序、内容、记录齐全；

(7)质量保证体系文件规范、系统、齐全；

(8)满足特种设备许可制度的规定。

2.质量保证体系结构

压力容器是一种可靠性要求非常高的特种设备。由于压力容器工作条件苛刻(如高温、高压等)、容器内介质的危害性大(如易燃易爆、剧毒)，极易发生事故，危及人身和财产安全，因此，压力容器生产单位有责任确保所生产的产品质量安全可靠。早在1982年，我国国务院就颁发了《锅炉压力容器安全监察暂行条例》，实施强制的制造许可证制度，要求企业达到规定的产品质量、质量管理、人员素质、技术装备四大方面的条件，定期审查，随时监督，按期换证。现已走上了法制化、规范化的道路。这种质量认证方法既对保证持久稳定产品质量的质量保证体系进行评审，同时还要对产品安全性能进行监督检验。

2003 年，国务院发布的《特种设备安全监察条例》再次强调了压力容器制造单位应当具备"有健全的质量管理制度和责任制度"。《锅炉压力容器制造许可条件》提出了压力容器制造单位的质量保证体系的基本要求，之后国务院修订《特种设备安全监察条例》，全国人大制订了《特种设备安全法》，2019 年，国家市场监督管理总局又颁布了《特种设备生产和充装单位许可规则》，对质量保证体系的要求更为详尽、完善。压力容器生产单位应结合新规范的要求修订质量保证体系文件。

结合压力容器制造行业的特点，我国采用的是质量保证体系、质量控制系统、控制环节和控制点的思路。

(1)质量管理链：质量保证体系→质量控制系统→控制环节→控制点(E、R、H、W)，层层展开的系统管理方法。

(2)任命并授权质量保证工程师，建立质量保证体系，组织、协调、监督、检查的质量管理中心机构(质管办、质保部……)。

(3)任命设计、工艺、材料、焊(粘)接、理化、热处理、无损检测、检验与试验等质控系统责任人员(各单位可按压力容器生产具体情况增设)，在质量保证工程师的领导下，有充分明确对本系统、控制环节、控制点负有的职责、权利。

(4)制定质量保证手册、程序文件(管理制度)、作业(工艺)文件(如：焊接工艺规程、工艺规程、工艺卡、操作规程等)、记录(表、卡)等一整套管理文件，有章可循，统一思想，统一方法，统一步调，规范企业的质量行为和活动。

3. 质量控制系统

压力容器生产单位的质量保证体系是由若干个质量控制系统组成的。通常有以下质量控制系统：设计、工艺、材料及零部件、焊(粘)接、热处理、检验与试验、无损检测、理化检验、生产设备和检验与试验装置质量控制系统等。设置质量控制系统的数量和职责范围，要根据压力容器法规要求和企业所生产的压力容器产品及实际情况确定。

4. 质量控制环节

组成质量控制系统的多个过程中需要控制的重点过程，又称为质量控制环节。对控制环节的确定也要考虑企业的具体情况和产品生产过程的特点。控制环节的确定可采用系统的流程图展开的方法。

5. 质量控制点

质量控制环节中需要控制的重点活动，称为质量控制点。控制点按其在生产过程中的作用和控制程度不同，可分为以下几类：

(1)检查点(E 点)，也称检验点，是指产品生产过程中的主要工序、工步、工位或主要质量项目，必须由专职检验员进行检查的控制点。

(2)审核点(R点),也称认可点、审阅点。其含义是指在质量保证体系运转过程中,完成某项较为主要的活动或过程后,除执行(或操作)者进行自查符合有关规定外,还应由质量保证体系中有关人员(职责上高于执行者)进行确认。通常是查看文件和记录。

(3)停止点(H点),也称停止检查点或停点。是对压力容器安全性能有重大影响的关键项目,在压力容器制造、施工进行到该项目时,约请监检单位的监检员现场监督该项目的实施,其结果得到监检员的现场确认合格后,方可继续制造、施工。

(4)见证点(W点),也称约定检查点。其含义是指顾客、监造单位对某产品的重要要求所指定的控制点,也应在合同或技术协议中预先约定。当产品生产到达此点时,生产单位应通知约定者到现场见证。

6.质量保证体系组织结构

压力容器生产单位的法定代表人(或主要负责人)是特种设备安全、质量的第一责任人,履行制定质量方针等管理职责,并任命单位管理层中一名成员为质量保证工程师,明确其对质量保证体系的建立、实施、保持和改进的管理职责和权限。这是质量保证体系组织的高层。同时还应设立:

(1)质量管理办公室

为了对质量保证体系进行组织、协调、监督和检查,应设立质量管理办公室(或质保部)。对不设独立机构的可将其职责挂靠总工程师办公室或其他相关部门。不管形式如何,必须有此建制。它是单位的专职质量管理机构,在质量保证工程师的直接主持下负责具体事务。

(2)质量控制系统责任人员(责任工程师)

质量控制系统都应配备责任人员,以直接从事质量控制和保证活动。

质量保证工程师是质量保证体系的直接主持人;各质量控制系统的责任人员,通常称作各质量控制系统"责任工程师",由主持该系统的工程师或技术负责人担任。各质量控制环节和控制点的责任人员,一般由主持该环节和控制点工作的工程技术人员担任。质量保证工程师、各质量控制系统责任工程师,都必须经单位法定代表人(或主要负责人)正式任命。

质量责任人员担负着质量管理的实施和监督的双重职能,既是质量控制者,又是质量实施的责任者。其工作关系是,上级对下级提供服务和控制,下级对上级是负责和提供保证。

7.质量保证体系文件化

质量保证体系文件化就是对企业的质量保证体系进行总体策划和设计后,将组织的质量保证体系中采用的过程(或要素)、要求和规定,以政策及程序的形式有系统、有条理地编制成能为人们所理解且适用的文件。文件能够沟通意图,统一行动,其使用有助于:

(1)满足顾客要求和质量改进;

(2)提供适宜的培训;

(3)重复性和可追溯性;

(4)提供客观证据;

(5)评价质量保证体系的有效性和持续适宜性。

质量保证体系文件结构通常由以下类型文件组成:

(1)质量保证手册;

(2)程序文件(管理制度);

(3)作业(工艺)文件(如焊接工艺规程、工艺规程、操作规程、工艺卡等)、记录(表、卡、单)等。

(4)质量保证体系依据、要素及附件如表 2-1 所示。

表 2-1　质量保证体系依据、要素及附件

法规依据	特种设备安全法、行政许可法、特种设备安全监察条例、TSG 07—2019 特种设备生产和充装单位许可规则
质量保证体系基本要素	(1)文件和记录控制(文件控制、记录控制);(2)合同控制;(3)设计控制;(4)材料与零部件控制;(5)作业(工艺)控制;(6)焊(粘)接控制;(7)热处理控制;(8)无损检测控制;(9)理化检验控制;(10)检验与试验控制;(11)生产设备和检验与试验装置控制;(12)不合格品(项)控制;(13)质量改进与服务;(14)人员管理;(15)执行特种设备许可制度
附件	引用的"程序文件"和"作业(工艺)文件""质量记录表卡"

三、质量保证体系的运行和自我完善机制

1. 质量保证体系运行前的准备工作

第一,质量保证体系文件批准发布后,应组织中层以上干部培训学习,再安排全体职工的教育培训。要从全过程控制的要求出发,训练职工熟悉新的工作程序和工作见证,使全体职工、各职能部门、各级质保机构都了解自己的职责范围及本人的职、责、权,熟悉产品质量要求和控制方法。

第二,根据质量保证体系文件发放范围规定,保证文件发放到位,以便贯彻执行。

第三,完善必要的硬件条件,如完善生产条件和检测手段,添置必要的工装设备等。

2. 质量保证体系的运行

首先,应进行质量保证体系的试运行,即按规定的质量控制程序和要求,演练其流转过程的控制,各级责任人员要按规定的职、责、权进行工作。制造过程中每完成一步,操作者应按工艺和图样进行自检,并及时在规定的见证件上签字,随后,将工件和"软件"向下道工序流转。按规定应由专职检验员检查的部位,应及时进行检查;需要责任人员确认、审核、批准或监检人员在现场监督的,应及时通知他们按规定执行。当完成一个循环周期后,应及时进行总结,评定试运行产品的最终质量和质量控制的完善程度,安排下一步运行计划。

质量责任人员职责到位，认真执法，是质量保证体系正常运行的关键；

质量保证工程师应根据自己的职、责、权有效而严密地组织好质量管理工作；

各级责任人员应按规定搞好本岗位的质量控制；

质量检查员要秉公执法、一丝不苟、认真负责；

操作者应严格按图纸、工艺、作业焊接工艺规程等文件规定进行操作，并做到“监督上工序，服务下工序”。

3. 质量保证体系运行有效的标志

(1)法定代表人(或主要负责人)批准的质量方针和质量目标为全体职工理解熟悉、贯彻和坚持。

(2)压力容器制造法规、标准和各质量控制系统的要求及各项体系文件均得到贯彻实施，任何工作和生产活动均具有可追溯性。

(3)质量监督、检查验证系统相关人员有充分明确并独立行使其职责的权力，不受任何干扰地行使质量否决权。

(4)高效、灵敏地对不合格事项和不合格品质量信息进行反馈和处理，并有记录报告。

(5)有严格和明确的工艺纪律，做到“有法可依，有法必依，执法必严，违法必究”，员工训练有素，安全生产有序，环境清洁文明。

(6)定期进行质量分析、内部质量审核和管理评审，并有完整的记录报告。

(7)企业资源条件持续符合法规规定。

(8)产品质量持久稳定，没有因制造质量问题而引发的安全质量事故。

(9)拥有完善、符合、有效的质量保证体系文件(质量保证手册、程序文件(管理制度)、作业(工艺)文件(如焊接工艺规程、工艺规程、工艺卡、操作规程等)、记录(表、卡、单)等。

(10)各质量控制系统有充分明确的质量职能分配及各自有效或协同实施的职责和权限。

4. 质量保证体系自我完善机制

质量保证体系需要采取自我完善机制，才能保证不退步。自我完善的主要措施是：

(1)制定和实施纠正措施和预防措施

纠正措施是针对已发生的不合格而言，预防措施是针对潜在的不合格而言。对制定的措施要跟踪验证是否实施和有效。

(2)内部审核

企业每年至少进行一次完整的内部审核，对审核发现的问题分析原因、采取纠正措施并跟踪验证其有效性。

(3)管理评审

管理层应当每年至少对特种设备质量保证体系的适应性、充分性和有效性进行一次管理评审，管理评审由法定代表人(主要负责人)负责，评审内容和结果应当予以记录，并且形成评审报告，由法定代表人（主要负责人）批准。

第三节　压力容器生产质量保证手册的编写与实施

一、质量保证手册

质量保证手册应当至少包括以下内容：

(1)术语和缩写；

(2)质量保证体系的适用范围；

(3)质量方针和目标(注 2-2)；

(4)质量保证体系组织及管理职责，以及与生产、技术、质量检验等的关系，并且配有单位组织机构图和质量保证体系组织结构图；

(5)质量保证体系基本要素及相关的质量控制系统的要求以及相互关系；

(6)各级人员的任命、职责和权限(可以另行文件说明，不纳入质量保证手册中)。

质量保证手册由法定代表人（主要负责人）批准、颁布。

注 2-2：质量方针和目标应当经法定代表人（主要负责人）批准，形成正式文件。质量方针和目标应当符合以下要求：

(1)符合本单位的实际情况和许可范围、特性，突出特种设备安全性能要求；

(2)质量方针体现对特种设备安全性能及其质量持续改进的承诺，指明本单位的质量方向和所追求的目标；

(3)质量目标进行量化和分解，落实到各质量控制系统、各相关部门和责任人员，并且定期对质量目标进行考核。

二、质量保证手册编写步骤

第一，由企业的质量管理部门准备编写组名单和编写大纲；

第二，召开由法定代表人（或主要负责人）主持、质量管理部门等有关部门参加的策划会，确定质量保证体系框架、职责、文件结构及编写组成员等；

第三，组织编写组员深入学习《特种设备安全法》《特种设备安全监察条例》、TSG 07—2019《特种设备生产和充装单位许可规则》等相关文件，领会其要求，并结合企业实际情况进行讨论，修改和充实质量管理部门提出的手册编写提纲；

第四，根据分工各人编写分配的章节（也可一人编写），规定完成的时限；

第五，由质量保证工程师组织统稿并审核；

第六，由法定代表人（或主要负责人）批准颁布。

三、编写质量保证手册应注意事项

(1)手册应符合法规标准要求；

(2)手册应符合企业的质量方针和质量目标；

(3)手册应切合企业实际，具有有效性和可操作性；

(4)手册的完整性、符合性(不与法规标准抵触、要素设置合理齐全)。

四、质量保证手册基本格式和内容

1.基本格式

质量保证手册的形式和结构应符合法规的基本要求，通常包括以下部分：封面、质量保证手册批准页、发布令、目录、前言、正文、附录。质量保证手册的内页格式应既方便查阅又有利于实施文件更改。通常在页眉有版号/修改状态、章号/页码等。

质量保证手册的格式和要点：

封面(文件号　版次　受控本/非受控本编号　持有人　发布/实施日期)；

批准页(编制、审核、批准(法定代表人或主要负责人))；

质量保证手册颁布令；

授权声明；

目录；

前言；

企业特点简介；

质量保证手册正文每章的内容及质控程序图。

2.质量保证手册正文每章的格式和目录如表2-2所示。

表2-2　质量保证手册正文每章的格式和目录

<table>
<tr><td>质量保证手册</td><td rowspan="3">章节号与标题</td><td>文件号</td><td></td></tr>
<tr><td rowspan="2">单位名称和标志</td><td>版次/修订状态</td><td></td></tr>
<tr><td colspan="2">第　页/共　页</td></tr>
<tr><td colspan="4">1.目的/总则引用法规标准对管理的要求
2.范围　适用范围
3.职责
4.质控系统程序图(见本教材附录A～J)
5.质量活动(控制环节、控制点、即实施措施和方法)
5.1……
5.2……
6 程序文件
7 作业(工艺)文件及质量记录表卡</td></tr>
</table>

3.具体内容

(1)封面

应在封面上方写有企业名称(全称),其下方写质量保证手册,第×版,在手册中下部应写明质量保证手册编号、发放编号、手册受控状态,在封面下方左边写发布日期,下方右边写实施日期。

(2)颁布令

又叫发布令,由法定代表人(或主要负责人)签发。应说明本手册符合的标准、规范,结合企业的实际,明确手册的作用、性质和对全体员工的要求,明确实施日期。

(3)前言

主要陈述企业概况:发展历史、性质、规模、特点、产品种类及业绩,企业质量管理情况等。

(4)正文的其他内容

要分章节叙述TSG 07—2019《特种设备生产和充装单位许可规则》中所列的15个质量控制的基本要素。

(5)附件

附件中列出质量保证手册引用的程序文件和质量记录表格目录。如若企业规模不大,产品单一,也可列出全部有关质量保证体系的文件目录,有利于加强文件的管理和控制。

4.压力容器质量保证手册目录格式(质量保证手册的结构)

质量保证手册批准颁布令

(1)前言;

(2)引用或采用的法规标准;

(3)术语和缩写;

(4)质量保证体系文件;

(5)文件和记录控制;

(6)合同控制;

(7)设计控制;

(8)材料与零部件控制;

(9)作业(工艺)控制;

(10)焊(粘)接控制;

(11)热处理控制;

(12)无损检测控制;

(13)理化检验控制;

(14)检验与试验控制;

(15)生产设备和检验与试验装置控制;

(16)不合格品(项)控制;

(17)质量改进与服务;

(18)人员管理;

(19)执行特种设备许可制度。

五、质量保证手册的实施

质量保证手册经法定代表人(或主要负责人)批准发布后,质量保证工程师就要组织实施。主要做以下工作:

1. 广泛宣传,形成浓厚氛围;

2. 分级开展培训教育;

3. 安排手册要求开展的质量活动,重点做好指导工作,带动各部门贯彻实施;

4. 开展内部审核,查出不符合规定的流程,制定并实施纠正和预防措施(包括修改质量保证手册);

5. 法定代表人(或主要负责人)每年至少主持一次管理评审,确保质量保证体系的适应性、充分性和有效性,满足质量方针和目标的要求,并保存管理评审记录。

第四节　质量保证体系文件

一、特种设备生产单位应当根据其特种设备许可范围的特性,以及质量控制的实际需要,制定并执行质量保证体系文件

质量保证体系文件包括:质量保证手册、程序文件(管理制度)、作业(工艺)文件(如焊接工艺规程、工艺规程、工艺卡、操作规程等)、记录(表、卡)、质量计划等。质量保证体系文件应符合法规标准和质量方针、质量目标的要求。

质量保证手册是企业高层次指令性文件,由企业法定代表人(或主要负责人)批准发布,全员遵照执行。

程序文件(管理制度)是质量保证手册的支持性文件,应与质量方针相一致,满足质量保证手册基本要素的要求,并且符合本单位的实际情况,具有可操作性。

作业(工艺)文件和质量记录应当符合许可项目特性,满足质量保证体系实施过程控制

需要。文件格式及其包括的项目、内容应当规范标准。质量记录是质量保证体系有效运行的凭证，要真实、客观、完整、清晰、规范，便于检索查阅，对记录的收集、编目、保管和保存期限等做出规定。

二、质量计划（过程控制表卡、施工组织设计或者施工方案）

质量计划应当满足许可范围特性和单位实际情况，依据各质量控制系统要求，在生产过程中合理设置控制环节、控制点（包括检查或者审核点、停止点、见证点），并且包括以下内容：

(1)控制项目、内容及要求；

(2)过程中实际操作要求；

(3)质量控制系统责任人员，以及客户、监督检验机构签字确认的规定。

质量计划可以单独编写，也可以针对生产项目体现在工艺规程、过程控制表卡、施工方案或者施工组织设计等有关作业文件中。

第五节 中国压力容器生产(设计)质量保证体系六个特点

中国压力容器生产（设计）质量保证体系的 6 个特点：

1.实行生产资格许可证制度和产品安全性能强制监督检验制度；

2.有一整套严实的法规标准对设计、制造、安装、使用、检验、修理、改造 7 个环节进行行为和活动的规范并实施全方位的安全监察和监督检验；

3.建立由质量保证工程师领导的各专业责任工程师为核心的安全质量技术责任团队进行自我控制；

4.有明确的资格审查实施细则；

5.有简明清晰的质量控制程序图；

6.有完整的质量记录作为质量保证体系运转中流通传递的凭证。

第三章　合同控制系统

《特种设备生产和充装单位许可规则》规定合同控制的范围、程序、内容如下：

(1)合同评审的范围、内容，包括执行的法律法规、安全技术规范及相关标准，以及技术条件等，形成评审记录并且保存；

(2)合同签订、修改、会签程序。

合同是供需双方明确相互权利和义务关系并具有法律约束力的书面文件，如果在合同这个环节上出了差错，获得并传递了错误的信息，其他环节将都会错下去，因此，企业有关部门必须制订合同评审程序，明确合同控制的范围、程序、内容。

一、合同控制内容与要求

1.与顾客沟通

经营部门负责确定并实施与顾客沟通的有效安排，包括：

(1)信息收集：市场调研，了解产品发展动态和质量水平，建立信息网络、信息库、顾客和潜在顾客档案，有效地传递、分析、筛选、汇总信息；

(2)问询、合同或订单的处理，包括对其修改；

(3)建立顾客服务系统；

(4)识别和确定顾客对产品的有关要求，包括执行的法律法规、安全技术规范及相关标准，以及技术条件、对交付及交付后活动的要求等。

2.承接合同的原则

(1)必须遵守相关法律、法规和标准等的要求；

(2)压力容器产品须满足生产许可证涵盖的级别、类别和品种范围的规定；

(3)保证经济利益不受损失。

二、合同评审

企业必须制订合同评审程序，从订货投标阶段起到正式签订合同为止整个过程，由经营部门组织技术、供应、生产等有关部门对合同进行评审，确保需方要求得到清晰地理解和准确地规定。

1. 在投标或接受合同前，应对其全面识别、分析和确定顾客要求，初步审查设计图样，对产品技术要求、技术复杂程度、技术标准、质量保证要求及验收标准，包括执行的法律法规、安全技术规范及相关标准，以及技术条件、材料采购期、交货期、价格、运输方式等进行评审，从而为合同签订提供有力保障。

2. 形成评审记录并且统一归档保存。

三、合同签订

1. 合同签订前应完成项目分析、技术审核、价格核算、材料平衡、交货期、质量要求、合同评审等事项。

2. 签订合同时应该详细填写合同书上全部内容并且甲乙（供需）双方均应盖上合同专用章，当质量、技术等方面需另附技术协议条款时，需在合同书中注明并作为合同附件，技术协议须双方代表签字后生效。

四、合同管理与合同变更

1. 经营部门负责在合同签订后将合同文件发至各个有关部门，按照项目部的策划要求，参加与顾客（含设计院）的交流会和进行合同交底，负责合同执行过程中的合同变更、设计确认和设计变更等与顾客及设计单位等的外部协调（含自行设计和开发图样的确认、技术问题报告单的处理等），负责合同履约率和交货期保证率等的考核。

2. 若合同要求发生变更（含设计变更），经营部门应形成“合同变更通知书”，并经过部门领导审核签字。把变更的要求通知到有关职能部门，有关职能部门负责按变更后的内容执行；合同变更须经过顾客确认；合同变更如果涉及成本上升等重大变更时，“合同变更通知书”需经过主管领导审批。

五、合同文件

合同文件（至少包括：合同书、合同变更通知书、技术协议书、合同评审记录、与顾客或设计单位等的往来函件等）由经营部门负责登记、编册、收发和保管，产品完工后经营部应将合同文件移交档案室保管。

第四章 设计质量控制系统

设计质量控制系统是压力容器生产质量保证体系中的重要组成部分。加强设计质量控制系统的质量控制与管理,确保设计质量是保证压力容器产品质量的先决条件,它既直接关系到各质量控制系统的正常运转,同时也对压力容器产品的安全性能起到十分关键的作用。

《特种设备生产和充装单位许可规则》规定设计(包括产品设计、改造设计、修理设计等)控制的范围、程序、内容如下:

1. 设计输入,形成设计输入文件(如设计任务书等),内容包括依据的法规、安全技术规范及相关标准,以及技术条件等;

2. 设计输出,形成设计输出文件,包括设计说明书、设计计算书、设计图样等,设计文件应当满足法规、安全技术规范及相关标准,以及技术条件等;

3. 安全技术规范及相关标准规定用试验方法进行设计验证的,制定设计验证的规定;

4. 设计文件修改的规定;

5. 设计文件由外单位提供时,对外来设计文件控制的规定;

6. 法规、安全技术规范对设计许可、设计文件鉴定、产品型式试验等有要求的,制定相关规定。

设计文件有鉴定要求的,设计文件应当在送交设计文件鉴定机构鉴定前,由相应质量控制系统责任人员审查确认,作出记录。

第一节 设计责任工程师的任职条件和岗位职责

一、设计责任工程师的任职条件

设计质量控制系统责任工程师,应具有压力容器设计工作经历和过程装备制造(化工机械)、机械制造、机械设计等机械类专业教育背景。同时具备以下条件：

1. A1、A2、A3、C1、C2、A6 级压力容器生产单位设计质量控制系统责任工程师，应具有本科或以上学历并具有工程师或以上技术职称；

2. A4、A5、C3、D 级压力容器生产单位设计质量控制系统责任工程师，应具有工程师或以上技术职称；

3. 能够正确运用压力容器相关的法规、安全技术规范及相关标准，并且能够组织、指导各级设计人员贯彻执行；

4. 熟知相应设计工作和国内外有关技术发展情况，具有综合分析和判断能力以及对关键技术问题的处理能力。

二、设计责任工程师的岗位职责

设计质量控制系统责任工程师，应当熟悉任职岗位的工作任务和要求，通过岗位培训，能够履行岗位职责。

1. 在质量保证工程师领导下，建立健全设计质量控制系统，定期向质量保证工程师报告工作。

2. 结合本单位实际情况，负责制订设计质量控制系统方面的质量保证体系文件，并符合《特种设备生产和充装单位许可规则》的有关规定。

3. 负责切实贯彻执行质量保证手册及程序文件中有关设计质量控制系统的规定，并进行监督和检查，正确处理质量和技术问题。

4. 组织设计质量控制系统，贯彻、实施有关压力容器的现行法规、标准、技术规定。

5. 严格不合格品(项)的控制，建立和健全设计质量控制系统质量信息反馈处理管理，做好为用户服务的工作。

6. 定期组织设计工作质量分析、质量审核，参与管理评审工作。

7. 坚持“质量第一”的原则，保障和支持设计质量控制系统各级人员的工作。

8. 负责组织对设计质量控制系统各级人员的技术业务培训和考核。

第二节　设计质量控制系统的建立

设计质量控制系统的建立关键是遵循国家市场监督管理总局于 2019 年 5 月 13 日颁发的《特种设备生产和充装许可规则》(TSG 07—2019)，任命本单位压力容器设计的各级设计人员，落实岗位职责和严格管理制度，实施设计责任工程师负责制，并接受质量保证工程师监督监察的体制,进而实施对设计质量的控制。

建立切实可行的设计管理制度,依照《特种设备生产和充装许可规则》,设计单位应健全各项设计管理制度,这是设计单位必须具备的基本条件,它亦是设计质量控制系统得以建立的基本保证。

一、设计质量控制系统的各级人员的任职条件及岗位职责

从事压力容器设计、校核、审批的人员应当具备相应专业设计能力,能够正确使用压力容器设计相关的软件,由鉴定评审机构通过理论知识考试、设计答辩等方式,对其进行压力容器设计专业能力评价。

理论知识考试包括压力容器设计相关的理论基础知识、压力容器设计制造使用中常见的工程实践知识、压力容器设计相关的法规标准等内容。设计答辩时应当针对相应许可范围产品的压力容器设计文件(或者试设计文件),对设计文件及其所涉及的相关技术问题从基础理论、法规标准、技术要求、结构设计、制造加工、计算方法等方面进行考核答辩。

1.设计人员任职条件及岗位职责

任职条件:

(1)具有相应设计专业知识;

(2)能够贯彻执行压力容器相关法律、法规、规章、安全技术规范及相关标准;

(3)能够在审核人员的指导下独立完成设计工作,并且能够使用计算机进行设计;

(4)具有助理工程师或以上职称和1年以上的实习设计经历。

分析设计人员专项条件:

(1)具有压力容器相关专业本科或以上学历;

(2)具有2年以上压力容器规则设计经历及相关业绩;

(3)具有包括有限元法在内的应力分析专业知识,能够使用计算机进行应力分析计算,并且能够按照标准对分析结果进行评定。

岗位职责:

(1)按设计任务书和设计条件图(表)要求,负责所承担产品图样的设计和设计文件的编写,对设计质量负责。

(2)正确贯彻压力容器有关法规、安全技术规范,标准和技术条件,遵守压力容器设计的各种规章制度。

(3)正确应用压力容器设计的基础资料、数据、计算方法、计算公式,做好受压元件的计算和应力分析。

(4)在设计文件中,做到制图比例适当、视图投影正确、图面清晰,尺寸、数字、符号、图例

准确，文字叙述切题、简明、通顺。

(5)设计技术难度较大的压力容器时，应提出包括容器的主要结构、材质选用、技术要求等设计方案，并与校审人员研究确定后进行施工图设计。

(6)设计文件全部完成后，在送校前，应全面自校，并负责对校核和审核中提出的意见进行设计文件的修改，以及打印底图和打印文件的复核。

(7)按规定签署设计文件，做好整理和归档工作。

(8)认真处理制造、安装和使用中的有关设计问题，对需要修改的内容，应连同归档的设计文件及时修改。

(9)负责对复用设计文件的复查和修改。

(10)做好设计产品的用户访问，填写用户访问记录，并按规定存档。

2. 校核人员任职条件及岗位职责

任职条件：

(1)能够运用压力容器相关法律、法规、规章、安全技术规范及相关标准，指导设计人员的设计工作，能够保证设计文件质量；

(2)具有相应设计专业知识；

(3)具有应用计算机进行设计的能力；

(4)具有 3 年以上相应设计经历及相关业绩；

(5)具有助理工程师或以上职称。

岗位职责：

(1)会同设计人员商定压力容器设计方案，帮助设计人员解决设计中的一般技术问题，并对所校核的设计文件的质量负责。

(2)全面校核压力容器设计文件，校核内容包括：

①设计是否符合设计任务书和设计条件图(表)的规定，设计是否技术先进、安全可靠、经济合理，是否符合制造、安装和使用要求；

②受压元件的强度计算书中采用的设计参数、基础数据、计算公式、计算结果是否正确，是否与设计图样一致；

③技术要求是否符合现行法规、安全技术规范、标准的规定，内容是否完整，文字叙述是否准确；

④设计图样的比例、视图、图面布置是否适当，尺寸、符号、加工要求、材料选用及数量是否正确，安全附件选用是否符合规定；

⑤技术文件是否齐全，内容是否正确，标准图和复用图选用是否恰当。

(3)填写压力容器设计文件校审记录表，按规定签署设计文件。

(4)负责所校核设计文件归档后再修改内容的校核工作。

3. 审核人员任职条件及岗位职责

任职条件:

(1)能够认真贯彻执行压力容器相关的法律、法规、规章、安全技术规范及相关标准,具有较全面的相应设计专业技术知识,能够保证设计质量;

(2)能够指导设计、校核人员正确执行压力容器相关的法律、法规、规章、安全技术规范及相关标准,能够解决设计中的技术问题;

(3)具有5年以上相应设计校核经历及相关业绩;

(4)具有工程师或以上职称。

岗位职责:

(1)参加讨论压力容器设计主要技术问题,指导设计、校核人员确定设计方案,解决疑难技术问题,并对所审核的设计文件的主要技术内容和设计方案的正确性负责。

(2)审核设计文件的内容包括:

①设计是否符合设计任务书、设计条件图(表)、现行压力容器法规、安全技术规范、标准的要求,设计文件是否齐全,是否按规定签署;

②设计计算书中采用的设计软件计算方法、公式、参数、应力分析及主要受压元件和安全附件的计算结果是否正确;

③设计图样的技术要求、技术特性表、受压元件材料、关键零部件尺寸、装配尺寸是否正确,复用图、借用图选用是否恰当;

④协调设计、校核人员之间在技术上的不同意见。

(3)填写压力容器设计文件校审记录表,压力容器设计质量评定卡,按规定签署设计文件。

4. 压力容器设计批准人员任职条件及岗位职责

任职条件:

(1)具有从事本专业的工作经历,具有较全面的相应设计专业技术知识;

(2)能够正确运用压力容器相关的法律、法规、规章、安全技术规范及相关标准,并且能够组织、指导各级设计人员贯彻执行;

(3)熟知相应设计工作和国内外有关技术发展情况,具有综合分析和判断能力及对关键技术问题的处理能力;

(4)具有3年以上相应设计审核经历及相关业绩;

(5)具有高级工程师职称。

岗位职责：

(1)参加重大设计原则和设计方案的讨论和审查，决定重大的结构设计、计算方法、材料选用和技术条件，审定设计执行的技术方针、政策、设计原则，并对设计的先进性、安全性、经济性、合理性等重大原则问题负主要责任。

(2)审定设计文件、采用的设计软件、主要计算公式、数据、主要安装尺寸和关键性技术问题，并对设计、校核、审核及与标准化审查人员之间的技术分歧意见做最后决定，必要时，可主持设计的中间审查，以保证设计质量。

(3)按规定签署设计文件。

5.设计单位技术负责人任职条件及岗位职责

任职条件：

由单位主管设计工作的负责人担任，具有高级工程师或以上技术职称，具有压力容器相关专业知识，了解压力容器相关的法律、法规、规章、安全技术规范及相关标准的规定，对重大技术问题能够作出正确决定。

岗位职责：

(1)负责压力容器生产(设计)单位设计技术的全面工作。

(2)组织各级设计人员严格执行压力容器法规、安全技术规范、标准，切实贯彻各项设计管理制度，确保压力容器设计安全、质量合格和经济合理。

(3)审批压力容器设计工作发展规划，并定期检查落实情况。

(4)组织设计方案的讨论和审查，审批重要压力容器设计任务书和设计条件图(表)。

(5)审批本单位压力容器设计管理制度。

(6)负责裁决设计人员与批准人员之间在设计工作中的争执意见。

(7)负责领导开展对各级设计人员的培训、考核工作。

(8)审核压力容器设计年度综合报告并做好上报工作。

(9)定期向法定代表人或主要负责人报告设计工作开展情况，并对各级设计人员的任命提出建议。

(10)对压力容器设计单位资格印章的使用管理进行监督检查。

(11)对造成事故的产品设计，组织分析、评议，提出纠正和预防措施。

二、设计质量控制系统的控制环节和控制点

设计质量控制是通过设计质量控制系统的控制环节和控制点的实施来实现。一般设有设计许可、产品设计控制、外来设计文件控制、材料代用、设计修改、设计文件的复用、设计文件管理及其他8个控制环节。

1.设计许可

本控制环节仅设计许可一个控制点。

按照法规规定,压力容器设计的类别、品种有设计许可要求时,生产(设计)单位必须取得相应级别的设计资格,方能从事该级别压力容器的设计活动。

2.产品设计控制

产品设计控制设有设计输入、设计任务书、方案设计、产品设计、标准化审查、设计质量评定和设计输出7个控制点。

(1)设计输入

①根据本单位开发产品计划或经营部门下达的设计任务单、用户设计委托书及设计条件图等由压力容器设计部门负责人进行设计条件审查,具体内容应符合《设计条件的编制与审查》制度的要求。

②应审查设计项目是否与本单位压力容器设计许可证批准的类别、级别和范围相符。

(2)设计任务书

①设计输入评审合格后,由压力容器设计部门负责人编制和下达设计任务书。

②编制设计图号。

③确定各级设计人员,并提出进度要求。

(3)方案设计

①新产品或结构复杂、制造难度大的压力容器设计任务书下达后,设计人员应进行调研或收集相关资料,根据设计条件进行方案设计,其内容为设计总图草图、主体材料牌号及规格、主要结构的确定、强度计算、主要受压元件的制造、检验技术要求,以及无损检测和耐压试验要求等。

②重要或结构复杂、制造难度大的压力容器,方案设计须由单位技术负责人或委托有关部门组织审查。

③方案设计审查应有"可行""局部修改""不可行"等结论性意见。对于需修改的方案设计要提出具体修改意见,由原设计人员负责修改完善。

④常规设计的压力容器产品,视具体情况可与施工图设计阶段合并进行。

(4)产品设计

①收到设计任务书后,由设计人员进行施工图设计。施工图图面质量应符合国家和行业相关标准的要求。

②设计人员编制设计说明书、设计计算书、产品技术条件,绘制设计图样等设计文件。

③校审人员按岗位职责,对设计图样和设计文件进行校审,并做好校审记录。对第一、二类压力容器设计计算书,设计总图上应有设计、校核、审核人员的签字;对第三类压力容器

设计计算书，还应有压力容器设计技术负责人(审定)的批准签字。对于设计中有争议的技术问题，可提交上一级设计人员或压力容器设计技术负责人裁定。对最终裁定的意见，各级设计人员应严格执行并落实实施。

(5)标准化审查

设计图样和设计文件经校核后，应经设计标准化审查人员进行标准化审查，具体内容应符合《设计文件的标准化审查》的要求。

(6)设计质量评定

校审记录中提出的意见及修改记录中提出的意见，均作为设计质量评定依据。设计质量评定有下列类型：

①重要的、结构复杂的、制造难度大的项目，可按设计程序分段实施质量评定。

②一般设计项目在完成设计后实行一次评定。

③质量评定目的是找出使用要求上的不足和不符合现行法规标准方面的缺陷，以及未按设计规定的差错，从而提出补救或改进的措施。

④质量评定分“优秀”“良好”“合格”和“不合格”4 个等级。

(7)设计输出

①压力容器设计总图(蓝图)上，必须加盖压力容器设计资格印章(复印章无效)。

②应向压力容器使用单位提供设计图样、技术条件、设计计算书或计算结果汇总表，必要时还应包括设计或安装、使用说明书。

③第Ⅲ类压力容器或用户要求的其他压力容器，设计单位应当出具包括主要失效模式和风险控制等内容的风险评估报告。

3.外来设计文件控制

对外来设计文件，由设计责任人组织相关人员参加，进行审查并确认，外来设计文件控制设有合法性、有效性审核，符合性审核和工艺性审核 3 个控制点。

(1)外来设计文件的合法性、有效性审核

①设计单位的资格审定。

②设计总图上应有压力容器设计单位资格印章，签字栏签名齐全。

③压力容器类别的划分应符合《固定式压力容器安全技术监察规程》的规定。

(2)外来设计文件的符合性审核

①设计图样上所选用的技术标准和施工及验收规范应为现行标准规范；其无损检测方法、无损检测比例、合格级别应符合法规标准的规定。

②受压元件的结构和选材应符合法规和标准的规定。

③检查图形表达是否正确、完整、统一。

④各零部件的加工和组装工艺性能及制造的可行性。

(3)工艺性审查

根据现有的制造水平、工装设备、技术力量和检测手段审查外来设计文件工艺性的优缺点,如果设计的工艺性差,设计的产品就无法利用现有工艺制造出来,设计文件也就成了纸上谈兵,无法实现。

4.材料代用

本控制环节仅设材料代用一个控制点。

压力容器制造、改造、修理单位对受压元件的材料代用,应当事先取得原设计单位书面批准,并在竣工图上做详细记录。

5.设计修改

本控制环节仅设计修改一个控制点。

(1)有下列情况之一者,应进行设计修改:

①方案设计阶段和施工图设计阶段中发现的问题。

②产品在制造中发现的属于设计的问题。

③产品在试验中发现的属于设计的问题。

④改进设计或变更设计要求。

⑤法规、标准更新后。

(2)设计修改应满足下列要求:

①符合国家技术法规和标准规定。

②有利于提高生产效率、经济和社会效益。

③设计修改由原设计人员或经授权的人员修改并记录,对于简单的修改,设计人员可直接在施工图上划改并作出修改标记,包括修改部位、处数、修改日期、修改人签字等。

6.设计文件的复用

本控制环节仅设设计文件的复用一个控制点。

设计文件的复用应由设计人员进行审核,检查原设计引用的法规标准是否失效、选用材料、结构是否符合现行法规标准,否则应予修改,并按程序审签。

7.设计文件管理

设计文件管理包括设计文件的签署、归档、发放、回收和作废5个控制点。按有关管理制度执行。

8.其他控制环节

当法规、安全技术规范对设计验证和设计文件签订、产品型式试验等有规定时,还应增加设置以下控制环节：

(1)设计验证

本控制环节仅设计验证一个控制点。

按照有关规定需对设计验证时，应制定设计验证的管理办法。

(2)设计文件鉴定

本控制环节仅设设计文件鉴定一个控制点。

设计单位应按规定将设计文件报送有关部门鉴定并制定设计文件的管理办法。

(3)产品型式试验

本控制环节仅设产品型式试验一个控制点。

设计质量控制系统的控制环节和控制点，如表4-1所示。

表4-1 设计质量控制系统的控制环节和控制点一览表

控制环节	控制点
1.设计许可	设计许可
2.产品设计控制	(1)设计输入；(2)设计任务书；(3)方案设计；(4)产品设计；(5)标准化审查；(6)设计质量评定；(7)设计输出
3.外来设计文件控制	(1)外来设计文件的合法性、有效性审核； (2)外来设计文件的符合性审核； (3)工艺性审查
4.材料代用	材料代用
5.设计修改	设计修改
6.设计文件的复用	设计文件的复用
7.设计文件管理	(1)签署；(2)归档；(3)发放；(4)回收；(5)作废
当法规、安全技术规范有规定时，还应增加设置以下控制环节	
1.设计验证	设计验证
2.设计文件鉴定	设计文件鉴定
3.产品型式试验	产品型式试验

第三节 设计质量管理制度的编写

设计管理制度是确保设计质量的主要文件，应遵循国家有关压力容器法规和标准规定，依照《特种设备生产和充装单位许可规则》附件C1.4条的要求制订11项设计管理制度。此外，还应结合自身发展和实际管理的需要，制订其他若干设计管理制度。

1.《各级设计人员管理》的编写

《特种设备生产和充装单位许可规则》对各级设计人员的条件已作出明确规定,因此,《各级设计人员管理》的编写应遵照采用。同时,该制度还须对设计标准化审查人员的条件作出规定,一般可参照等同审核人员的条件。

2.《各级设计人员培训》的编写

该项制度应从培训考核要求、内容及方法三个方面进行编写,并作出具体规定。

3.《各级设计人员岗位责任制》的编写

该项制度原则上可参照本章第二节中有关各级设计人员岗位职责内容进行编写,同时根据本单位的实际要求增补内容。

4.《设计条件(设计输入)编制与审查》的编写

设计条件至少应包括设计条件图和设计任务书两部分内容。该项制度应分别对设计条件图,设计任务书的编制、审查、修改和归档保存进行编写并作出规定。

5.《压力容器设计文件编制管理》的编写

应明确设计文件种类及组成、图样绘制要求、技术文件的编制要求、设计文件的编号、设计文件的发送等内容。

6.《设计文件更改管理》的编写

该项制度应对设计文件的更改原则、更改权限、更改办法和更改程序作出规定。

7.《设计文件签署及标准化审查》的编制

该项制度应对压力容器设计图样、设计文件中各级设计人员的签署和加盖压力容器设计资格印章及对设计文件的标准化审查原则、审查程序和办法、审查范围和内容等作出规定。

8.《设计文件档案(含电子文档)保管管理》的编写

该项制度应对设计文件档案(含电子文档)的分类及内容、设计文件档案(含电子文档)接收、保管、管理的部门及条件等作出规定。

9.《设计文件的质量评定及信息反馈管理》的编写

该项制度应对设计文件进行质量评定的依据、设计文件设计错误的分类、质量评定等级及评定说明、设计文件的质量信息的反馈渠道及来源、处理等管理作出规定。

10.《压力容器设计许可印章使用与管理》的编写

该项制度应对设计许可印章的使用范围、印章管理、使用程序作出规定。

11.《设计工作程序》的编写

该项制度原则上可参照本章第二节中有关设计工作程序内容进行编写，同时根据本单位的实际要求增补内容。

建议根据本单位发展的需要、知识产权保护的需要、加强设计工作管理和提高设计工作质量的需要，制订新产品开发设计、对外设计的设计审查，设计绘图与计算底稿管理，竣工图的绘制与管理，对用户反馈意见与设计回访、意见的处理及优秀设计的奖励等方面的制度。

第四节　设计质量控制系统质量记录表卡

设计质量控制系统质量记录表卡如下。

1. 设计校审记录。
2. 设计质量评定卡。
3. 设计任务书。
4. 设计条件修改书。
5. 设计文件签署表。
6. 设计文件标准化审查记录表。
7. 设计文件更改通知单。
8. 容器设计条件图。
9. 热交换器设计条件图。
10. 塔器设计条件图。
11. 搅拌容器设计条件图。
12. 设计许可印章用印审批单及用印记录台账。
13. 外来设计文件审图记录表。

第五节　设计质量控制系统控制程序图

设计质量控制系统控制程序图见附录 B。

第六节　设计责任工程师应掌握的相关法规标准和专业知识

设计责任工程师应具有较全面的相应设计专业技术知识；能够正确运用压力容器相关的法律、法规、规章、安全技术规范及相关标准，并且能够组织、指导各级设计人员贯彻执行；具备对关键技术问题的处理能力；熟知相应设计工作和国内外有关技术发展情况，具有综合分析和判断能力。

一、压力容器设计相关法律法规和标准

1. 法律

《中华人民共和国特种设备安全法》由中华人民共和国第十二届全国人民代表大会常务委员会第三次会议于2013年6月29日通过，中华人民共和国主席令(第四号)公布，自2014年1月1日起施行。

《中华人民共和国特种设备安全法》是为加强特种设备安全工作，预防特种设备事故，保障人身和财产安全，促进经济社会发展制定的法律。

特种设备的生产(包括设计、制造、安装、改造、修理)、经营、使用、检验、检测和特种设备安全的监督管理，适用本法。

本法所称特种设备，是指对人身和财产安全有较大危险性的锅炉、压力容器(含气瓶)、压力管道、电梯、起重机械、客运索道、大型游乐设施、场(单位)内专用机动车辆，以及法律、行政法规规定适用本法的其他特种设备。

特种设备生产、经营、使用单位应当遵守本法和其他有关法律、法规，建立、健全特种设备安全和节能责任制度，加强特种设备安全和节能管理，确保特种设备生产、经营、使用安全，符合节能要求。

特种设备生产、经营、使用、检验、检测应当遵守有关特种设备安全技术规范及相关标准。

2. 法规

(1)《特种设备安全监察条例》于2003年3月11日以中华人民共和国国务院令第373号公布，根据2009年1月24日《国务院关于修改〈特种设备安全监察条例〉的决定》修订，以中华人民共和国国务院令第549号公布，自2009年5月1日起施行。它是我国从事压力容器设计、制造的最高行政法规。《条例》第十一条规定："压力容器的设计单位应当经国务院特种设备安全监督管理部门许可，方可从事压力容器的设计活动。"

(2)《特种设备生产和充装许可规则》由国家市场监督管理总局于2019年5月13日批

准发布实施。《特种设备生产和充装许可规则》总则中规定:“在中华人民共和国境内使用的特种设备,其设计、制造、安装、改造、修理、充装单位的许可,适应《特种设备生产和充装许可规则》。”压力容器设计单位应依照《特种设备生产和充装许可规则》的规定,具备相应级别的设计资格,取得《压力容器设计许可证》。

(3)根据《固定式压力容器安全技术监察规程》《移动式压力容器安全技术监察规程》《气瓶安全技术规程》等国家压力容器安全技术规程要求,压力容器设计单位在开展压力容器产品设计工作时,应严格遵循。

3. 标准

(1)压力容器设计基础标准

GB/T 150《压力容器》、GB/T 151《热交换器》是开展压力容器设计的基础技术标准,是压力容器各级设计人员重要的设计工具,各单位应尽可能地给各级设计人员配备,做到人手一册。

(2)压力容器设计专项标准

JB/T 4732《钢制压力容器——分析设计标准》;

GB/T 12337《钢制球形储罐》;

NB/T 47041《塔式容器》;

GB/T 18442《低温绝热压力容器》及液化气罐车、各类气瓶等专项标准是根据压力容器产品设计需要而采用的专项设计技术标准,应根据设计许可范围或本单位产品开发的需要适量配置。

(3)压力容器设计相关标准

NB/T 47020《压力容器法兰分类与技术条件》;

NB/T 47021《甲型平焊法兰》;

NB/T 47022《乙型平焊法兰》;

NB/T 47023《长颈对焊法兰》;

NB/T 47024《非金属软垫片》;

NB/T 47025《缠绕垫片》;

NB/T 47026《金属包垫片》;

NB/T 47027《压力容器法兰用紧固件》;

NB/T 47014《承压设备焊接工艺评定》;

NB/T 47015《压力容器焊接规程》;

NB/T 47008《承压设备用碳素钢和合金钢锻件》;

NB/T 47009《低温承压设备用合金钢锻件》;

NB/T 47010《承压设备用不锈钢和耐热钢锻件》;

NB/T 47011《锆制压力容器》;

NB/T 47012《制冷装置用压力容器》;

NB/T 47013《承压设备无损检测》;

NB/T 47016《承压设备产品焊接试件的力学性能检验》;

NB/T 47018《承压设备用焊接材料订货技术条件》;

NB/T 47019《锅炉、热交换器用管订货技术条件》;

NB/T 47020《压力容器法兰分类与技术条件》;

NB/T 47042《卧式容器》;

NB/T 47002《压力容器用复合板》;

GB/T 25198《压力容器封头》;

GB/T 196《普通螺纹基本尺寸》;

GB/T 197《普通螺纹公差》;

GB/T 228《金属材料拉伸试验》;

GB/T 229《金属材料夏比摆锤冲击试验方法》;

GB/T 232《金属材料弯曲试验方法》;

GB/T 699《优质碳素结构钢》;

GB/T 700《碳素结构钢》;

GB/T 912《碳素结构钢和低合金结构钢热轧薄钢板及钢带》;

GB/T 985.1《气焊、焊条电弧焊、气体保护焊和高能束焊的推荐坡口》;

GB/T 986《埋弧焊焊缝坡口的基本形式与尺寸》;

GB/T 1220《不锈钢棒》;

GB/T 1221《耐热钢棒》;

GB/T 1804《一般公差未注公差的线性和角度尺寸的公差》;

CB/T 3077《合金结构钢》;

GB/T 3274《碳素结构钢和低合金结构钢热轧钢板和钢带》;

GB/T 3280《不锈钢冷轧钢板和钢带》;

GB/T 3531《低温压力容器用钢板》;

GB/T 4237《不锈钢热轧钢板和钢带》;

GB/T 6479《高压化肥设备用无缝钢管》;

GB/T 713《锅炉和压力容器用钢板》;

GB/T 8163《输送流体用无缝钢管》;

HG/T 20660《压力容器中化学介质毒性危害和爆炸危险程度分类》。

上述一系列标准是压力容器设计的基础标准和专项标准相配套使用的技术标准，应根据压力容器设计的实际情况予以配置齐全，数量适宜。

总之，各项标准的配置和使用都应确保现行、有效，且为最新版本，这也是对设计责任工程师最起码的要求。

二、相关专业知识

设计责任工程师应掌握相关专业知识的目的在于当其开展压力容器产品设计时，除了需严谨地遵循法规、标准的有关规定要求外，还需结合本单位的资源条件（加工能力和技能水平）科学地提出技术性规定和制造工艺路线，以降低产品的制造成本。

1. 出图深度：应以最终机加工图为限，它取决于通过机加工达到设计要求的制造工艺路线，当本单位加工能力无法胜任时，应认同采用其他某种加工方法的可能性并最终能满足所设计产品的要求。

2. 焊接坡口和焊接方式的选择：结合现有焊接设备、焊工技能和焊接工艺选择合适的焊接坡口和焊接方法，在满足焊接质量的前提下，尽可能注意兼顾焊接工作的效率。

3. 焊接材料的选定：焊接材料的选定应与母材材料的力学性能等级相匹配。

4. 受压元件材料的确定：压力容器法规和标准对压力容器所用材料已做了规定，但受压元件材料的确定要全面综合考虑各种影响因素，不能单纯以强度计算为依据。如低温低应力工况的压力容器就不必采用低温材料；有耐腐蚀要求的压力容器是整体采用不锈钢还是采用复合板材料，这里就有经济性比较的问题，都须在产品设计中予以综合考虑。

5. 产品结构设计：在进行产品结构设计时，要兼顾实施无损检测的可能性。当射线检测无法进行单壁单影时，就应从结构设计中考虑采用何种检测方法的可能性。

6. 无损检测的方法要求：尽管在有的设计标准中明确可采用不同的无损检测方法，如焊缝的表面检测，它包括磁粉和渗透检测两种方法。但对铁磁性材料的产品，就应优先采用磁粉检测，NB/T 47013 中也明确应优先采用磁粉检测的原则。因为磁粉检测本身对缺陷的灵敏度高，同时经济成本亦较渗透检测低。

7. 锻件：目前压力容器产品用锻件大多为外协采购，因此，对较重要的锻件产品在设计文件或订货技术条件方面除了有必要的化学成分、力学性能等常规技术要求外，还应对其锻造用钢锭的冶炼方法、有害元素的控制和锻造方法（在保证锻造比的前提下，锻件的主变形方向应与该零件的主应力方向相一致）作出规定。但随意拔高要求是不可取的。

8. 热处理：消除应力热处理在法规、标准中已作了规定。热处理可以改善材料的力学性能，可通过采用不同的热处理方式达到。Fe-C 合金图表明，并非所有的材料通过热处理可较大地改变力学性能。

第五章　材料、零部件质量控制系统

材料、零部件质量控制系统是压力容器制造质量保证体系中的重要组成部分。加强对材料、零部件质量控制与管理，确保材料、零部件的质量，是保证压力容器制造质量的基本条件。它不仅直接关系到材料、零部件、焊接及工艺等各质量控制系统能否正常运转，同时也影响到产品的生产周期和制造成本。因此，作为材料、零部件质量控制系统的责任人不仅要熟知压力容器用材料的标准、性能、使用范围，更要熟悉材料、零部件质量控制系统的控制环节、控制点及控制程序，进而有效地控制材料、零部件采购、验收、保管、发放、使用。

《特种设备生产和充装单位许可规则》附录 M 对材料与零部件控制的范围、程序、内容规定如下：

1. 材料与零部件的采购(包括采购计划和采购合同)，明确对受委托方实施质量控制的方式和内容，包括对受委托方进行评价、选择、重新评价，并且编制受委托方评价报告，建立合格受委托方名录等，对法规、安全技术规范有行政许可规定的受委托方，应当对受委托方许可资质进行确认；

2. 材料与零部件验收(复验)控制，包括未经验收(复验)或者不合格的材料零部件不得投入使用等；

3. 材料标识(可追溯性标识)的编制、标注方法、位置和移植等；

4. 材料与零部件的存放与保管，包括储存场地、分区堆放等；

5. 材料与零部件领用和使用控制，包括质量证明文件、牌号、规格、材料炉批号、检验结果的确认，材料领用发放、切割下料、成型、加工前材料标识的移植及确认，余料、废料的处理等；

6. 材料与零部件代用，包括代用的基本要求及代用范围，代用的审批、代用的检验试验等。

材料与零部件受委托方评价报告，材料与零部件检查验收报告，材料与零部件代用审批报告，由相应质量控制系统责任人员审查确认，并对保管、使用情况进行定期检查，作出记录。

第一节　材料、零部件责任工程师的任职条件和岗位职责

一、材料、零部件责任工程师的任职条件

材料、零部件责任工程师，应当熟悉任职岗位的工作任务和要求，通过岗位培训，能够履行岗位职责。同时应具备以下条件：

1. A1、A2、A3、A5、A6、B、C1、C2、C3 级压力容器生产单位材料、零部件责任工程师，应具有工程师或以上技术职称。

2. A4、D 级压力容器生产单位材料、零部件责任工程师，应具有助理工程师或以上技术职称。

3. 压力容器制造单位材料、零部件责任工程师，应具有所负责工作的经历。

二、材料、零部件责任工程师的岗位职责

1. 在质保工程师的领导下，认真贯彻执行国家关于压力容器的法规、标准，并向质保工程师报告工作。

2. 参加编制、修订、并负责贯彻《质量保证手册》材料、零部件质量控制系统的有关文件。

3. 审核材料、零部件订货技术条件及材料、零部件代用，主持合格供方的资格评审工作。

4. 审签材料、零部件质量证明书、复验报告、入库检验报告及产品主要受压元件使用材料一览表。

5. 监督检查材料、零部件系统的质量控制工作。

6. 配合人事(教育)部门对本系统质量控制有关人员进行培训。

7. 对本系统所控制的质量活动出现不符合时，负责组织分析并制定整改措施。

第二节　材料、零部件质量控制系统的建立和运行

材料、零部件质量控制系统应建立一个明确材料、零部件质量控制的主管部门和配合部门，落实各级材料人员的岗位职责和控制程序，实施材料质量责任工程师或材料质控负责人负责制，并接受质保工程师监督检查的系统，进而实施对材料、零部件系统的质量控制。

一、材料、零部件质量控制系统的构成

材料、零部件质量控制系统一般设采购订货、验收入库、材料保管、材料代用、材料发放和材料使用(标记和标记移植)6 个控制环节和若干个控制点。每个控制环节都规定了控制的目的、要求和围绕这些控制环节要进行的质量活动。为保证材料、零部件质量控制系统正常运转进而对材料、零部件质量进行有效控制,应建立并完善材料、零部件方面的控制程序(如材料、零部件采购订货控制程序),岗位职责(如材料保管员岗位职责)等这些构成材料。零部件质量控制的程序文件和支持性文件。

材料、零部件质量控制系统中还要运用相关表、卡、单,如原材料入库检验通知单、材料领用单等质量记录,作为质量保证体系的证实性文件既为材料控制过程中各控制点满足要求、质量保证体系运行的有效性提供客观证据,也可为"证实、可追溯性、预防和纠正措施"提供依据。

《质量保证手册》中确立材料、零部件控制系统的主管部门和配合部门及他们之间的协作关系,落实各级材料人员的岗位职责,明确系统的控制环节和控制点。材料方面的程序文件和支持性文件及材料控制用的表、卡、单等证实性文件就构成了材料质量控制文件化系统。

二、材料、零部件质量控制系统的建立

1. 质量保证手册中明确管理职责,确定主管部门和配合部门及他们之间的协作关系,确定本系统的控制环节和控制点。对压力容器产品使用的原材料、外协外购件的采购、验收、保管与发放、材料代用、材料标记及移植等控制程序、基本要求作出规定。

2. 控制程序(管理制度)以各控制环节为出发点对各控制点材料、零部件质量控制提出具体控制要求,这是保证材料、零部件质量控制系统正常运转从而对材料、零部件质量进行有效控制的基本措施和手段。制定内容应符合本单位实际情况,切实可行,满足材料规范对材料的规定要求,并能对材料、零部件质量进行全面的系统的管理。一般应制定以下几个方面的材料质量控制程序(管理制度)。

(1)材料、零部件采购订货控制程序(管理制度)

根据采购方式的不同,分别提出材料、零部件采购有关人员(供应科长、材料、零部件责任工程师、采购人员等)的职责、范围、方法、依据和程序;合同评审;明确采购合同所应包含的主要内容,执行合同存在问题的处理及采购订货中应注意的事项;采购文件编制的依据、审批及管理;合格供方的评价和选择等。

(2)材料、零部件验收入库控制程序(管理制度)

该程序中应包括材料到货后验收程序、验收条件、内容、方法及验收标准;材料检查、复验的规定;不合格材料的处理;材料代号的编制、标记;有关验收入库材料的资料管理。

(3)材料、零部件代用控制程序(管理制度)

明确材料、零部件代用的原则和材料、零部件代用审批程序。

(4)材料、零部件保管、发放控制程序(管理制度)

对库内或露天料场存放的材料、零部件根据其类别及特性的不同,分别提出存放、保管条件、保管要求;明确材料、零部件发放的依据、凭证、要求;规定需随料提供的材料、零部件质量证明文件。

(5)材料、零部件使用控制程序(管理制度)

该程序中应明确在材料、零部件使用前和使用过程中,为确保材料、零部件满足设计图样及标准规范要求所应采取的管理方法、措施及程序。如对材料质量证明文件、规格、表面质量的核查,切割下料标记移植及确认,材料加工时的注意事项,对不一致的材料、零部件的处理及材料、零部件质量反馈等。

2.按 TSG 21—2016《固定式压力容器安全技术监察规程》、GB/T 150 等的要求规范材料、零部件系统的表、卡、单,力求证实性文件内容齐全,可追溯性强。

三、材料、零部件质量控制系统的运行

材料、零部件质量控制系统一经建立起来,作为材料系统质控责任人员就要保证它的正常运行。为了保证正常运行,材料、零部件责任工程师要做好以下几项工作:

1.首先要对本系统有关人员的工作进行检查和考核,并向质保工程师随时报告本系统的运行情况。

2.定期组织本系统有关人员学习,了解有关压力容器法规、标准对材料、零部件方面的要求,贯彻《质量保证手册》中材料、零部件系统的有关内容,指导有关人员正确执行压力容器法规、标准和《质量保证手册》的有关规定。

3.对不合格品(项)及时提出处理意见,反馈质量信息。

4.协调本系统和有关部门、系统的关系。

5.同质保体系有关人员修订《质量保证手册》中有关材料、零部件系统的局部或重大改动问题。

6.定期检查本系统的质量记录表、卡、单的归档管理。

第三节 材料、零部件质量控制系统的质量控制

一、压力容器用材料、零部件质量控制的要求

为了确保压力容器产品的质量,必须对材料、零部件进行必要的质量控制,使之满足法规相应的控制要求。具体的要求如下:

1.审核设计所用的材料、零部件其牌号、规格及应用范围是否符合国家或行业有关标准、技术条件的规定要求,发现问题应及时与有关责任人员或部门反馈。

2.严格实施对材料、零部件从采购订货、验收入库、保管发放的全过程控制。

3.压力容器受压元件材料、零部件检验入库,应当取得材料生产单位提供的质量证明书原件或加盖了经营单位公章和经办负责人签字(章)的复印件。质量证明书的内容及实物标志应符合相应材料产品标准的规定和订货合同要求。

4.应根据材料、零部件验收合格后的入库顺序、类别和炉批号的不同以及本单位材料管理有关制度的规定编制代号,通过材料代号标记、标记移植及容器制造资料中的反映,实现对材料、零部件的质量追踪。

5.凡材料、零部件要求复验的项目,均应及时进行复验,合格后方可使用。

6.材料、零部件代用必须符合《固定式压力容器安全技术监察规程》和材料代用管理制度规定,并严格代用审批手续,及时通知有关部门和生产车间。

7.自觉接受并积极配合特种设备安全监察部门和监检机构监督、检查和指导,对所发现的问题认真及时地进行整改。

二、材料、零部件质量控制的方法

基于以上材料、零部件质量控制的要求,必须制定一系列控制方法,以保证实施对材料、零部件的质量控制。具体方法如下:

1.严格实施对材料、零部件控制的各项基本要求,按照本单位材料质量控制系统中所设置的控制环节对各控制点进行重点控制。

2.对各控制环节、控制点均应明确控制人员及控制点的控制形式。在制度中落实其具体的工作内容及职责,在执行过程中对所发现的问题及时妥善处理。

3.及时做好材料、零部件质量控制的各项记录及其他见证资料的整理和保管工作。

4.对材料、零部件质控系统的运转情况及质控人员的工作质量经常进行检查,防止质控

人员脱岗和材料管理工作混乱。

三、材料、零部件质量控制系统的控制环节和控制点

从控制要求和方法可以看出，合理设置控制环节和控制点，明确控制人员的职责和控制形式，是对材料、零部件进行质量控制的必要途径，各压力容器生产单位可根据自身的具体情况来设置控制环节和控制点，一般介绍如下：材料、零部件质量控制系统由供应（采购）部门归口管理，生产部门、设计部门、工艺部门和检验部门配合，并对该系统各有关环节的工作负责，材料、零部件质量控制按附录C“材料、零部件质量控制系统控制程序图”执行，一般设采购订货、验收入库、材料保管、材料代用、材料发放、材料使用6个控制环节和若干个控制点，具体分述如下：

（一）采购订货

采购订货是重要的控制环节，按以下内容编写材料、零部件控制规定：

1. 应有对供方进行有效质量控制的方式和内容，包括对供方进行评价、选择、重新评价，并编制供方评价报告，建立合格供方名录等，对法规、安全技术规范有行政许可规定的供方，应当对供方许可资格进行确认。

2. 对供方有质量问题时，单位具有处理方式的规定。

3. 应制订采购文件的控制程序。

为确保以上规定，这一控制环节设采购文件审批、合格供方确认、采购订货3个控制点，材料、零部件采购应遵循“择优订货”的原则并对采购合同的基本内容作出规定：

（1）采购文件审批

该控制点应明确采购文件编制、更改和审批的程序及权限，供应（采购）部门计划（采购）员负责依据设计图样及采购说明书编制材料采购文件，经材料、零部件责任工程师审核订货技术条件和质量要求、材料变更说明等。

采购文件至少应包括下列内容：

①工程项目名称、产品名称、产品编号。

②材料规格、型号、数量及需满足的材料标准和技术质量要求。

③有关标志和验收要求。

④材料变更说明。

⑤编制说明中应说明供货周期及需要注意的问题。

采购文件一经审核，不得擅自更改所需采购材料的品种、规格和质量要求，如需要材料代用，需按《材料代用控制程序》的规定办理审批手续。

(2)合格供方确认

材料生产单位及经销商统称为供方。合格供方的评审由供应(采购)部门会同质管部门、检验部门对其质量保证能力和(或)质量保证体系进行评价或评估,供应主管负责人及采购员对其履约能力、信誉等方面进行评价,通过了解其他用户的使用经验等选择合格供方。一般选择有长期供货关系、经评价信誉好的合格供方,合格供方一经确认,则建立合格供方档案,入合格供方网络实行动态管理。

(3)采购订货

采购文件编制审批后,由采购员在合格供方网络内依据"货比三家,价比三家"的原则,选择供方并与供方签订采购合同。采购合同应签明质量保证、验证方法和质量争端处理等条款或补充协议。

质量保证条款中应包括以下内容:

①供方应提供材料制造单位提供的质量证明书原件或加盖经营单位公章和经办负责人签字(章)的复印件,内容符合采购文件的要求,并能追溯到材料的技术条件、牌号、类型或级别以及炉批号等。

②需方提供的技术质量要求,供方应予以保证。

③需方提出的特殊或附加检验项目,供方应予以保证。

④特殊工艺要求供方提交检验、试验资料或工序控制记录。

验证方法条款或协议是供需双方就质量要求方面的解释和检验、试验及抽样方法达成协议,以验证是否符合需方要求。

质量争端处理条款或协议可采取供需双方协商或申请质量监察机构仲裁解决。

(二)验收入库

材料、零部件验收(复验)控制:未经验收(复验)或者验收(复验)不合格的材料、零部件不得投入使用;材料标识(可追溯性标示)的编制、标识方法,位置和标记移植等。

验收入库环节中设质量证明书审查、实物检查、复验、材料代号编制及标记,材料、零部件入库审查五个控制点,其中材料、零部件入库审查为停止点。

材料到货后、计划(采购)员与保管员办理交接手续,并将材料质量证明书交保管员,保管员负责将实物放置在待验区内,填写"到货物资检验通知单"转检验部门材料检验员,同时提交材料质量证明文件及采购合同,通知材料检验员一起验收,材料检验员依据到货物资检验通知单和采购合同及相应的材料标准对到达材料标识、外观质量、尺寸和包装状态等逐一进行检查,同时核对材料质量证明文件同实物标识的符合性,保管员详细检查数量,并将结果详细记录在"物资入库验收记录表"中作为实物检查控制点的见证材料。

材料、零部件责任工程师接到材料检验员送交的到货材料检验文件,应仔细审核材料质量证明文件的技术数据和材料验收记录，并按 TSG 21－2016《固定式压力容器安全技术监察规程》的规定要求审核材料质量证明书是否符合，在材料质量证明书及验收入库通知单上签字确认。

材料复验：

按照法规、标准以及设计文件、标准要求复验的项目，均应及时复验。由复验员依据材料检验员提供的"试验委托单"，按 GB/T 20066《钢和铁 化学成分测定用试样的取样和制样方法》、GB/T 2975《钢及钢产品力学性能试验取样位置及试样制备》等相关要求进行取样复验。复验结果应符合相应的材料标准或设计图样的要求。焊接材料的复验要求、合格标准和程序按《焊接材料控制程序（管理制度）》的规定进行。

验收和复验结果处理：

1. 合格材料由材料检验员填写"压力容器材料验收入库通知单""压力容器外购、外协件验收入库通知单"及"压力容器焊材验收入库通知单"，在实物上贴合格标签。按《材料入库验收控制程序（管理制度）》和《焊接材料控制程序（管理制度）》的规定确定本单位编号，材料的编号标记应简洁明了，便于操作，并在实物和质量证明书上作出编号标记，办理入库审批手续。之后由保管员负责将合格材料分类存放于合格区内。

2. 不合格材料由材料检验员在实物上作出标识，填写不合格品报告，按《不合格品控制程序（管理制度）》的规定进行处理。保管员应将不合格材料存放在不合格区内等待处理结果。

材料质量证明书及相关文件原件（质量证明书、复验报告、入库通知单）的流转程序及管理根据制造单位的具体情况确定。

（三）材料保管

各级别压力容器生产单位，应具有存放压力容器材料的库房和专用场地，并应有有效的防护措施，合格区与不合格区应有明显的标志，有满足焊接材料存放要求的专用库房和烘干、保温设备。

材料、零部件的存放与保管包括储存场地、分区堆放或分批次（材料炉批）等控制内容。这一环节设保管质量检查和标记恢复确认两个控制点。

材料严格按待验区、合格区和不合格区进行三区管理，按规格型号、材质、批号分别存放，做到材料标识明显清晰。材料库房存放措施按有关规定执行，做到不霉、不锈。焊接材料的保管按《焊接材料控制程序（管理制度）》的规定执行。不锈钢及有色金属材料应放置在专门区域，并采取防污染及机械损伤措施。材料、零部件责任工程师应经常检查材料的保管情况，发现材料标记模糊或脱落，及时督促材料检验员和保管员进行核对、重新标记。

（四）材料代用

材料、零部件控制要求制订关于材料、零部件代用的管理规定，包括代用的基本要求及代用的范围,代用的审批、代用的检验试验等。该环节要求对压力容器产品主要受压元件、一般受压元件和非受压元件材料、零部件代用的申请、审核、批准的程序和权限作出规定,设材料、零部件代用审批一个控制点。

《固定式压力容器安全技术监察规程》第2.1.5条规定:压力容器制造、改造、修理单位对受压元件的材料代用,应事先取得原设计单位的书面批准,并且在竣工图上做详细记录。

代用材料必须满足设计文件的要求,或其性能不低于原设计材料标准。代用材料的强度、塑性、韧性、化学成分和耐蚀性应同设计条件(温度、压力、介质和结构)相适应,且有良好的焊接性能和加工性能。

压力容器产品受压元件和非受压元件材料代用的申请、审核、批准的程序和权限按《材料代用控制程序(管理制度)》的规定执行,由供应部门计划员(采购员)按库存情况,办理《压力容器材料代用单》,其中压力容器产品受压元件的材料代用经材料、设计工艺与焊接责任工程师审核后报原设计单位(部门)审批。国外材料代用时也应办理代用审批手续。

材料代用审批后,分发到车间、检验部门、设计部门、工艺部门及监检员等有关部门和人员。

(五)材料发放

材料发放环节设实物复核(规格、表面质量)、材料代号标记及标记移植两个控制点,压力容器材料发放的依据是领料单,仓库保管员根据领料单核对材料代号、牌号、规格相符后,在领料单上填写材料代号,经材料检验员确认后方可发放材料,发放材料时应按规定进行材料标记移植,保管员移植,检验员确认。具体详见《材料保管、发放控制程序(管理制度)》。焊接材料的发放按《焊接材料控制程序(管理制度)》的规定执行。

(六)材料使用

材料、零部件控制要求制订材料、零部件的领用和使用控制,包括质量证明文件、牌号、规格、材料炉批号、检验结果的确认,材料领用,切割下料、成型、加工前材料标识的移植及确认,包括加工工序中的材料标记移植和余料、废料的处理等。

《固定式压力容器安全技术监察规程》第2.1.4条对压力容器制造、改造、修理单位使用材料的规定性要求如下:

(1)压力容器制造、改造、修理单位应当保证所使用的压力容器材料符合本规程的要求,并且在材料进货检验时审查材料质量证明书和材料标志;对不能确定质量证明书的真实性或者对性能、化学成分有怀疑的主要受压元件材料,应当进行复验,确认符合本规程及相应材料标准的要求后,方可投料使用;

(2)对于外购的第Ⅲ类压力容器用Ⅳ级锻件,应当进行复验;

(3)用于压力容器受压元件的材料在分割前应当进行标志移植,保证材料具有可追溯性。

这一环节要求对材料使用时进行必要的质量控制，防止错用、误用材料。设附加检验、使用前复核、下料时标记移植确认 3 个控制点。具体按《材料使用控制程序（管理制度）》的规定执行。

（七）材料控制系统控制环节和控制点

材料控制系统控制环节和控制点，见表 5-1。

表 5-1　材料控制系统控制环节和控制点一览表

控制环节	控制点
1. 采购订货	（1）采购文件审批；（2）合格供方的评审；（3）采购订货
2. 验收复验入库	（1）材料质量证明书审查；（2）实物检查；（3）复验；（4）材料代号编制及标记；（5）材料入库审查
3. 材料保管	（1）保管质量检查；（2）标记恢复确认
4. 材料代用	材料代用审批
5. 材料发放	（1）实物复核；（2）材料代号标记及标记移植
6. 材料使用（标记和标记移植）	（1）使用前复核确认；（2）材料领用；（3）切割下料、成型、加工前的标记移植确认；（4）余料、废料的处理

（八）材料、零部件质量控制系统控制程序图

材料、零部件质量控制系统控制程序图见附录 C。

第四节　材料、零部件质量控制系统程序文件、作业（工艺）文件及质量记录表卡

一、材料、零部件质量控制系统程序文件

1. 合格供方评审规定；

2. 原材料（板、管、锻、螺）采购、验收复验、保管、代用、发放、回收、标记管理规定/验收技术要求；

3. 焊接材料（焊条、焊丝、焊剂、气体）管理规定；

4. 外协/外购件/安全附件采购、验收复验、保管、代用、发放、回收、标记管理规定/验收技术要求；

5. 标记和位置及移植规定（内容：指令号、材料代号、规格（厚度）、焊工、NDE、检验确认等）。

二、材料、零部件质量控制系统作业（工艺）文件、质量记录表格

1. 产品主要受压元件使用材料一览表(含焊接材料)；
2. 受压元件(锻件)产品质量证明书/合格证/质量检验报告；
3. 受压元件(封头)产品质量证明书/合格证/质量检验报告；
4. 供方评审记录/合格供方名单；
5. 材料申请/采购/运送单，焊材库温湿度烘焙记录；
6. 材料入库/领用发放/退库记录；
7. 原材料/焊材检验或复验审批记录报告；
8. 材料代用申请单。

第五节　材料、零部件责任工程师应掌握的相关法规标准和专业知识

作为材料、零部件责任工程师不仅要有深厚的材料方面的基础知识(如：金属材料学、金属学原理等)，而且也要掌握压力容器法规、标准有关材料方面的专业知识，压力容器用材的特殊要求等，这些方面的知识本节只作简单的介绍，材料、零部件责任工程师在实际工作中应不断地丰富、充实自己的专业基础知识，以便更好地实施材料、零部件控制。

材料、零部件责任工程师应熟悉以下法律法规、标准的有关内容：

1.《特种设备安全法》；
2.《特种设备安全监察条例》；
3. TSG 07—2019《特种设备生产和充装单位许可规则》；
4. TSG 21—2016《固定式压力容器安全技术监察规程》；
5. TSG 23—2021《气瓶安全技术规程》；
6. GB/T 150《压力容器》；
7. GB/T 151《热交换器》；
8. GB/T 12337《钢制球形储罐》；
9. GB 50094《球形储罐施工规范》；
10. GB/T 222《钢的成品化学成分允许偏差》；
11. GB/T 699《优质碳素结构钢》；
12. GB/T 700《碳素结构钢》；

13. GB/T 709《热轧钢板和钢带的尺寸、形状、重量及允许偏差》;

14. GB/T 711《优质碳素结构钢热轧钢板和钢带》;

15. GB/T 713《锅炉和压力容器用钢板》;

16. GB/T 11253《碳素结构钢冷轧钢板及钢带》;

17. GB/T 912《碳素结构钢和低合金结构钢热轧薄钢板和钢带》;

18. GB/T 1220《不锈钢棒》;

19. GB/T 1221《耐热钢棒》;

20. GB/T 1591《低合金高强度结构钢》;

21. GB/T 2965《钛及钛合金棒材》;

22. GB/T 2975《钢及钢产品力学性能试验取样位置及试样制备》;

23. GB/T 3077《合金结构钢》;

24. GB/T 3087《低中压锅炉用无缝钢管》;

25. GB/T 20878《不锈钢和耐热钢牌号及化学成分》;

26. GB/T 19189《压力容器用调质高强度钢板》;

27. GB/T 20066《钢和铁化学成分测定用试样的取样和制样方法》;

28. GB/T 3190《变形铝及铝合金化学成分》;

29. GB/T 3191《铝及铝合金挤压棒材》;

30. GB/T 3880.3《一般工业用铝及铝合金板、带材 第三部分:尺寸偏差》;

31. GB/T 3274《碳素结构钢和低合金结构钢热轧钢板和钢带》;

32. GB/T 3280《不锈钢冷轧钢板和钢带》;

33. GB/T 3524《碳素结构钢和低合金结构钢热轧钢带》;

34. GB/T 3531《低温压力容器用钢板》;

35. GB/T 3620.1《钛及钛合金牌号和化学成分》;

36. GB/T 3620.2《钛及钛合金加工产品化学成分允许偏差》;

37. GB/T 3621《钛及钛合金板材》;

38. GB/T 3622《钛及钛合金带、箔材》;

39. GB/T 3623《钛及钛合金丝》;

40. GB/T 3624《钛及钛合金无缝管》;

41. GB/T 3625《换热器及冷凝器用钛及钛合金管》;

42. GB/T 4237《不锈钢热轧钢板和钢带》;

43. GB/T 4238《耐热钢钢板和钢带》;

44. GB/T 4336《碳素钢和中低合金钢多元素含量的测定火花放电原子发射光谱法(常

规法)》;

45. GB/T 4437.1《铝及铝合金热挤压管 第1部分:无缝圆管》;

46. GB/T 5310《高压锅炉用无缝钢管》;

47. GB/T 6479《高压化肥设备用无缝钢管》;

48. GB/T 6653《焊接气瓶用钢板和钢带》;

49. GB/T 8163《输送流体用无缝钢管》;

50. GB/T 8165《不锈钢复合钢板和钢带》;

51. GB/T 9948《石油裂化用无缝钢管》;

52. GB/T 3880《一般工业用铝及铝合金板、带材》;

54. GB/T 11251《合金结构钢热轧厚钢板》;

55. GB/T 11253《碳素结构钢冷轧钢板及钢带》;

56. GB/T 12771《流体输送用不锈钢焊接钢管》;

57. GB/T 13296《锅炉、热交换器用不锈钢无缝钢管》;

58. GB/T 14976《流体输送用不锈钢无缝钢管》;

59. GB/T 20066《钢和铁化学成分测定用试样的取样和制样方法》;

60. GB/T 983《不锈钢焊条》;

61. GB/T 984《堆焊焊条》;

62. GB/T 5117《非合金钢及细晶粒钢焊条》;

63. GB/T 5118《热强钢焊条》;

64. GB/T 5293《埋弧焊用非合金钢及细晶粒钢实心焊丝、药芯焊丝和焊丝-焊剂组合分类要求》;

65. GB/T 8110《熔化极气体保护电弧焊用非合金钢及细晶粒钢实心焊丝》;

66. GB/T 12470《埋弧焊用热强钢实心焊丝、药芯焊丝和焊丝-焊剂组合分类要求》;

67. GB/T 14957《熔化焊用钢丝》;

68. GB/T 17854《埋弧焊用不锈钢焊丝-焊剂组合分类要求》;

69. YB/T 5091《惰性气体保护焊接用不锈钢丝》;

70. YB/T 5092《焊接用不锈钢丝》;

71. NB/T 47008《承压设备用碳素钢和合金钢锻件》;

72. NB/T 47009《低温承压设备用合金钢锻件》;

73. NB/T 47018《承压设备用焊接材料订货技术条件》;

74. NB/T 47028《压力容器用镍及镍合金锻件》;

75. NB/T 47046《承压设备用镍及镍合金板》;

76. NB/T 47047《承压设备用镍及镍合金无缝管》；

77. NB/T 47010《承压设备用不锈钢和耐热钢锻件》；

78. NB/T 47002《压力容器用复合板》；

79. GB/T 25198《压力容器封头》；

80. NB/T 47020～47027《压力容器法兰、垫片、紧固件》；

81. HG/T 20592《钢制管法兰》；

82. NB/T 47029《压力容器用铝及铝合金锻件》；

83. HG/T 21514～21535《钢制人孔和手孔》；

84. GB/T 21832《奥氏体-铁素体型双相不锈钢焊接钢管》；

85. GB/T 21833《奥氏体-铁素体型双相不锈钢无缝钢管》。

一、法规、标准对压力容器用材料的要求

对于锅炉压力容器而言，其钢材不仅要满足它的安全使用性能（包括强度、韧性、抗腐蚀性能等），而且也要具有良好的加工工艺性能，因此压力容器用钢要严格控制硫、磷含量，限制含碳量和碳当量，合理控制锰、硅含量，达到强度和韧性的最佳配合。为此，压力容器用钢与一般钢种的基础标准相比有了更为严格的要求，如 GB/T 713 标准中，在降低硫、磷含量，保证较多的性能项目，控制冲击试验温度及合格指标、增加检验数量方面等都相应提高了要求。下面就介绍法规、标准对压力容器用钢的特殊要求：

《固定式压力容器安全技术监察规程》第 2 条对压力容器选材的规定如下：

2.2.1.1　**熔炼方法**

压力容器受压元件用钢，应当是氧气转炉或者电炉冶炼的镇静钢。对标准抗拉强度下限值大于或者等于 540 MPa 的低合金钢钢板和奥氏体-铁素体不锈钢钢板，以及用于设计温度低于－20 ℃的低温钢板和低温钢锻件，还应当采用炉外精炼工艺。

2.2.1.2　**化学成分(熔炼分析)**

2.2.1.2.1　用于焊接的碳素钢和低合金钢

碳素钢和低合金钢钢材，C 含量≤0.25％、P 含量≤0.035％、S 含量≤0.035％。

2.2.1.2.2　压力容器专用钢中的碳素钢和低合金钢

压力容器专用钢中的碳素钢和低合金钢（钢板、钢管和钢锻件），其磷、硫含量应当符合以下要求：

（1）标准抗拉强度下限值小于或者等于 540 MPa 的钢材，P 含量≤0.030％、S 含量≤0.020％。

（2）标准抗拉强度下限值大于 540 MPa 的钢材，P 含量≤0.025％、S 含量≤0.015％。

(3)用于设计温度低于－20 ℃并且标准抗拉强度下限值小于或者等于 540 MPa 的钢材,P 含量≤0.025%、S 含量≤0.012%。

(4)用于设计温度低于－20 ℃并且标准抗拉强度下限值大于 540 MPa 的钢材,P 含量≤0.020%、S 含量≤0.010%。

2.2.1.3 力学性能

2.2.1.3.1 冲击吸收能量

厚度不小于 6 mm 的钢板、直径和厚度可以制备宽度为 5 mm 小尺寸冲击试样的钢管、任何尺寸的钢锻件,按照设计要求的冲击试验温度下的 V 型缺口试样冲击吸收能量(KV_2)指标应当符合表 5-2 的规定。

表 5-2 碳素钢和低合金钢钢材(钢板、钢管和钢锻件)冲击吸收能量

钢材标准抗拉强度下限值 R_m/MPa	3 个标准试样冲击吸收能量平均值 KV_2/J
≤450	≥20
>450～510	≥24
>510～570	≥31
>570～630	≥34
>630～690	≥38(且侧膨胀值 LE≥0.53 mm)
>690	≥47(且侧膨胀值 LE≥0.53 mm)

2.4.2 断后伸长率

(1)压力容器受压元件用钢板、钢管和钢锻件的断后伸长率(A)应当符合本规程引用标准以及相应钢材标准的规定。

(2)焊接结构用碳素钢、低合金高强度钢和低合金低温钢钢板,其断后伸长率(A)指标应当符合表 5-3 的规定。

表 5-3 钢板断后伸长率(A)指标

钢板标准抗拉强度下限值 R_m/MPa	断后伸长率 A/%
≤420	≥23
>420～550	≥20
>550～680	≥17
>680	≥16

(3)采用不同尺寸试样的断后伸长率指标,应当按照 GB/T 17600.1《钢的伸长率换算 第 1 部分:碳素钢和低合金钢》和 GB/T 17600.2《钢的伸长率换算 第 2 部分:奥氏体钢》进行

换算,换算后的指标应当符合本条规定。

二、锅炉压力容器常用钢种的牌号、性能

低碳钢、低合金钢、奥氏体不锈钢是制造锅炉压力容器常用的钢种,根据需要也有采用其他材料的,如铸钢、铸铁、铜、铝、钛、镍及合金、铁素体不锈钢、铁素体-奥氏体双相不锈钢等。此外,锅炉压力容器锻件和螺栓也有采用中碳钢的。

1. 普通低碳钢

按 GB/T 700—2006 规定其表示方法为:Q×××-××,其中第一部分 Q 是屈服强度的汉语拼音第一个字母大写;第二部分×××为钢的屈服强度值(单位 MPa);第三部分×是质量等级,分为 A、B、C、D 四个等级,质量等级依次提高;第四部分×是脱氧方法,有 F-沸腾钢、B-半镇静钢、Z-镇静钢、TZ-特殊镇静钢四种,在牌号组成表示方法中,“Z”与“TZ”代号予以省略。

锅炉压力容器常用的牌号有 Q235B、Q235C,这类钢材通常以热轧状态交货,具有良好的塑性、韧性和冷热加工性能,钢中碳、锰、硅的含量较少,通常情况下不会因焊接而引起严重的硬化组织或淬火组织,焊接接头塑性和韧性也很好,焊接时,一般不需预热、控制层间温度和后热,焊后也不必采用热处理改善组织,整个焊接过程不需要特殊的工艺措施,其焊接性优良。

2. 优质低碳钢

优质碳素钢的牌号用两位数字表示,这两位数字是钢平均含碳量的万分比,如有特殊要求则在牌号数字后面加以说明,如 Q245R(GB/T 6654—1996):245 表示钢材屈服强度值(单位 MPa),R 代表容器用钢;GB/T 713—2014《锅炉和压力容器用钢板》标准中规定碳素钢和低合金高强度钢的牌号用屈服强度值“屈”字、压力容器“容”字的汉语拼音首位字母表示。

08F:08 表示钢中平均含碳量为 0.08%,F 代表沸腾钢。

锅炉压力容器常用的优质低碳钢(含碳量小于 0.25%)牌号有:Q245R 这类钢材在普通碳素钢的基础上对 S、P 等杂质元素的含量控制更为严格,GB/T 713—2014 标准中将 S 含量限制在 0.015%以下,P 含量限制在 0.025%以下,通常以不热处理或热处理(正火)状态交货,性能更为优良。焊接性也优于普通低碳钢,只是需注意以热处理状态(正火)供货钢材,由于热处理状态不同,导致同样的碳钢钢种,其母材焊前的原始金相组织和力学性能可能并不一样,焊后的接头性能和质量也会显出差异。焊接时,需注意保持母材焊前的韧性和

强度。

3. 合金钢

低合金钢是在低碳钢的基础上加入少量的合金元素(Mn、V、Si、Ti、Mo、Nb 等)总量一般不超过 5%而形成的钢。这些合金元素用以提高钢的强度并保证其具有一定的塑性和韧性,或使钢具有某些特殊性能,如耐低温、耐高温或耐腐蚀等。常用来制作锅炉压力容器的低合金钢分为低合金高强钢、低温钢及低合金耐热钢。

(1)低合金高强钢

这类钢种以两位数字+合金元素化学符号+数字表示,其中前面两位数字表示含碳量的万分比,后面的数字表示合金元素的含量,小于 1.5%可省略不写。如:18MnMoNbg 表示平均含碳量为 0.18%,含 Mn、Mo、Nb 均小于 1.5%的锅炉用钢。常用的牌号有压力容器用钢(GB/T 6654—1996):16MnR、15MnVR、15MnNbR、18MnMoNbR 等,GB/T 713—2014 标准中将 16Mng、19Mng 和 16MnR 合并为 Q345R;将 15MnNbR 变更为 Q370R、取消了 15MnVR 钢号、保留了 18MnMoNbR. 这类钢中含碳量一般控制在 0.2%以下,通过添加适量的 Mn、Mo 等合金元素及 V、Nb、Ti、A1 等微合金化元素,配合适当的轧制工艺或热处理工艺来保证钢材具有优良的综合力学性能。其强化机理与碳素钢不同,碳素钢主要通过钢中的碳含量形成珠光体、贝氏体和马氏体来强化,而低合金高强钢主要通过细晶强化、沉淀强化和固溶强化来实现强化。屈服强度在 295~460 MPa 范围,在热轧、控轧、正火及正火加回火状态下使用。同种钢材热处理状态比热轧状态下强度略有下降,但塑性、韧性、低温冲击值都显著提高。

低合金高强钢的焊接性与碳钢有差别,主要是焊接热影响区组织与性能的变化对焊接线能量较敏感,热影响区淬硬倾向增大,对氢致裂纹敏感性较大,含有碳、氮化合物形成元素的低合金高强钢还存在再热裂纹的倾向。只有掌握各种不同低合金高强钢的焊接性特点和规律,才能制定正确的焊接工艺,保证其焊接质量。

1)Q345R(16MnR、16Mng)

Q345R(16MnR、16Mng)的含碳量较低,而含锰量较高,因此它们的锰硫比都能达到要求,具有良好的抗热裂性能,正常情况下焊缝中不会出现热裂纹。其冷裂倾向虽较低碳钢大,但冷速不大时,两者的淬硬倾向是很相近的。其焊接性良好。钢板厚度≤34 mm 时焊前不需预热;钢板厚度>34 mm 时,预热至 100~150 ℃。对于重要的受压元件和钢板厚度大于 34 mm 的构件,焊后需进行消除应力热处理,通常是加热至 600~640 ℃,保温后炉温降至 400 ℃以下空冷。含碳量偏下限的 Q345R 钢焊接时对线能量基本没有严格限制,因为它的过热敏感性不大，冷裂倾向也小，但从提高过热区的塑性和韧性出发，线能量偏小一些更有利。当焊接含碳量偏高的 Q345R 钢时，由于淬硬倾向增大，马氏体的含量也提高，小线能量时冷裂倾向就会增大，过热区的脆化也变得严重，这种情况下线能量偏大一些较好。

Q345R 等为低合金钢常用的压力容器用钢。它们的含碳量都不高、标准规定的抗拉强度下限值亦不超过 540 MPa，它的焊接性一般较好，通常不会产生冷、热裂纹。但是，亦同 $20^{\#}$ 碳锰结构钢一样，其厚度大、环境温度低时同样会产生冷、热裂纹。另外要注意的是这些低合金钢中因含有一定数量的合金元素，故它们的屈服强度往往会偏高，所以我们应从钢材质量保证书上或制造单位的复验文件中审查一下它们的真实屈强比(真实的屈服强度与真实的抗拉强度的比值)，一般其屈强比≤0.75，如果超过 0.8 以上则应密切注意裂纹产生的可能性，在评片中要提高注意力严防漏检。

2)Q370R(15MnNbR)

Q370R(15MnNbR)低合金高强度钢在正火状态下使用，其强度和韧性均优于 Q345R，焊接性能与 Q345R 相近，焊接性能良好，采用配套的 J557R 焊条，一般在 100 ℃左右预热，即可防止焊接冷裂纹的产生。焊接过程中工艺参数的范围也比较宽，焊接线能量控制在 12～45 kJ/cm，都可获得性能优良的焊接接头。于 1999 年纳入 GB/T 6654 第一号修改单，正式成为我国压力容器用钢，GB/T 713—2014 标准用 Q370R 牌号取代了 15MnNbR. 主要应用于大型球罐。当厚度＞36mm 时，其抗拉强度标准下限值较相应厚度的 Q345R(16MnR)钢板高 10.6％，故采用 Q370R 钢板设计同类球罐时壁厚减薄了 10.6％。这不仅可以改善球罐的受力状况，而且通常比选用 Q345R(16MnR)钢板的球罐工程造价减少 5％左右。经供需双方协议，可规定 Q345R 和 Q370R 钢的 P 含量≤0.015％、S 含量≤0.005％。

3)18MnMoNbR

GB/T 713—2014 标准中规定钼钢、铬钼钢的牌号用平均含碳量和合金元素字母、压力容器“容”字的汉语拼音首位字母表示。这种钢一般都在热处理状态下使用，18MnMoNbR 则一般在 950～980 ℃正火＋620～650 ℃回火或调质处理后使用，这两种处理均能获得良好的显微组织(低碳贝氏体和低碳马氏体)，进而获得良好的性能。18MnMoNbR 的淬硬性比较大，冷裂倾向也必然大。18MnMoNbR 也有轻微的再热裂纹敏感性，可采用提高预热温度来防止热裂纹的产生，如提高预热温度有困难，也可在预热条件下焊后立即进行后热处理来防止再热裂纹的产生。这种钢的过热敏感性比较大，而热应变脆化倾向却比 Q345R 小，焊接 18MnMoNbR 时，由于淬硬性增加，随线能量减小过热区冲击韧性不是提高，而是降低，并容易产生延迟裂纹。因而，焊接时线能量偏大一些较好。但加大线能量，降低焊速的同时，引起了过热的加剧，因此，在这种情况下，采用大线能量的效果不如采用预热更为合理,预热温度控制恰当时,既能确保避免裂纹,又能防止晶粒过热而粗大。18MnMoNbR 为了消除应力的同时起到除氢处理的作用,避免产生延迟裂纹,要求焊后及时进行回火处理。

4)07MnCrMoVR、07MnNiMoVDR、12MnNiVR(GB/T 19189—2011 压力容器用调质高强度钢板)

07MnCrMoVR、07MnNiMoVDR 是压力容器用调质高强度钢板,属低碳低合金高强度调质钢,具有较高的屈服强度(R_{eL}=490 MPa)、良好的塑性、低温韧性(按 47 J 交货),可用于在低温下服役的焊接结构,如大型球罐。其综合性能的获得除了取决于它的化学成分外,还要执行正确的热处理工艺,即调质处理。获得板条状马氏体、贝氏体和少量回火马氏体,保证了强度和韧性的良好配合。这种钢与其他低合金钢相比降低了含碳量,用微量 Cr、Mo、V 合金元素来强化基体的同时又考虑了焊接性能的要求,钢的碳当量控制在 0.4%以下,焊接冷裂纹敏感指数 P_{cm} 能控制在 0.2%以下。焊接冷裂倾向较小。但在焊接时需注意:

①应采用配套的 J607RH 超低氢高韧性焊条焊接。

②焊接时应控制焊接线能量,宜采用小线能量多层多道焊。线能量过大时,易形成焊接热影响区的晶粒粗大,使焊接接头的冲击韧性下降幅度较大。

③07MnCrMoVR、07MnNiMoVDR 有较强再热裂缝倾向,尽量避开敏感的温度区,如:焊后热处理的温度区。

12MnNiVR 调质热处理低合金高强度钢是以 C-Si-Mn 合金为基础,采用了多元微合金化处理,添加 Mo、V、B、Ni 和 Ti 等合金元素,根据钢中的 N 含量,适当添加 Ti,形成细粒状弥散分布的粒子 TiN 可以减轻大线能量焊接时焊接热影响区的脆化;利用 TiN 的沉淀物可以有效地阻碍奥氏体的晶粒长大,细化组织,抑制焊接时奥氏体的晶粒粗大,改善钢的韧性。通过合理的调质热处理制度,得到满足钢板力学性能和大线能量焊接要求的组织结构。其关键技术措施为:

①预处理,铁液预处理包括 KR 脱硫,有条件的还包括脱磷,强化冶炼中脱氧期脱磷操作,严格控制钢中 S、P 含量。

②真空处理,包括 RH(真空浇注,滴硫式处理,循环脱气)、VD(真空室处理)真空处理。深度脱氧去硫、脱气(N、H 和 O 等),去除钢中的夹杂物(硫化物、氧化物及硅酸盐等),均匀温度和成分,纯净钢质。

③调质热处理,使合金元素充分固溶、析出,达到较好的强韧化效果并改善组织。淬火处理后,钢板的金相组织为马氏体+少量贝氏体(随板厚的增加,钢板心部可能出现少量的铁素体),高温回火处理后为索氏体。

12MnNiVR 调质热处理低合金高强度钢具有以下特点:

①高强度($\sigma_s \geqslant 490$ MPa，$\sigma_b \geqslant 610$ MPa)。

②高韧性(横向试样－20 ℃夏比 V 型冲击吸收能量 $A_{kV} \geqslant 47$ J)。

③优良的焊接性(碳当量≤0.45%、焊接裂纹敏感指数 $P_{cm} \leqslant 0.26\%$)。

④能满足大线能量焊接要求，即大线能量(焊接线能量≤100 kJ/cm)时，焊接接头 HAZ(焊接热影响区的缩写)的强度、冲击吸收能量均满足母材的要求。

(2)低温钢

低温用钢主要用于低温下工作的容器、管道和结构件，如液化天然气储罐、冷冻设备和石油化工低温设备等。低温钢分为含镍及不含镍两大类。低温钢的主要性能要求是保证在使用温度下具有足够的韧性和抵抗脆性破坏的能力。在低温钢中常加入 V、Ti、Nb、Al、Ni 等合金元素，通过合金元素的细晶强化、固溶强化，并通过正火或正火加回火处理细化晶粒、均化组织，从而获得良好的低温韧性。

GB/T 3531—2014 标准适用于制造－20 ℃～－70 ℃低温压力容器受压元件用厚度为 6 ～120 mm 的低合金钢板，规定了 16MnDR、15MnNiDR、09MnNiDR 常用牌号低温钢的化学成分和力学性能。所列牌号后缀 D 和 R 分别指低温压力容器“低”和“容”的汉语拼音的首字母。为保证低温韧性，在低温钢中尽量降低含碳量，并严格限制 S、P 含量。冲击吸收能量在压力容器中是重要的性能指标，压力容器的有关标准对冲击试验温度和合格指标都加以严格要求。

低温钢还有相应的铸件、锻件和管材，NB/T 47009 规定有 16MnD、09MnNiD 等常用锻件钢号。各种低温钢的最低使用温度在相应标准中都有规定。针对产品工作应力大小、板材厚度及热处理条件等不同情况，可以适当调整低温用钢的最低使用温度。

不含 Ni 的低温钢由于含碳量低，其他合金含量也不高，所以淬硬倾向和冷裂倾向小，具有良好的焊接性，一般可不预热，但应避免在低温下施焊。含 Ni 低温钢其淬硬性虽增大，但不显著，冷裂倾向不大。当板厚较大或拘束较大时，应适当预热。Ni 增大热裂倾向，焊接时需严格控制焊接材料中的 C、S、P 的含量，采用合理的焊接工艺，增大焊缝成形系数，可以避免热裂纹。为保证焊缝和粗晶区的低温韧性，应尽量采用小的线能量，多道焊时要控制层间温度，如需预热，要控制预热温度。

(3)低合金耐热钢

耐热钢分为热稳定钢和热强钢，热稳定钢主要用于高温下要求抗氧化或耐气体介质腐蚀的钢，也叫抗氧化不起皮钢。对于高温强度无特别要求。热强钢在高温下既要能抗氧化或耐气体介质腐蚀，又必须具有一定的高温强度。

耐热钢按其合金成分的质量分数可分为低合金、中合金和高合金耐热钢，合金元素总质量分数在5%以下的合金钢通称为低合金耐热钢。其合金系列有Mo、Cr-Mo、Mo-V、Cr-Mo-V等。这类钢为了改善其焊接性能，碳的质量分数均控制在0.2%以下，通常以退火状态或正火+回火状态供货。合金元素总质量分数在2.5%以下的低合金耐热钢在供货状态下具有珠光体+铁素体组织，故称为珠光体耐热钢；合金元素总质量分数在3%～5%的低合金耐热钢在供货状态下具有贝氏体+铁素体组织，故称为贝氏体耐热钢。

耐热钢中的合金元素可有效提高钢的高温强度，但当合金元素单独加入钢中时，这种钢在高温下长期工作会发生组织不稳定现象，而降低高温蠕变强度。如0.5Mo在450 ℃以上温度长期运行时就会发生石墨化过程，即钢中的碳化物以石墨形式分解而析出游离碳，从而使钢的高温强度和韧性降低。当这种钢中加入其他合金元素，可明显提高钢的组织稳定性，如在钼钢中加入1.0%以上的Cr、Nb、W等碳化物形成元素，可进一步提高钢的蠕变强度和组织稳定性。GB/T 5310—2017、GB/T 713—2014标准中详细规定了低合金耐热钢的化学成分、力学性能及热处理状态等。钢材的高温性能GB/T 150.2附件B中有详细的规定。

低合金耐热钢根据其合金元素含量不同具有不同程度的淬硬倾向，焊接时，有冷裂倾向。如15CrMoR、12Cr1MoVR等，在其壁厚超过6 mm时便应密切注意其冷裂的倾向。在南方，由于空气中的相对湿度较大，往往造成焊材的吸潮和潮湿的施焊条件导致焊接接头中扩散氢含量高，易引起冷裂纹的产生。其次，由于钢中含有Cr、Mo、V、Nb等强碳化物形成元素，从而使接头的过热区具有不同程度的再热裂纹敏感性。即在焊后热处理或高温下使用易出现再热裂纹。焊接时应制定适当的工艺，采取预热、焊后保温及焊后热处理等措施。

4. 奥氏体不锈钢

不锈钢是不锈钢和耐酸钢的统称。不锈钢是指在大气、水等弱腐蚀性介质中耐腐蚀的钢，耐酸钢则是在酸、碱、盐等强腐蚀介质中耐腐蚀的钢。耐酸钢一定是不锈钢，不锈钢却不一定耐酸。

不锈钢按空冷后室温组织分类可分为奥氏体钢、铁素体钢、马氏体钢和双相钢。

铁素体钢——含Cr量为17%～28%的高铬钢，主要用作热稳定钢，也可作为耐蚀钢用。

马氏体钢——Cr13系列及以Cr12为基的多元合金化的钢。

奥氏体钢——高铬镍钢及高铬锰氮钢均属奥氏体不锈钢。以铬镍奥氏体钢最为常用。以Cr18N18为代表的系列，简称18-8，主要用于耐蚀条件下；以Cr25Ni20为代表的系列，简称25-20，用作热稳定钢，提高含碳量则可做热强钢。

GB/T 4237—2015标准中对以上几种不锈钢的化学成分、力学性能和热处理制度等都作了详细的规定。

奥氏体不锈钢的性能：

奥氏体不锈钢通常以固溶状态交货，常温下屈强比较低（40%～50%），伸长率、断面收缩率和冲击吸收能量都很高，具有良好的低温冲击韧性，GB/T 150.2 中第 3.7.2 条规定奥氏体钢的使用温度高于或等于－196 ℃时，可免做冲击试验。奥氏体不锈钢加工硬化性很高。某些奥氏体不锈钢经高温加热后，会产生 σ 相和晶间析出碳化铬引起脆化现象。

奥氏体不锈钢与其他不锈钢相比较易焊接，但由于合金成分含量不同、金相组织转变及稳定化元素的变化，焊接接头可能出现以下问题：

(1)热裂纹

奥氏体不锈钢具有较高的热裂纹敏感性，尤其如果焊工操作不当，收弧时弧坑未填满、接头速度慢时最易造成弧坑裂纹。当弧坑裂纹混入焊缝中时往往会引起热裂纹的扩展。这是由于奥氏体不锈钢热导率小、线膨胀系数大，焊接时，焊缝金属及近缝区在高温承受较高的拉伸应力和拉伸应变，加上一些杂质元素和合金元素在粗大的柱状晶间形成低熔点的液态膜，形成热裂纹。热裂纹多出现于焊缝及近缝区，有凝固裂纹、液化裂纹和高温失塑裂纹三大类。凝固裂纹主要发生在焊缝区，最常见的弧坑裂纹就是凝固裂纹。液化裂纹多出现在靠近熔合线的近缝区和多层多道焊的层间。高温失塑裂纹多发生在焊缝金属凝固结晶完了的高温区。

(2)晶间腐蚀

经固溶处理的奥氏体不锈钢中碳过饱和，呈不稳定状态，经再次中温加热（一般在 450～850 ℃之间），过饱和的碳将向晶界扩散，与 Cr 结合而形成 Cr_2C_6 或（Cr、Fe）C 而沉淀于晶界。这时，由于晶粒内部 Cr 扩散较慢，来不及补充致使靠近晶界的一个薄层严重缺 Cr，即晶界贫 Cr 现象。有腐蚀介质时，贫 Cr 区产生腐蚀，即晶间腐蚀。此外，在热影响区的敏化区（600～1 000 ℃范围内）也易发生晶间腐蚀，即敏化区腐蚀。敏化区腐蚀只发生在不含 Ti、Nb 的非超低碳不锈钢中。含 Ti、Nb 奥氏体不锈钢中还会发生过热区的刀状腐蚀。为防止晶间腐蚀可采取以下措施：

①选择含有稳定化元素 Ti、Nb 的焊接材料，Ti、Nb 可优先与 C 结合形成碳化物，从而避免晶间贫 Cr 现象。

②选择超低碳的焊接材料，控制 C 含量。

③选择合适的焊接材料使焊缝金属中含有一定数量的铁素体（控制在 4%～12%），铁素体分散在晶界有利于防止晶间腐蚀。

④在 850～900 ℃短时加热后空冷，即稳定化处理，可消除晶间腐蚀倾向。

⑤焊接时，采用较小的焊接线能量，加快冷却速度，也有利于防止晶间腐蚀。

(3)应力腐蚀开裂

奥氏体不锈钢焊接接头的应力腐蚀开裂通常表现为无塑性变形的脆性破断,是较严重的失效形式。拉伸应力是应力腐蚀开裂必不可缺少的条件,奥氏体不锈钢导热性差、线膨胀系数大,在约束焊接变形时就产生较大的残余应力。此外,应力腐蚀开裂还与焊接接头的组织变化,焊前的各种热加工、冷加工引起的残余应力,酸洗处理不当或在母材上随意打弧,焊接接头设计不合理造成应力集中等因素有关。其金相特征是裂纹从表面开始向内部扩展,点蚀往往是裂纹的根源,表现为沿晶间开裂或穿晶开裂或穿晶与沿晶混合开裂形式。裂纹的尖端常出现分枝,裂纹整体为树枝状。

(4)焊接接头的脆化

奥氏体不锈钢在低温使用时,低温韧性就成为关键性能,为满足其要求,焊缝组织最好为单相的奥氏体组织,避免铁素体存在恶化低温韧性。

奥氏体不锈钢在高温时,无论短时高温拉伸或持久强度实验,当焊缝中含有较多铁素体化元素或较多 δ 相时,都会发生显著的脆化现象。因此,长期高温工作的焊缝中所含的 δ 相的数量希望小于 5%。超过时,δ 相向 σ 相(σ 相是一种脆硬的金属间化合物)的转变将非常显著,造成焊缝金属的明显脆化。提高奥氏体化元素 Ni 的含量可防止焊接接头脆化。

5. 铁素体-奥氏体双相不锈钢

铁素体-奥氏体双相不锈钢是指铁素体与奥氏体各约占 50%的不锈钢,它的主要特点是屈服强度可达 400~550 MPa,是普通不锈钢的 2 倍,因此可以节约用材,降低设备制造成本。在抗腐蚀性能方面,特别是在介质环境比较恶劣(如 Cl^- 含量较高)的条件下,双相不锈钢的抗点蚀、缝隙腐蚀、应力腐蚀及腐蚀疲劳性能明显优于通常的 Cr-Ni 及 Cr-Ni-Mo 奥氏体不锈钢,可与高合金奥氏体不锈钢相媲美。与此同时,双相不锈钢具有良好的焊接性,它不像铁素体不锈钢的 HAZ(焊接热影响区),由于晶粒严重粗化而使塑韧性大幅度降低,也不像奥氏体不锈钢那样,对焊接热裂纹比较敏感。因此,铁素体—奥氏体双相不锈钢在石油化工设备、海水与废水处理设备、输油输气管线、造纸机械等工业领域广泛应用。

目前,国际上普遍采用的铁素体—奥氏体双相不锈钢可分为 Cr18 型、Cr23(不含 Mo)型、Cr22 型、Cr25 型四类。对于 Cr25 型双相钢有普通双相不锈钢和超级双相不锈钢之分,当点蚀指数 $PREN>40$($PREN=w(\mathrm{Cr})+3.3w(\mathrm{Mo})+16w(\mathrm{N})$)时,称为超级双相不锈钢。GB/T 4237—2015 标准中列入了近几年研制的双相不锈钢,如 022Cr23Ni4MoCuN、022Cr25Ni7Mo4WCuN、022Cr25Ni7Mo4N 等,并说明了其特性和用途。

6. 不锈钢复合钢材

不锈钢复合钢材是以碳素钢和低合金钢做基层,采用爆炸法或其他方法,在其一面或两面整体连续地包覆一定厚度不锈钢的复合材料。通常用爆炸法(代号 B)、轧制法(代号 R)、轧制—爆炸法(代号 BR)及堆焊方法生产,以不锈钢做复层、碳素钢和低合金钢做基层,具有强度高、耐蚀性好的性能和价格低廉的特点,在石油和化工领域广泛应用,常用于制造耐热、耐蚀性要求较高的压力容器。GB/T 8165—2008《不锈钢复合钢板和钢带》适用于以不锈钢做复层、碳素钢和低合金钢做基层的复合钢板(带)。包括用于制造石油、化工、轻工、海水淡化、核工业的各类压力容器、储罐等结构件的不锈钢复层厚度≥1 mm 的复合中厚板,以及用于轻工机械、食品、炊具、建筑、装饰、焊管、铁路客车、医药卫生、环境保护等行业的设备或用具制造需要的复层厚度≤0.8 mm 的单面、双面对称和非对称复合钢带及其剪切钢板。

复层:复合钢板中接触工作介质和大气的不锈钢。应按 GB/T 3280、GB/T 4237 标准规定,经晶间腐蚀检验合格后进行复合。

基层:复合钢板中主要承受结构强度的碳素钢或低合金钢。

复合钢板(带)复层和基层材料应符合表 5-4 规定。根据要求也可选用表以外的牌号。材料的组合由需方决定。复层和基层钢板均应符合各自相应标准的合格钢板,应有质量证明书或其复印件。

表 5-4　复合钢板(带)复层和基层材料

复层材料		基层材料	
标准号	GB/T 3280、GB/T 4237	标准号	GB/T 3274、GB/T 713、 GB/T 3531、GB/T 710
典型钢号	06Cr13 06Cr13A1 022Cr17Ti 06Cr19Ni10 06Cr18Ni11Ti 022Cr19Ni5Mo3Si2N 06Cr25Ni20 06Cr23Ni13 022Cr19Ni5Mo3Si2N 06Cr25Ni20 06Cr23Ni13	典型钢号	Q235B Q345R Q245R 15CrMoR 09MnNiDR 08A1

注:根据需方要求也可选用该表以外的牌号,其质量应符合标准并有质量证明书。

复合钢板一般经热处理,复层表面应经酸洗钝化或抛光处理交货,根据供需双方协议也可以热轧状态交货。按批检验,每批由同一牌号的基层和复层、同一规格、同一生产工艺、同一热处理制度的钢板组成，其性能指标有界面结合率、力学性能、工艺性能等，检验项目、取样数量、取样方法、试验方法和合格指标见 GB/T 8165—2008。表面质量：复合中厚板复层表面不应有气泡、结疤、裂纹、夹杂、折叠等缺陷。允许研磨清除上述缺陷，但清除后，应保证复层最小厚度，否则应进行补焊。基层表面质量应符合相应标准规定。

材料、零部件责任工程师不仅要掌握有关材料方面的专业知识，而且也要了解、熟悉其他相关专业知识，才能更好地控制材料采购、发放。如在原材料入库检验的过程中，如果不了解无损检测方面知识，就不能很好地指导委托采取哪种无损检测方法进行材料复验。在检查钢板是否存在分层、夹杂等缺陷时，用超声波就更合适。因为超声波对线状、面状缺陷都较敏感，更容易检出缺陷、定位缺陷。而对于钢管及棒材的检验用超声波和涡流检验均能达到检验要求。同样如果不了解理化方面的知识，就不能合理恰当地委托试样的取样、加工、试验，也不能很好地分析试验结果。在材料代用方面，如果不了解工艺方面对材料的要求，如介质特性对材料的性能要求，就无法知道代用材料是否满足介质特性方面的要求，也就不能合理地安排材料代用。这一方面也要求材料、零部件责任工程师了解一些焊接专业知识，使代用材料满足产品对材料焊接性的要求，从而保证产品质量。

材料、零部件责任工程师也应了解热处理方面的知识，如 NB/T 47016 中要求热处理的压力容器产品试板力学性能试验的抗拉强度的下限值不低于原材料的标准抗拉强度的下限值，由于材料在热处理后强度会有不同程度的下降，这时选用材料时就应注意，应尽可能选用强度较高的批号的钢板。

由此，材料、零部件责任工程师掌握一些相关的专业知识是必要的也是必需的。对于这些知识其他章节已有介绍，可供参阅。

第六章　焊接质量控制系统

《特种设备生产和充装许可规则》对焊接控制的范围、程序、内容规定如下：

1.焊接人员管理，包括焊接人员培训、资格考核，持证焊接人员的合格项目、持证焊接人员的标识，焊接人员的档案及其考核记录等；

2.焊接材料控制，包括焊接材料的采购、验收（复验）、检验、储存、烘干、发放、使用和回收等；

3.焊接工艺评定报告（PQR）和焊接工艺指导书（WPS）控制，包括焊接工艺评定报告，相关检验检测报告，工艺评定施焊记录以及焊接工艺评定试样的保存等；

4.焊接工艺评定的项目覆盖特种设备焊接所需要的焊接工艺；

5.焊接过程控制，包括焊接工艺、产品施焊记录、焊接设备以及焊接质量统计等；

6.焊缝返修（母材缺陷补焊）控制，包括焊缝返修（母材缺陷补焊）工艺、焊缝返修次数和焊缝返修审批、焊缝返修（母材缺陷补焊）后重新检验检测等；

7.按照安全技术规范及相关标准对产品焊接试板控制，包括焊接试板的数量、制作、焊接方式、标识、热处理、检验检测项目、试样加工、检验与试验、焊接试板和试样不合格的处理以及试样的保存等。

相应质量控制系统责任人员应当对执行情况进行检查，作出记录。

第一节　焊接责任工程师的任职条件和岗位职责

一、焊接责任工程师的任职条件

《特种设备生产和充装许可规则》规定：金属压力容器焊接，石墨压力容器粘接与浸渍或者纤维增强塑料压力容器(含热塑性塑料衬里纤维增强塑料压力容器)粘接(手糊)与缠绕(含热塑性塑料焊接)质量控制系统责任人员，具有金属压力容器焊接相关工作，石墨压力容器制造或者纤维增强塑料压力容器(含热塑性塑料衬里纤维增强塑料压力容器)制造工作经历，金属压力容器焊接质量控制系统责任人员应当具有焊接或者焊接相关专业(材料、机械类)教育背景。

应当熟悉任职岗位的工作任务和要求，通过岗位培训，能够履行岗位职责。同时应具备以下条件：

1. A1、A6级压力容器生产单位焊接责任工程师，应具有本科或以上学历并具有高级工程师或以上技术职称。

2. A2、A3、C1、C2级压力容器生产单位焊接责任工程师，应具有本科或以上学历并具有工程师或以上技术职称。

3. A5、B、C3级压力容器生产单位焊接责任工程师，应具有工程师或以上技术职称。

4. A4、D级压力容器生产单位焊接责任工程师，应具有助理工程师或以上技术职称。

5. 能够严格贯彻执行国家有关法规和标准，组织、指导有关人员开展焊接质量控制系统的工作。

6. 熟悉有关压力容器法规、标准，具有全面的压力容器焊接专业技术知识，具有能对焊接系统的质量工作进行控制和管理的能力。

二、焊接责任工程师的岗位职责

在焊接质量控制系统中，焊接责任工程师的岗位职责是：

1. 参加编制、修订、贯彻《质量保证手册》焊接质量控制系统的有关内容及制度，负责贯彻执行有关压力容器焊接的法规、标准。

2. 编审压力容器制造焊接工艺试验方案和焊接工艺评定方案，指导并参加焊接工艺评定工作，审核焊接工艺规程和焊接工艺评定报告。

3. 负责焊接工艺的审核，保证焊接工艺的正确性与合理性。指导现场施焊，监督焊接工艺的贯彻执行，并解决施焊中遇到的焊接技术问题。

4. 负责审批焊缝同一部位一、二次返修工艺，负责审核焊缝同一部位超次返修工艺。

5. 负责对本系统的人员进行培训，负责对焊工进行技术培训和考试工作。

6. 负责焊接材料的管理。

7. 负责焊接系统的质量控制工作。

8. 向质量保证工程师汇报工作，衔接并协调焊接质量控制系统与整个压力容器制造质量控制系统的管理工作。

9.负责焊接材料代用批准及其他材料代用的会签工作。

第二节　焊接质量控制系统的建立和运行

一、焊接质量控制系统的构成和建立

1.焊接质量控制系统的内容

(1)质保手册中关于焊接质量控制系统的规定

焊接质量控制系统是整个压力容器制造质量控制系统中的一个重要的子系统。制造单位的质保手册中规定了有关焊接质量控制的目的、范围和总体要求,焊接控制系统的组织机构、有关部门与人员的职责、职权,规定焊接质量控制系统与其他系统的配合协作关系,规定各项活动之间的接口的控制和协调措施。

(2)焊接质量控制的程序文件

按焊接质量控制系统的要求,建立并完善焊接方面的管理制度,构成焊接质量控制的与质量方针相一致的程序文件,使焊接质量控制工作具体化。

(3)焊接质量控制中的作业(工艺)文件及质量记录表格

压力容器产品施焊前,受压元件焊缝、与受压元件相焊的焊缝、熔入永久焊缝内的定位焊缝、受压元件母材表面堆焊与补焊,以及上述焊缝的返修焊缝都应当编制焊接工艺,明确焊接工艺参数要求和焊工资格及焊接环境要求等。

焊接质量控制中还运用许多表、卡、单,如施焊记录表、工序流转卡、焊材领用单等,作为质量保证体系的质量记录表格,作为在焊接过程中各控制点满足质量要求的程度,质量保证体系的运行有效性的客观证据和焊接质量控制跟踪追溯的依据,反映焊接质量控制体系的运行情况和压力容器焊接质量情况。

上面的几部分就构成了焊接质量控制的整个系统。

2.焊接质量控制系统的建立标志

(1)焊接质量控制系统机构已建立,设置了焊接责任工程师和有关责任人,并在质量保证工程师的领导下开展工作。

(2)焊接质量控制系统的人力、设备、设施等资源已按法规要求配备。

(3)各级焊接人员的职责和权限已明确并得到落实。

(4)在质量保证手册焊接控制要素中设置了必要的控制环节和控制点;编制和实施了程序文件和作业(工艺)文件及质量记录表格。

3.建立焊接质量控制系统的注意事项

焊接质量控制系统的建立应注意：

(1)符合法规标准的要求。

(2)要与质量方针相一致。

(3)要符合本单位的实际情况。

二、焊接质量控制系统的运行

焊接质控系统的正常有效运行是压力容器制造质量控制的重要方面，也是压力容器制造质量的根本保证。在焊接质量控制系统建立后应该：

1.要做好焊接质量控制有关内容的宣贯学习。

2.要在所有与焊接有关的工作中自觉地按章办事，做好检查督促。

3.进行焊接质量控制系统内部评审和完善。

第三节　焊接质量控制系统的质量控制

焊接质量控制是通过焊接质量控制系统的控制环节、控制点的控制来实现的。一般设焊工管理、焊接设备管理、焊材管理、焊接工艺评定、焊接工艺编制、焊接施工、产品焊接试板管理、焊接返修等八个控制环节。

一、焊工管理

焊工管理控制环节设焊工培训、焊工考试、上岗焊工持证管理、焊工业绩考核和焊工档案管理4个控制点。

《特种设备生产和充装单位许可规则》C2.1.1.3规定各级别的焊工人数。

采用焊接方法的压力容器制造单位，应当配备产品制造需要并且具备相应资格的持证焊工，焊工的持证项目应当满足产品制造需要。持证焊工人数的要求见表6-1要求。采用焊接机器人的，相应许可级别的持证焊工人数可减少1人。

表6-1　持证焊工人数的要求

许可级别	持证焊工/人
A1、A2、A3、C1、C2	≥10
A5、C3	≥8
D	≥6

焊接压力容器的焊工，必须按照《特种设备焊接操作人员考核细则》（TSG Z6002—2010）进行考试，取得焊工合格证后，才能在有效期内担任合格项目范围内的焊接工作。

1.焊工培训

培训和考试的人员、项目应由单位焊工考试委员会编制培训计划（不设焊工考试委员会的单位，视本单位具体情况，由人事部门负责人或焊接责任工程师编制培训计划），经焊接责任工程师审核、单位主管领导审批后实施。

2.焊工考试

具有初中或初中以上文化程度或同等学力，身体健康，能严格按照焊接工艺规程进行操作，独立承担焊接工作的焊工，均可向本地或具备跨省考试资格的焊工考试委员会提出申请，经焊工考试委员会同意后可参加考试。

焊工考试的目的是鉴定焊工按照评定合格的工艺焊出质量符合要求的焊缝的技能。焊工考试时所采用的焊接工艺应事先评定合格，所用的焊接设备应完好，仪表应正常，试件所用的母材、焊材应符合标准，以免其他因素影响焊工技能鉴定。焊工考试包括基础知识和操作技能两部分。

3.焊工的持证上岗管理

焊工培训考试不仅仅是为了取得考试项目的合格证，更重要的是为了预先鉴定焊工具备什么样的焊接技能，可以承担什么样的焊接工作，使焊接的质量有保证。在考核压力容器制造企业的质量保证体系运行情况时，很重要的一个考核内容就是考核企业的上岗焊工持证率，有没有无证上岗、超项上岗，焊工合格项目到期是否及时重新考试或办理免考，有没有中断六个月没从事受监检设备的焊接工作而使合格证失效而未及时重新考试等。搞好焊工持证上岗管理，是保证焊接质量的重要措施。

（1）《焊工合格项目一览表》的编制

焊工经培训考试合格后，由焊工考试委员会报本地安全监察机构审核发证，将合格项目及发证日期、有效日期记录在焊工证上。制造单位应将本单位的焊工持证情况填入《焊工合格项目一览表》中，并在有合格项目的栏上填上有效期的终止年月。《焊工合格项目一览表》的作用是将本单位的焊工持证情况弄得清清楚楚，明明白白，使有关人员都能一目了然。每当焊工的持证情况有变化，应及时更新《焊工合格项目一览表》的内容。

（2）焊工钢印管理

应给持证焊工发放与焊工证上的钢印号一致的焊工钢印，并由焊工妥善保管。该钢印作为跟踪追溯施焊焊工的依据。

4.焊工档案管理

焊工档案是焊工本人情况、培训考试情况、工作业绩、奖惩情况的记录，是申请免试的依据。

二、焊接设备

焊接设备是压力容器制造单位的重要资源,是压力容器制造中必不可少的生产要素。焊接设备的数量和品种应满足《特种设备生产和充装单位许可规则》的规定。各级别压力容器制造许可企业,应具备适应压力容器制造需要的焊接设备。

焊接设备控制环节有设备资源条件、焊接设备的采购、设备完好、焊接仪表周检等控制点。

三、焊材管理

在焊接材料管理这一控制环节中,有焊材采购、验收及复验、保管、烘干及恒温存放、发放与回收等控制点。

1.焊材采购

在采购订货焊材时,要注意根据压力容器焊接的需要,对通用标准附加更高的要求。2017年3月发布了NB/T 47018.1—2017是对NB/T 47018.1—2011《承压设备用焊接材料订货技术条件 第一部分:采购通则》的修订,与NB/T 47018.1—2011相比,主要技术变化如下:

(1)按GB/T 25778—2010的要求,重新编制了采购通则;

(2)对使用药芯焊丝进行具体规范;

(3)所列不锈钢焊条,碳钢焊芯、焊丝、填充丝,低合金钢焊芯、焊丝、填充丝,不锈钢焊芯、焊丝、填充丝,堆焊用不锈钢焊带,碳钢、低合金钢用焊剂,不锈钢用焊剂的每批限量作了调整;

(4)增加了采购焊接材料应注明熔敷金属力学性能试件焊后状态的规定;

(5)将焊条药皮含水量检验改为焊条熔敷金属扩散氢含量;

(6)在产品质量证明的检验项目中增加了弯曲试验。

2.验收与复验

(1)质量证明书检验;

(2)包装及外观检验;

(3)焊材复验。

3.焊材保管

(1)分区保管

焊材库应根据需要划分为“待检”“合格”及“不合格”三个区域。若企业同时生产压力容器与一般钢结构产品，还应划分压力容器焊材区及非压力容器焊材区，各区域要有明显的标记和分界。

(2)入库登记

焊材库管理员应将验收合格的焊材进行入库登记。登记的内容包括：焊材的名称、牌号、规格、批号或炉号、内部移植代号、数量或重量、生产日期、入库日期、有效期、生产单位。

入库后管理员应建立相应的库存档案，应包括入库登记、质量证明书、验收检验报告、检查记录、发放记录等。

(3)焊材库的焊材保管

焊材库室内温度应在 5 ℃以上，室内应有温度计、相对湿度计、去湿机，当相对湿度较高时，应开机除湿，保持相对湿度不超过 60%，库房管理人员应每天测量并记录焊材库的相对湿度。

库房内不得存放除焊材以外的物品。焊材应存放在货架上，离墙离地的距离不少于 300 mm，并应分类码垛，每垛的种类牌号、规格、炉批号应一致。库存期间不得损坏原包装。

库房管理人员应定期对库存焊材进行检查，并将检查结果作书面记录，做到账物相符，发现由于保存不当而出现可能影响焊接质量的缺陷时，应向材料责任工程师和有关职能部门反映并及时处理。

4. 焊条、焊剂的烘干及恒温保存

焊材库应有足够的焊条、焊剂烘干及恒温存放的烘干箱、电热恒温箱，箱上均应有可靠而且经检定的温度控制、保温时间控制及显示装置。

焊材库管理员应根据车间预先提出的施工计划烘干焊条、焊剂，其品种、牌号、规格、数量应与计划一致。

焊材库管理员应严格按技术要求烘干和恒温存放焊条、焊剂，并如实做好焊材烘干记录。焊材的烘干温度、烘干时间、恒温存放温度都应符合规定。烘干焊条时应防止骤冷骤热而导致焊条药皮开裂脱落。不允许烘干温度、保温时间要求不同的焊材同炉烘干。焊材在烘干箱内或恒温箱内应有牌号、规格、炉批号或标记移植号的标志，以免混淆。

焊材管理中应特别重视防止焊材吸潮的问题。尽管出厂的焊材一般都严格包装，减少空气中水分的侵入，但除了密封的罐式包装以外，贮存中仍会有不同程度的吸潮，在使用前应进行烘焙。

不同品种的焊接材料要求不同的烘干温度和烘干时间，一般都在焊材说明书中有明确的规定，应按规定烘干。

5. 焊材的发放与回收

焊工凭焊材领用单到焊材库领取焊材，领用单应注明领用的焊材牌号、规格、数量及用于焊接的产品名称、工程号及焊接接头编号、领用人、领用日期。焊材库管理员应按计划核对领料单发放,并同时在领料单上填写焊材批号、领用时间及发放人签字,填写焊材领退记录。焊材领用情况要能跟踪追溯。领出的焊条超过4小时后,应退回重新烘干,用剩的焊条及焊条头亦应退回焊材库,不得留在焊接现场或放在焊工休息室、更衣箱、工具箱。焊条退回时,焊材库管理员应在焊材领用单和焊材领退记录中如实填写退回的焊材数量。回收后仍按原牌号、规格、批号存放保管,不得混淆。回收的焊条有药皮剥落或其他缺陷者,应剔除。回收的焊剂应筛分清除其中的渣壳、杂质及粉尘。烘干后重新使用时要加入不少于50%的新焊剂,并混合均匀。

四、焊接工艺评定

焊接工艺评定是焊接质量控制系统最重要的控制环节之一,它包括焊接性试验、预焊接工艺规程拟定、焊接工艺评定试验、焊接工艺评定报告等控制点。在完成焊接工艺评定工作之前,超出原有焊接工艺评定覆盖范围的所有焊接工作都不得进行。

焊接工艺评定一般过程是:在掌握被焊材料的焊接性后,并在产品焊接之前,拟定预焊接工艺规程,遵照焊接工艺评定标准,施焊试件,制取试样,检查试件和试样,测定焊接接头是否具有所要求的使用性能,提出焊接工艺评定报告,对拟定的焊接工艺评定是否合格和覆盖范围作出结论。

焊接工艺评定过程应经监检人员进行监督检验合格。

焊接工艺评定不管多长时间,只要符合现行标准,则仍然有效。

1. 焊接性试验

焊接性试验是评定母材焊接性的试验。其目的主要是了解母材焊接时会出现的问题及影响因素。通过焊接性试验可以了解焊接材料的匹配性,合理地选择焊接工艺参数。焊接性试验是焊接工艺评定的前提和基础,是拟定预焊接工艺规程的依据。

2. 预焊接工艺规程的拟定

预焊接工艺规程是“为验证性试验所拟定的、经评定合格的、用于指导生产的焊接工艺文件”。

拟定预焊接工艺规程的依据:

(1)可靠的材料焊接性试验;

(2)焊接工艺评定标准;

(3)生产的需要及新产品、新材料、新技术开发的需要;

(4)对焊接工艺评定不合格原因的分析。

拟定预焊接工艺规程应注意的事项：

(1)重新拟定预焊接工艺规程应适应生产需要和新产品开发、新材料新方法应用而变化了的重要因素和补加因素。

(2)应注意各焊接工艺因素的相互影响和联系。

(3)应尽量加大焊接工艺评定的覆盖范围。

3. 焊接工艺评定试验

(1)焊接工艺评定试件的焊接、检验和数据记录

①试验前的准备

试板应有钢材标记移植，焊材应验收合格，按规定烘干，恒温存放，并用焊条筒领用到试验室。焊接前应认真清理坡口，并检查坡口形状尺寸。母材、焊材、坡口都必须符合预焊接工艺规程的要求，试件的数量和尺寸应满足制备试样的要求。

②按预焊接工艺规程施焊

焊接工程技术人员应将拟定好的预焊接工艺规程交给焊接试板的焊工，并详细介绍该焊接工艺的特点、要求和注意事项，使焊工能在试板施焊中更好地执行焊接工艺。负责焊接工艺评定的焊接工程技术人员应在焊接工艺评定中全程指导。

③认真作好焊接试验记录

焊接时应认真记录包括焊接电流、焊接电压、预热温度、层间温度、焊接速度、焊接层次在内的所有工艺因素，并核对是否都在拟定的预焊接工艺规程规定范围内。

焊接工艺评定试件焊后应由焊接检查员作外观检查，并记录外观检查结果。对接试件应作射线或超声无损检测，检测人员应出具无损检测报告。

(2)焊接工艺评定试板的取样、加工

焊接工艺评定试板允许避开焊接缺陷制取试样。若焊接工艺评定试件上有气孔、裂纹、夹渣、未焊透、未熔合、咬边等焊接缺陷，截取试样时若不避开，做力学性能试验时，试验的结果就不准确。

拉伸、弯曲试样的焊缝余高应以机械方法去除，使之与母材齐平，加工刀痕方向应与试样轴向平行。试样去除焊缝余高前允许对试样进行冷校平，应按标准排除一切影响试验准确性的因素。

(3)试样保管：焊接工艺评定试样应当至少保存5年。

4. 焊接工艺评定报告

(1)焊接工艺评定数据收集整理和焊接工艺评定报告的编制

焊接工艺评定试验结束后，负责焊接试验的工艺人员应收集焊接试验前拟定的预焊接工艺规程、焊接试验中记录的焊接工艺评定施焊记录表、整理试件检验和试样试验后有关方

面交来的材料质量证明书复印件、焊缝外观检查报告、无损检测报告、力学性能试验报告、金相检验报告、化学成分分析报告等资料数据,填写焊接工艺评定报告的有关检查和试验记录。在收集整理这些焊接工艺评定试验数据时,应注意其齐全正确。焊接工艺评定报告编制后,应由焊接责任工程师审核,单位技术负责人签字批准,经过监检人员签字确认后生效。

(2)焊接工艺评定是否合格的判定

负责焊接试验的焊接工艺人员在收集整理焊接工艺评定试验的资料数据后,依据标准,综合分析,并作出焊接工艺评定是否合格的结论。

焊接工艺评定技术档案应当保存至该焊接工艺评定失效为止。

焊接工艺人员要将焊接工艺评定的情况整理成一个“焊接工艺评定一览表”,是为了让有关人员能通过这个表了解各个焊接工艺评定的重要因素和补加因素,从而知道它的覆盖范围。

五、焊接工艺管理

焊接工艺管理包括焊接工艺文件编制、校审,焊接工艺更改,焊接工艺贯彻实施等控制点。

1.焊接工艺文件的编制

(1)焊接工艺评定报告是焊接工艺文件编制的依据。

(2)保证焊接质量,保证焊接接头具有要求的性能。

(3)在满足焊接质量要求的前提下尽量提高效率,降低成本。

(4)符合本单位的资源条件,适用可行。

焊接工艺文件的编制、校对由焊接工艺人员负责。

焊接工艺文件的审核由焊接责任工程师负责。

2.焊接工艺文件的更改

(1)焊接工艺文件更改的原因

①由于技术进步或经验的积累;

②由于用户或设计单位的要求;

③压力容器材料代用,焊接工艺文件需要随之更改。

(2)焊接工艺文件更改方法

①换版或修订;

②焊接工艺文件更改仍按原审签程序执行。

3. 焊接工艺的贯彻实施

(1)焊接工艺文件的发放；

(2)焊接工艺技术交底。

六、产品施焊管理

产品施焊管理控制环节包括焊接环境、焊接工艺纪律、施焊过程及焊接检验等控制点。

1. 焊接环境

GB/T 150 和 NB/T 47015 等标准都对焊接环境提出了几乎完全相同的要求，综合起来就是：

(1)风速的限制。

(2)相对湿度不得大于 90%(有色金属焊接场地不得大于 80%)，不得有雨雪影响。

(3)气温不得过低。

(4)不锈钢、有色金属容器应有与钢制产品隔离的专用的焊接场地。地面应铺设橡胶等软垫，保持环境清洁。钛容器的焊接环境不得有灰尘、烟雾。

(5)焊接环境必须符合安全卫生要求。

(6)焊接的工作环境应有足够的光线。

2. 焊接工艺纪律

焊工在施焊时，应自查自己的焊接工作是否遵守工艺纪律，并在"施焊记录"中详细登记。

焊工班组长和车间焊接技术人员应经常检查焊工的施焊情况是否符合工艺规定，做好互检。

焊接检验员应经常到车间检查焊工施焊情况，核对实际焊接的条件是否符合工艺的规定，所用的焊材、工艺参数是否与工艺规定一致，并记载在"焊接检查记录"中。

焊接责任工程师、焊接工艺人员、检验员、班组长及车间领导均有权禁止任何违反工艺纪律随意施焊的错误行为。

3. 施焊过程与检验

(1)焊前准备

①焊工应具有焊接工作所要求的有效期内持证项目。

②焊工和检查人员应确认焊接环境符合要求。

③焊工应熟悉焊接工艺，并检查焊接工艺的实施条件。

(2)施焊

焊工施焊应严格遵守焊接工艺,按工艺要求施焊,焊材不得用错,焊接电流、电压、焊接速度等工艺参数应与工艺一致。焊接检验员和焊接工艺人员应经常检查焊工执行工艺纪律情况和持证上岗情况,检查情况应记入检查记录。施焊过程中应认真做好施焊记录。

(3)焊后

焊工应按规定做好焊工标识。

焊接检验员应作焊缝外观检查,并记入焊接检查记录。检查合格后才允许作无损检测及焊后热处理等后续工作。

七、产品焊接试板

本控制环节有试板制备、试样制备两个控制点。产品焊接试板有一台压力容器制作一块和一台容器制作多块产品焊接试板等两种方式。

1.试板的制备

选择与所制容器筒体或封头之一同钢号、同厚度、同热处理状态、同炉号的材料制作产品焊接试板。试板的坡口型式、尺寸和加工方法均应与产品一致。试板除应有材料标记移植以外,还应有工作令号或容器编号、焊工钢印、监检员钢印等识别标记。

2.试样制备与理化检验

试样制备与理化检验依据我国行业标准 NB/T 47016《钢制压力容器产品焊接试板的力学性能检验》进行。

八、焊缝返修(含母材缺陷补焊)

焊缝同一部位返修包括一、二次返修、超次返修两个控制点。

1.一、二次返修

一、二次返修时,由焊接工艺人员分析缺陷产生原因,编制返修工艺,经焊接责任工程师审核后,依据返修工艺进行返修。返修要依据《固定式压力容器安全技术监察规程》的有关规定做好返修记录。

2.超次返修

焊缝同一部位连续返修多于两次,称为超次返修。超次返修由焊接工艺人员编制返修工艺,经焊接责任工程师审核、单位技术总负责人批准后,依据返修工艺进行返修。

返修后应将返修次数、部位、返修情况记入压力容器质量证明文件。

3. 母材缺陷补焊

母材缺陷补焊按照上述要求进行。

九、焊接控制系统控制环节和控制点

焊接控制系统控制环节和控制点，见表 6-2。

表 6-2 焊接控制系统控制环节和控制点一览表

控制环节	控制点
1. 焊工管理	(1)培训；(2)考试；(3)持证上岗；(4)业绩档案；(5)考绩档案
2. 焊接设备	(1)资源条件；(2)采购；(3)完好状态；(4)仪表周检
3. 焊材管理	(1)采购；(2)验收或复验；(3)保管；(4)烘焙；(5)发放回收
4. 焊接工艺评定	(1)焊接性试验；(2)拟定 WPS；(3)试验；(4)PQR
5. 焊接工艺管理	(1)编制；(2)更改；(3)贯彻实施
6. 产品施焊管理	(1)环境；(2)工艺纪律；(3)施焊过程与检验(含外观质量)(现场焊接控制)
7. 产品焊接试板	(1)试板制备；(2)试样制备与理化检验
8. 焊缝返修(含母材缺陷补焊)	(1)一、二次返修；(2)超次返修审批；(3)母材缺陷补焊
焊接结构设计	

十、焊接质量控制系统控制程序图

焊接质量控制系统控制程序图见附录 D。

第四节 焊接质量控制系统程序文件和作业(工艺)文件及质量记录表卡

一、焊接质量控制系统程序文件

1. 焊工培训考试规定；

2. 焊工考绩档案规定；

3. 焊工业绩档案规定；

4. 焊接工艺评定规则；

5. 焊缝编号标记与工艺编制规定；
6. 焊材管理规定；
7. 焊接设备管理；
8. 焊接试板、试样的制备与检验；
9. 施焊工艺纪律、禁焊条件、监督检查；
10. 焊缝返修控制。

二、焊接质量控制系统作业（工艺）文件及质量记录表卡

1. 产品焊接试板力学和弯曲性能检验报告；
2.《特种设备焊接操作人员考核细则》焊工考试记录表；
3. 持证焊工一览表；
4. WPQ(特殊项焊工考试记录表)；
5. 焊工焊接业绩记录表；
6. 焊工焊接质量考绩表；
7. 焊接工艺评定任务书；
8. 材料焊接性试验记录报告；
9. WPS(焊接工艺规程)；
10. 焊接工艺评定试验记录；
11. 焊工、工艺评定试件交检通知；
12. PQR(焊接工艺评定报告)；
13. WPS/PQR 汇总表；
14. 焊接工艺卡；
15. 施焊记录卡；
16. 以批代台产品焊接试板编号表；
17. 焊缝返修工艺和记录报告；
18. 焊接材料温湿度记录；
19. 焊接材料烘焙记录；
20. 焊接材料领退记录；
21. 通用焊接工艺规程(不同焊接方法、不同母材与焊接材料)。

第五节　焊接责任工程师应掌握的相关法规标准和专业知识

焊接责任工程师应熟知压力容器的法规、标准对焊接的规定和要求，掌握基础的焊接专业知识，确保压力容器焊接质量。

一、应掌握的压力容器焊接相关法规和标准

1.《特种设备安全监察条例》；

2. TSG 21—2016《固定式压力容器安全技术监察规程》；

3. TSG R0005—2011《移动式压力容器安全技术监察规程》；

4. TSG 23—2021《气瓶安全技术规程》；

5. TSG 24—2015《氧舱安全技术监察规程》；

6. TSG 07—2019《特种设备生产和充装单位许可规则》；

7. TSG Z6002《特种设备焊接操作人员考核细则》；

8. GB/T 150《压力容器》；

9. GB/T 151《热交换器》；

10. GB/T 12337《钢制球形储罐》；

11. GB/T 18442《固定式真空绝热深冷压力容器》；

12. GB/T 5117《非合金钢及细晶粒钢焊条》；

13. NB/T 47016《承压设备产品焊接试件的力学性能检验》；

14. GB/T 25198《压力容器封头》；

15. NB/T 47018《承压设备用焊接材料订货技术条件》；

16. GB/T 5118《热强钢焊条》；

17. GB/T 983《不锈钢焊条》；

18. GB/T 4675.1《焊接性试验斜 Y 型坡口焊接裂纹试验方法》；

19. GB/T 4675.2《焊接性试验搭接接头(CTS)焊接裂纹试验方法》；

20. GB/T 4675.3《焊接性试验 T 型接头焊接裂纹试验方法》；

21. GB/T 4675.4《焊接性试验压板对接(FISCO)焊接裂纹试验方法》；

22. GB/T 4675.5《焊接性试验焊接热影响区最高硬度试验方法》；

23. GB 50094《球形储罐施工规范》；

24. JB/T 3223《焊接材料质量管理规程》；

25. NB/T 47014《承压设备焊接工艺评定》;

26. NB/T 47015《压力容器焊接规程》;

27. NB/T 47041《塔式容器》;

28. NB/T 47042《卧式容器》;

29. JB/T 4734《铝制焊接容器》;

30. JB/T 4745《钛制焊接容器》。

二、相关专业知识

1. 金属材料焊接性

焊接性就是金属材料对焊接加工的适应性。主要指在一定的焊接工艺条件下(包括焊接方法、焊接材料、焊接工艺参数和结构等),获得优质焊接接头的难易程度和该焊接接头能否在使用条件下可靠运行。也就是说,材料的焊接性就是材料在限定的焊接施工条件下焊成符合设计要求的焊件,并满足预定服役要求的能力。从不同的角度,焊接性分为:

使用焊接性是指焊接接头或整体焊接结构满足技术条件规定的使用性能的程度。其中包括:力学性能、低温韧性、抗脆断性能、抗高温蠕变性能、疲劳性能、耐腐蚀性能和耐磨性能等。例如,钛材的焊接接头,其中焊缝为铸造组织,它比轧制状态的母材塑性差,焊缝和热影响区在熔焊时被加热到高温,晶粒粗大,强度比轧制状态的母材低,焊缝还可以通过加入某些合金元素来强化,但热影响区却没有这种可能性,若不能通过热处理强化,其强度是难以达到母材的水平的。JB/T 4745《钛制焊接容器》附录 B 第 B. 4. 2. 2. 4. 4 节就规定单片拉伸试样如果断在焊缝或熔合线以外的母材上,其合格指标是不低于母材钛牌号退火状态标准规定值下限的 95%。

工艺焊接性是指在某一焊接工艺条件下,能得到致密、无缺陷的优质焊接接头的能力。它不是金属本身固有的性能,而是取决于焊接方法和所采用的具体工艺措施。随着新的焊接方法、焊接材料和工艺措施的不断出现和完善,有些原来不能焊或不好焊的金属,也变得易于焊接。它决定于:热源对被焊金属的热作用(与焊接方法及焊接参数有关)、熔池金属的冶金处理(与焊接材料有关)、预热及后热等工艺措施。

工艺焊接性又分为冶金焊接性和热焊接性:

冶金焊接性是指在一定焊接冶金过程的条件下物理化学变化对焊缝性能和产生缺陷的影响程度,它包括合金元素的氧化、还原、氮化、蒸发、氢氧氮在金属中的溶解、对气孔、夹杂、裂纹等缺陷的敏感性,冶金因素(焊条、焊剂、保护气体、焊丝及母材成分等)对焊缝金属的化学成分和性能的影响,同时也考虑焊接工艺方法及焊接参数的影响。

热焊接性是指定的焊接热循环对焊接接头热影响区的组织和使用性能(如强度、塑性、韧性、耐蚀性等)产生影响的程度。它是评定被焊金属材料的热敏感性(晶粒长大和组织性能变化等)的指标,主要与被焊的金属材料和焊接工艺条件有关。

焊接性受材料、焊接方法与工艺、焊件设计与焊件类型及使用要求、服役环境4个因素的影响。

通过焊接性试验可以了解焊接方法对金属材料的适应性。如一般的钢材只要有足够的脱氧剂,在碱性或酸性的熔渣、惰性气体甚至活性的 CO_2 气体的保护下也能顺利地进行焊接,并可获得优质的焊接接头。而钛在高温时会剧烈地与氧、氮反应,又不能用一般的脱氧剂还原,不宜用氧化性的气体或熔渣保护下进行熔化焊,只适用于惰性气体保护的熔化焊或在真空条件下焊接。这说明一般的钢材在使用常用的焊接方法的条件下,焊接性都很好;钛则在惰性气体保护焊的条件下,才有良好的焊接性。

2.压力容器常用钢材的焊接性、焊接缺陷及其防止

(1)低碳钢的焊接性

《固定式压力容器安全技术监察规程》第2.2.1.2.2条规定压力容器专用钢中的碳素钢和低合金钢(钢板、钢管和钢锻件),其磷、硫含量应当符合以下要求:

①标准抗拉强度下限值小于或者等于540 MPa的钢材,P含量≤0.030%、S含量≤0.020%;

②标准抗拉强度下限值大于540 MPa的钢材,P含量≤0.025%、S含量≤0.015%;

③用于设计温度低于−20 ℃并且标准抗拉强度下限值小于或者等于540 MPa的钢材,P含量≤0.025%、S含量≤0.012%;

④用于设计温度低于−20 ℃并且标准抗拉强度下限值大于540 MPa的钢材,P含量≤0.020%,S含量≤0.010%。

压力容器常用的低碳钢Q245R,是低碳、含杂质很少,其P、S含量达到优质钢的水平,用各种焊接方法焊接,焊接时焊缝和热影响区晶粒长大不十分严重,塑性和强度下降不明显,对焊接线能量没有太严格的要求,淬硬性不大,冷裂纹敏感性不大,除了厚度较大的要预热、后热以外,一般可以不采用特殊措施,除了电渣焊焊后要进行正火加回火细化晶粒以外,一般也不用进行焊后热处理改善组织,其焊接性是相当优良的。

(2)低合金强度钢、低温钢的焊接性

压力容器常用的低合金强度钢有Q345R、Q370R、20MnMo、13MnNiMoR、07MnCrMoVR等,与合金成分相近,但要求具备优良的低温冲击韧性的低合金低温钢有09MnNiDR、16MnDR、15MnNiDR、07MnNiMoVDR等。这些钢都是热轧或正火状态下形成的,通过合金元素(主要是Mn,还有Ni、Mo等)的固溶强化和能形成碳氮化合物的合金元素(如V、Nb、Ti)的沉淀强化作用与细化晶粒作用,获得高的强度、塑性和韧性。这些钢也

可以用各种常用焊接方法焊接,但焊接时较容易发生下列问题:

①热影响区的粗晶区脆化

热影响区被加热到 1 100 ℃以上的区域会形成粗晶区,会因晶粒粗大和出现魏氏组织等而降低韧性。焊接时应限制线能量,避免过热,能减小粗晶区脆化。低温钢焊接时更要注意用小的线能量,控制层间温度不大于 300 ℃,多层多道焊,利用重热回火作用细化晶粒。

②热应变脆化

C-Mn 系列的低合金钢焊接接头熔合线及最高加热温度低于 Acl 的亚临界热影响区,由于氮、碳原子聚集在位错周围,对位错造成钉扎作用,而熔合线常常有缺口效应和应力集中,而使焊接接头脆化,脆性转变温度升高。母材中若含少量钒,则与氮、碳生成氮、碳化物,能减轻热应变脆化。焊后作消除应力热处理也能使韧性得到很大的恢复。

③冷裂纹

在金属结晶以后的较低温度下(结构钢一般在马氏体转变点以下)产生的裂纹称为冷裂纹。其产生的影响因素是:扩散氢的影响;淬硬组织(结构钢是马氏体)的形成;拘束应力的作用。

碳是影响钢的淬硬性、冷裂敏感性及脆化的主要元素。碳越多,淬硬性、冷裂敏感性及脆化越严重。Si、Mn、Cr、Mo、V、Nb、B 等其他合金元素也有不同程度的影响。为了综合评定钢材的淬硬性、冷裂敏感性及脆化倾向,把其他合金元素对淬硬性、冷裂敏感性及脆化的影响折合成碳的相当含量,这就是碳当量。碳当量的计算公式为:

$$Ceq = \mathrm{C} + \mathrm{Si}/24 + \mathrm{Mn}/6 + \mathrm{Ni}/40 + \mathrm{Cr}/5 + \mathrm{Mo}/4 + \mathrm{V}/14$$

碳当量<0.4 时钢材的淬硬倾向不大,焊接性良好,不需预热。碳当量为 0.4~0.6 时,钢材易于淬硬,容易产生冷裂纹,焊前要预热才能防止冷裂纹。

判断低碳钢和低合金钢的冷裂倾向要用化学成分的冷裂敏感指数 P_{cm}、考虑扩散氢含量和拘束度的冷裂敏感指数 P,或 P_n、P_m 等。敏感指数越大,冷裂倾向越大。

$$P_{cm} = \mathrm{C} + \frac{\mathrm{Si}}{30} + \frac{\mathrm{Mn}+\mathrm{Cu}+\mathrm{Cr}}{20} + \frac{\mathrm{Ni}}{60} + \frac{\mathrm{Mo}}{15} + \frac{\mathrm{V}}{10} + 5\mathrm{B}$$

Q345R 等热轧钢含有少量合金元素,淬硬性比低碳钢大一些,环境温度较低或钢板厚度较大时,有可能出现马氏体淬硬组织,会产生冷裂纹,这种情况下需要适当预热再焊接。总的来说,这些钢冷裂倾向并不大。

13MnNiMoR、07MnCrMoVR 等正火钢,合金元素含量较多,强度级别较高,淬硬倾向较大,要采用低氢的焊材,充分烘干焊条、焊剂,清除坡口边缘的油、水、锈,及时后热,降低氢含量;预热、控制焊接线能量、控制层间温度、避免淬硬组织出现;避免强行组对,采用合理的焊接顺序，多层多道焊，必要时逐层锤击，减小拘束应力等措施，防止冷裂纹。

(3)低合金耐热钢的焊接性

压力容器常用的低合金耐热钢有15CrMoR、12Cr1MoVR、12Cr2Mo1R等。Mo和W能显著提高钢的高温强度，Cr除了提高耐热钢的强度以外，还显著提高耐热钢的抗氧化性，W、V、Ti等可提高耐热钢的抗蠕变能力。

耐热钢的焊接性较差，焊接时应注意的问题：

①耐热钢有较大的冷裂倾向

钢中的Cr、Mo等合金元素大大提高了耐热钢的淬硬性，在常规的焊接条件下极易产生冷裂纹。不能用过小的焊接线能量，应有合适的预热、保持层间温度、后热等措施。

②耐热钢有再热裂纹倾向

再热裂纹是焊接接头焊后再加热(特别是在500～700 ℃的危险温度区间)过程产生的裂纹，其加热过程可以是焊后热处理，也可以是在高温中长期使用或其他形式的焊后再加热。低合金耐热钢焊接接头再热裂纹是由于钢中碳化物形成元素V、Ti、Nb在再加热过程中沉淀相晶内析出，使晶内二次硬化，晶间杂质析集使晶界弱化，应力松弛的蠕变损伤。要防止再热裂纹，就得控制母材和焊材的V、Ti、Nb含量，选用高温塑性优于母材的焊材，采用低线能量焊接，减小热影响区的宽度和过热程度，细化晶粒，选择合理的热处理工艺，减少在危险温度区间停留，合理设计焊接接头，减小焊缝余高，避免咬边，减小应力集中。

③回火脆性

低合金耐热钢及其焊接接头在350～500 ℃温度区间长期运行过程中发生剧烈脆变的现象就是回火脆性。这与钢材或焊材的O、P、S、Si、As、Sb、Sn的含量有关，要控制碳含量为0.07%～0.08%、Cr-Mo含量较低的耐热钢硅的含量为0.15%～0.35%之间，回火属性敏感的则应控制在0.1%以下；磷含量应控制在0.012%以下，氧含量应控制在0.035%以下，另外采用较小的线能量，不用过高的(不大于350℃)预热温度和层间温度，有利于细化晶粒提高韧性，选择最佳回火参数，避免回火温度低、保温时间短而使焊缝金属韧性下降，也避免回火参数过高而碳化物沉淀和集聚面使韧性再度下降。

(4)奥氏体不锈钢的焊接性

①焊接接头的晶间腐蚀

普通奥氏体不锈钢焊接接头在450～800 ℃的敏化温度区间内加热时，晶界会析出$Cr_{23}C_6$，晶内的Cr扩散速度比C慢，Cr补充不上，造成晶界贫铬，晶界的电极电位降低，失去原有的耐蚀性，会引起晶间腐蚀。此外，某些超低碳含钼奥氏体不锈钢晶界在敏化温度区间析出σ相，也会引起晶间腐蚀。含铌、钛等稳定化元素的奥氏体不锈钢在熔合线处高温过热大部分碳化物被溶解，若再在敏化温度受热时，晶界析出碳化铬，会引起集中在熔合线上“刀状"的晶间腐蚀。

防止焊接接头晶间腐性的措施是:

选用超低碳或含碳化物稳定元素的焊材,焊后清根不用碳弧气刨,或气刨后将刨槽侧壁至少打磨 1 mm 深,彻底清除渗碳层;采用含 4%～12%铁素体组织的焊材,铁素体散布在奥氏体晶粒的晶界,有阻隔晶界通道并延伸总通道长度的作用,能减少晶间腐蚀;焊接工艺上采用较低的线能量,控制层间温度在较低的范围,减少危险温度区间的停留时间;焊后做固溶处理或稳定化处理。

②焊接接头应力腐蚀

在拉伸焊接残余应力作用下,在高氯离子,低氧的腐蚀介质中会引起奥氏体不锈钢的应力腐蚀。防止的措施是:

降低焊接残余应力,如避免十字交叉焊缝,选用对称的坡口;合理安排焊接次序、采用低线能量多层多道焊,焊后锤击或对焊接接头作喷丸处理;焊接接头设计应避免有缝隙,防止缝隙处形成低氧高氯离子的情况;改用双相不锈钢。

③热裂纹

奥氏体不锈钢导热系数小,膨胀系数大,凝固时高温停留时间较长,结晶温度区间较窄,应力较大,晶粒粗大,结晶方向性强,低熔点杂质易在结晶汇交面上聚集,容易产生热裂纹。

防止热裂纹的措施是:

严格限制焊材中 S、P 等杂质的含量,采用有少量铁素体的焊材,认真清理坡口,保持焊接现场的洁净,适当提高焊材中锰的含量;适当增加坡口角度,控制焊缝有较大的宽深比,用多层多道焊;用窄焊道、低线能量、低层间温度的焊接工艺,将起弧收弧的位置错开,收弧时填满弧坑。

3. 焊接材料种类、牌号、型号及用途

焊接材料是焊接时使用的形成熔敷金属的填充材料、保护熔融金属不受氧化,氮化的保护材料、协助熔融金属凝固成型的衬垫材料等。包括焊条、焊丝、电极、焊剂、气体、衬垫等。

(1)焊条

①常用焊条类型及其特点

焊条药皮类型主要有 6 种,其特点如下:

a. 低氢型焊条——药皮主要由碳酸盐及氟化物等碱性物质组成的碱性焊条,可分为低氢钠型(型号为 E××15 碱性,只能用直流电源)和低氢钾型(型号为 E××16 碱性,也可以是钛型或钛钙型,可交直流电源两用)两种。正确使用时,熔敷金属中的扩散氢的含量低,其冲击韧性和塑性较好。这类焊条熔渣流动性好,焊接工艺性一般,焊波较粗,飞溅稍大,电弧较短,熔深较深,脱渣一般,适于全位置焊接,一般用直流电源。是压力容器用得最多的一种

焊条。

b. 钛钙型焊条——(型号为 E××03)药皮中含有质量分数为 30%以上氧化钛(金红石或钛白粉)及适量的(质量分数<20%)的钙和镁碳酸盐矿石的酸性焊条。这类焊条熔渣流动性好，电弧较稳定，熔深一般，脱渣容易，飞溅少，焊波美观，适于全位置焊接，电源可为交直流。

属于钛钙型焊条的还有铁粉钛钙型(型号为 E××23)。

c. 钛铁矿型焊条——(型号为 E××01)药皮中含有质量分数为 30%以上钛铁矿及一定量的碳酸盐的酸性焊条。这类焊条熔渣流动性良好，电弧稍强，熔深较深，熔渣覆盖良好，脱渣容易，飞溅一般，焊波整齐，适于全位置焊接，可交直流两用。

d. 高钛型焊条——药皮中以氧化钛为主要组成物，其质量分数≥35%的酸性焊条，可分为高钛钠型(型号为 E××12)和高钛钾型(型号为 E××13)两种。这类焊条电弧稳定，引弧容易，熔深较浅、熔渣覆盖良好、焊波美观、脱渣容易、飞溅少，适于全位置焊接，可交直流焊接。但熔敷金属的塑性和抗裂性较差。E××14 和 E××24 是铁粉钛型焊条，后者比前者铁粉量更多些。

e. 高纤维素型焊条——药皮中含有多量有机物的酸性焊条。可分为高纤维素钠型(型号为 E××10)和高纤维素钾型(型号为 E××11)两种。纤维素含量约占药皮总量的 20%～30%。这类焊条的纤维素产生大量气体保护熔敷金属，电弧吹力强，熔深深，熔化速度快，熔渣少，脱渣容易，飞溅一般，适于全位置焊接，尤其是立焊和仰焊，也可向下焊，可交直流两用。

f. 氧化铁型焊条——(型号为 E××20 和 E××22，20 不适用于薄板焊接，而 22 适用于薄板焊接)药皮中含有多量氧化铁及二氧化硅组成物的酸性焊条。这类焊条熔化速度快，焊接生产率高，电弧稳定，引弧容易，熔深较深，飞溅稍多，最适合中厚板平焊，立焊和仰焊的操作性能较差，熔敷金属抗裂性较好，可交直流两用。

②国产焊条的分类

一般有如下几种分类方法。

按焊条用途分(即按《焊接材料产品样本》分类)：

a. 结构钢焊条，以“结”字或“J”表示；

b. 钼和铬钼耐热钢焊条，以“热”字或“R”表示；

c. 不锈钢焊条，以“铬”和“奥”字或“G”和“A”表示；

d. 堆焊焊条，以“堆”字或“D”表示；

e. 低温钢焊条，以“温”字或“W”表示；

f. 铸铁焊条，以“铸”字或“Z”表示；

g. 镍及镍合金焊条，以“镍”或“Ni”表示；

h. 铜及铜合金焊条,以“铜”或“T”表示;

i. 铝及铝合金焊条,以“铝”或“L”表示;

j. 特殊用途焊条,以“特”或“TS”表示。

按焊条药皮熔化后熔渣性质分:

a. 酸性焊条;

b. 碱性焊条。

按药皮的类型分类见表 6-3。

表 6-3 焊条药皮类型

牌号	药皮类型	焊接电源		牌号	药皮类型	焊接电源
××0	不规定的类型	不规定		××5	纤维素型	交流或直流
××1	氧化钛型	交流或直流		××6	低氢型	交流或直流
××2	氧化钛钙型	交流或直流		××7	低氢型	直流
××3	钛铁矿型	交流或直流		××8	石墨型	交流或直流
××4	氧化铁型	交流或直流		××9	盐基型	直流

③结构钢焊条牌号

结构钢焊条牌号的表示

结 ×× × △

△ —— 表示特殊用途或特殊性能,见表6-5。

× —— 表示药皮类型和焊接电源种类,见表6-3。

×× —— 表示焊缝金属的抗拉强度等级,见表6-4。

结 —— 表示结构钢焊条。

表 6-4 结构钢焊条焊缝强度等级

牌号	焊缝金属抗拉强度等级/MPa	焊缝金属屈服强度等级/MPa
J42×	420	330
J50×	490	410
J55×	540	440
J60×	590	530
J70×	690	590
J75×	740	640
J80×	780	690
J85×	830	740
J90×	880	780
J100×	980	880

表 6-5　焊条特殊用途符号

特殊用途符号	含　义	特殊用途符号	含　义
G	管道焊接(只有 J422G)	RH	高韧性超低氢
X	立向下焊	GH	有较高低温韧性低氢
GM	盖面	R	高韧性
Z	重力	XG	管子用立向下
D	底层焊	GR	低温高韧性
H	超低氢	CuP	焊接铜磷钢用
DF	低尘	Fe	铁粉焊条
LMA	耐吸潮		

④钼钢和铬钼耐热钢焊条牌号

钼钢和铬钼耐热钢焊条牌号的表示：

热 × × ×

- 第三个×：表示药皮类型和电流种类，见表6-3。
- 第二个×：表示同一焊缝金属主要化学成分等级中的不同牌号(0～9)。
- 第一个×：表示焊缝金属主要化学成分等级，按表6-6编排。
- 热：表示钼和铬钼耐热钢焊条，用字母“R”表示。

表 6-6　耐热钢焊条化学成分等级

牌　号	焊缝主要化学成分 Cr(%)等级	焊缝主要化学成份 Mo(%)等级
热 1××	—	0.5
热 2××	0.5	0.5
热 3××	1～2	0.5～1
热 4××	2.5	1
热 5××	5	0.5
热 6××	7	1
热 7××	9	1
热 8××	11	1

⑤不锈钢焊条牌号

不锈钢焊条牌号表示：

奥（或铬）× × ×

- 第三个×：表示药皮类型和电流种类，见表6-3。
- 第二个×：表示焊缝金属主要化学成分等级中的不同牌号，有10个，按0～9顺序排列。
- 第一个×：表示焊缝金属主要化学成分等级，按表6-7编排。
- 奥（或铬）：“A”表示奥氏体不锈钢。“G”表示铬不锈钢。

表 6-7　不锈钢焊缝金属化学成分等级

牌号	焊缝金属主要化学成分 Cr(%)组成等级	焊缝金属主要化学成分 Ni(%)组成等级
G2××	13	—
G3××	17	—
A0××	(C 含量≤0.04%超低碳)	—
A1××	18	8
A2××	18	12
A3××	25	13
A4××	25	20
A5××	16	25
A6××	15	35
A7××	铬锰氮不锈钢	—
A8××	18	18
A9××	待发展	—

⑥焊条型号和焊条牌号的对应关系

焊条型号是国家标准中规定的焊条编号,牌号是原国家机械工业委员会在“焊接材料产品样本”中统一规定的焊条行业编号。它们之间差别在于,牌号中没有区别焊接位置的编号。型号和牌号之间的对应关系见表 6-8。

⑦碳钢焊条型号编号方法

E　×　××

××——表示药皮类型、焊接位置和电流种类，见表6-9。

×——表示熔敷金属最小抗拉强度。

E——表示焊条。

表 6-8　国标焊条型号与焊条牌号对照

<table>
<tr><td colspan="3">国家标准</td><td colspan="4">焊接材料产品样本</td></tr>
<tr><td colspan="3">焊条大类(按化学成分分)</td><td colspan="4">焊条大类(按用途分)</td></tr>
<tr><td rowspan="2">标准号</td><td rowspan="2">名称</td><td rowspan="2">代号</td><td rowspan="2">类别</td><td rowspan="2">名称</td><td colspan="2">代号</td></tr>
<tr><td>字母</td><td>汉字</td></tr>
<tr><td>GB/T 5117</td><td>碳钢焊条</td><td>E</td><td>1</td><td>—</td><td>J</td><td>结</td></tr>
<tr><td rowspan="3">GB/T 5118</td><td rowspan="3">低合金钢焊条</td><td rowspan="3">E</td><td>1</td><td>结构钢焊条</td><td>J</td><td>结</td></tr>
<tr><td>2</td><td>钼和铬钼耐热钢焊条</td><td>R</td><td>热</td></tr>
<tr><td>3</td><td>低温钢焊条</td><td>W</td><td>温</td></tr>
</table>

续表

标准号	名称	代号	类别	名称	代号	
					字母	汉字
GB/T 983	不锈钢焊条	E	4	不锈钢焊条	G	铬
					A	奥
GB/T 984	堆焊焊条	ED	5	堆焊焊条	D	堆
—	—	—	6	铸铁焊条	Z	铸
—	—	—	7	镍及镍合金焊条	Ni	镍
GB/T 3670	铜及铜合金焊条	TCu	8	铜及铜合金焊条	T	铜
GB/T 3669	—	TAI	9	铝及铝合金焊条	L	铝
—	—	—	10	特殊用途焊条	TS	特殊

表 6-9　焊条型号关于药皮类型、焊缝位置及焊接电流种类的含义

代号	药皮类型	焊接位置[a]	电流类型
03	钛型	全位置[b]	交流和直流正、反接
10	纤维素	全位置	直接反接
11	纤维素	全位置	交流和直流反接
12	金红石	全位置[b]	交流和直流正接
13	金红石	全位置[b]	交流和直流正、反接
14	金红石＋铁粉	全位置[b]	交流和直流正、反接
15	碱性	全位置[b]	直流反接
16	碱性	全位置[b]	交流和直流反接
18	碱性＋铁粉	全位置[b]	交流和直流反接
19	钛铁矿	全位置[b]	交流和直流正、反接
20	氧化铁	PA、PB	交流和直流正接
24	金红石＋铁粉	PA、PB	交流和直流正、反接
27	氧化铁＋铁粉	PA、PB	交流和直流正、反接
28	碱性＋铁粉	PA、PB、PC	交流和直流反接
40	不做规定	由制造商确定	
45	碱性	全位置	直流反接
48	碱性	全位置	交流和直流反接

注 a:焊接位置见 GB/T 16672,其中 PA ＝平焊、PB＝平角焊、PC ＝横焊、PG＝向下立焊;

注 b:此处“全位置”并不一定包含向下立焊,由制造商确定。

⑧不锈钢焊条型号表示方法

不锈钢焊条型号划分：

焊条型号按熔敷金属化学成分、焊接位置和药皮类型等进行划分。

型号编制方法如下。

焊条型号由四部分组成：

(a)第一部分用字母“E”表示焊条；

(b)第二部分为字母“E”后面的数字表示熔敷金属的化学成分分类，数字后面的“L”表示碳含量较低，“H”表示碳含量较高，如有其他特殊要求的化学成分，该化学成分用元素符号表示放在后面；

(c)第三部分为短横线“-”后的第一位数字，表示焊接位置；

(d)第四部分为最后一位数字，表示药皮类型和电流类型。

型号示例：

GB/T 983 标准中焊条型号示例如下：

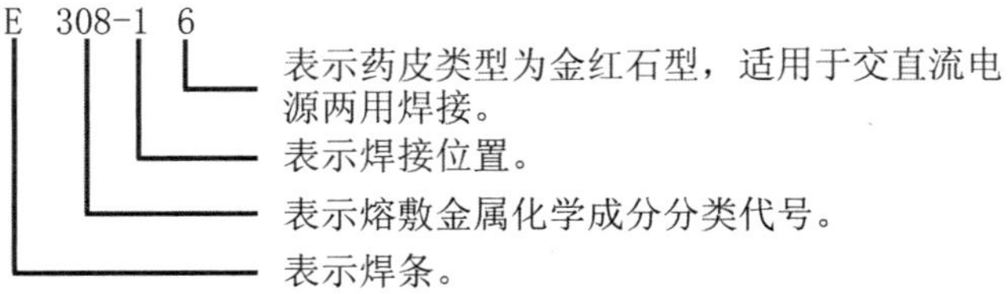

(2)焊丝

①焊丝的种类

实心焊丝是从金属线材直接拉拔而成的焊丝。药芯焊丝是将薄钢带卷成圆形钢管或异形钢管的同时，在其中填满一定成分的药粉，经拉制而成的焊丝。

②实芯焊丝牌号编制方法

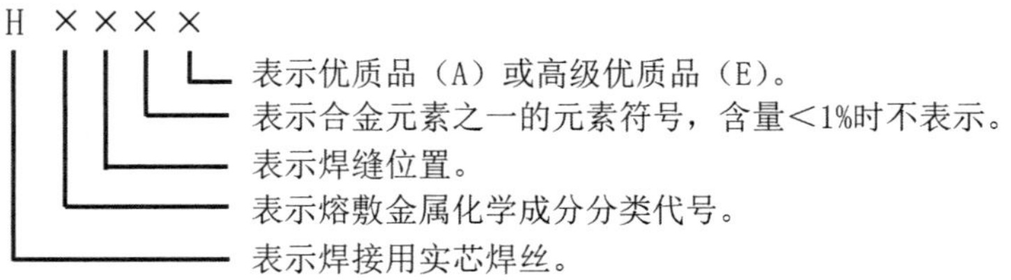

③药芯焊丝牌号编制方法

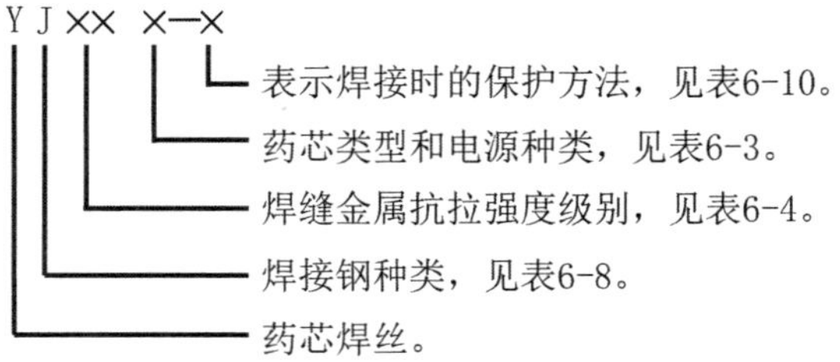

表 6-10　药芯焊丝牌号中保护方法的含义

牌　号	焊接时的保护方法
YJ××-1	气保护
YJ××-2	自保护
YJ××-3	气保护自保护两用
YJ××-4	其他保护形式

(3)钨极

钨极和焊条或埋弧焊、电渣焊、熔化极气体保护焊的焊丝都是电极，但它是不熔化为填充金属的电极。钨的熔点为 3 410 ℃，沸点为 5 900 ℃，是常见金属中最高的，因而是不熔化极电弧的最合适的电极材料。

钨极有纯钨、钍钨、铈钨三种。

纯钨极电子逸出功大，电子发射能力差，要求空载电压高，承载电流能力小，目前基本不用。

钍钨极加入氧化钍可降低电子逸出功，提高电子发射能力，可降低空载电压，改善引弧性能和稳弧性能，增大电流许用范围。但有微量放射性。牌号有 WTh-10(含 $ThO_2$1.0%～1.5%)和 WTh-15(含 $ThO_2$1.5%～2.0%)。

铈钨极加入少量氧化铈，比钍钨极更易引弧，电极损耗更少，放射性剂量也低得多，是目前应用最多的钨极。牌号为 WCe-20(含 CeO_2 2.0%)。

(4)焊剂

埋弧焊、电渣焊都用焊剂。常用焊剂有熔炼焊剂和烧结焊剂。

①熔炼焊剂牌号表示方法：

HJ × × × ×

- 焊剂粒度为60～14目。
- 表示同一类型焊剂不同牌号，由0～9顺序排列。
- 表示焊剂中SiO_2、CaF_2含量，见表6-11。
- 表示焊剂中MnO含量，见表6-12。
- 表示熔炼焊剂。

表 6-11　熔炼焊剂牌号与硅、氟量

牌号	焊剂类型	二氧化硅 SiO_2/%	氟化钙 CaF_2/%
HJ×1×	低硅低氟	<10	<10
HJ×2×	中硅低氟	10～30	<10
HJ×3×	高硅低氟	>30	<10
HJ×4×	低硅中氟	<10	10～30
HJ×5×	中硅中氟	10～30	10～30

续表

牌号	焊剂类型	二氧化硅 SiO_2/%	氟化钙 CaF_2/%
HJ×6×	高硅中氟	＞30	10～30
HJ×7×	低硅高氟	＜10	＞30
HJ×8×	中硅高氟	10～30	＞30
HJ×9×	其　他		

表 6-12　熔炼焊剂牌号与氧化锰含量

牌号	焊剂类型	氧化锰 MnO 含量/%
HJ1××	无锰	＜2
HJ2××	低锰	2～5
HJ3××	中锰	15～30
HJ4××	高锰	＞30

②烧结焊剂牌号表示方法：

SJ　×　××

表示同一渣系焊剂中的不同牌号，按01…09顺序编排。

表示焊剂熔渣的渣系，见表6-11。

表示烧结焊剂。

焊剂其作用相当于焊条的药皮，它的用途如下：

(a)保护熔池，防止空气中氧、氮等气体侵入；

(b)具有脱氧与合金化作用，与焊丝配合可得到所需成分和性能的焊缝金属；

(c)使焊缝成形良好；

(d)使熔敷金属的冷却速度减慢，减少气孔、夹渣等缺陷产生；

(e)防止飞溅，减少损失，提高熔敷系数。

熔炼焊剂主要由矿物熔炼后成玻璃状再碎成一定粒度的颗粒，制造时耗能多，焊剂中不能加入脱氧剂和合金剂，但颗粒强度高，不易粉化，耐潮性较好。

烧结焊剂由药粉加黏结剂拌好后造粒烧结而成。制造时耗能较少，焊剂中可加入脱氧剂和合金剂，有利于提高焊缝质量和性能，但颗粒强度低，易粉化，耐潮性不好。

三、钢制压力容器焊接工艺评定项目的优化选择

1. 碳钢和低合金钢制压力容器

(1)不进行焊后热处理(As Weld)

为了充分利用焊接工艺评定的覆盖范围，减小焊接工艺评定项目共同覆盖范围的叠加，达到减少焊接工艺评定数量的目的，在拟定焊接工艺指导书时，对于试样进行拉伸试验、横

向弯曲试验。选择焊接工艺评定试件的厚度分别为 6 mm 和 38 mm。评定合格后，则它们的焊件母材厚度覆盖范围分别为 1.5～12 mm 和 5～200 mm。这样，选择的两个焊接工艺评定项目则可不间断地覆盖 1.5～200 mm 的所有板厚，如表 6-13 所示。

表 6-13　试样进行拉伸试验、横向弯曲试验

序号	焊接方法	焊后热处理类别	试件母材厚度/mm	焊件母材厚度覆盖范围/mm
1	焊条电弧焊、埋弧焊、钨极气体保护焊、熔化极保护焊	AW	6	1.5～12
2			38	5～200

注：AW 为 As Weld，即焊态，不进行焊后热处理。

对于试样进行拉伸试验、纵向弯曲试验时，选择焊接工艺评定试件的厚度分别为 6 mm 和 100 mm。评定合格后，则它们的焊件母材厚度覆盖范围分别为 1.5～12 mm 和 5～200 mm。这样，选择的两个焊接工艺评定项目则可不间断地覆盖 1.5～200 mm 的所有板厚，如表 6-14 所示。

表 6-14　试样进行拉伸试验、纵向弯曲试验

序号	焊接方法	焊后热处理类别	试件母材厚度/mm	焊件母材厚度覆盖范围/mm
1	焊条电弧焊、埋弧焊、钨极气体保护焊、熔化极保护焊	AW	6	1.5～12
2			100	5～200

从表 6-13 和表 6-14 可以看出，对于焊条电弧焊、埋弧焊、钨极气体保护焊和熔化极保护焊，每种焊接方法各有两个焊接工艺评定项目。对于中厚板和厚板，如厚度 16 mm 和 38 mm 的试件，可以采用两种焊接方法（钨极气体保护焊和焊条电弧焊）或 3 种焊接方法（钨极气体保护焊、焊条电弧焊和埋弧焊）的组合评定代替分别评定，这样一个工艺评定可以代替 2 个或 3 个评定，达到减少焊接工艺评定数量的目的。

对于规定试样在进行冲击试验时，拟定焊接工艺指导书时，选择焊接工艺评定的试件厚度分别为 3 mm、6 mm、12 mm、38 mm，评定合格后，则它们的焊件母材厚度，覆盖范围分别为 1.5～6 mm、6～12 mm、12～24 mm、16～200 mm，这样，选择的 4 个焊接工艺评定就可不间断地覆盖 1.5～200 mm 的所有板厚，而且发生覆盖范围的重叠极少，如表 6-15 所示。

表 6-15　试样进行拉伸试验、横向弯曲试验和冲击试验

序号	焊接方法	焊后热处理类别	试件母材厚度/mm	焊件母材厚度覆盖范围/mm
1	焊条电弧焊、埋弧焊、钨极气体保护焊、熔化极保护焊	AW	3	1.5～6
2			6	6～12
3			12	12～24
4			38	16～200

(2)高于上转变温度进行焊后热处理(Normalizing)

这主要针对热冲压成形的碳钢和低合金钢凸形封头的拼接焊接接头的焊接工艺评定。

对于热冲压成形的碳钢和低合金钢制凸形封头，应充分考虑封头拼接焊接接头热冲压的加热过程，如果认为热冲压的热加工过程不属于焊后热处理，这样的理解是不正确的。对于碳钢和低合金钢制凸形封头，热冲压过程加热温度已达到或超过 910 ℃(铁碳平衡图上的临界点 A3)，因而封头的热冲压过程类似于正火热处理过程(Normalizing)，直接影响到封头拼接焊接接头的力学性能和弯曲性能，对于封头拼接焊接接头实际上也就是一次焊后热处理过程。

由于热冲压加热温度超过了碳钢和低合金钢的上转变温度，因而适用于焊件的最大厚度按 NB/T 47014—2011 的表 10 为试件厚度的 1.1 倍(除气焊、螺柱电弧焊、摩擦焊外)；而适用于焊件的最小厚度按 NB/T 47014—2011 中表 7 或表 8 和 6.1.5.2。对于大多数压力容器制造企业所需焊接工艺评定的项目推荐见表 6-16。

表 6-16　高于上转变温度进行焊后热处理

序号	焊接方法	焊后热处理类别	试件母材厚度/mm	焊件母材厚度覆盖范围/mm
1	SMAW	N	38	5～41.8
2	SAW	N	38	5～41.8

从表 6-16 可以看出，在重要因素和补加因素不变的条件下，厚板评定合格的焊接工艺，其母材厚度覆盖范围将包容了较薄板。因此，此种情况下，应做较厚板的焊接工艺评定。充分利用焊接工艺评定的覆盖范围，减少工艺评定次数。

(3)先高于上转变温度，继之在低于下转变温度下进行焊后热处理(Normalizing＋Stress Relief)

这主要针对热冲压成形的碳钢和低合金钢凸形封头的拼接焊接接头的焊接工艺

评定。

对于焊后需整体热处理消除应力的压力容器(如液化石油气储罐、液氯储槽等),其热冲压成形的封头的拼接焊接接头也就要与容器一起再进行一次消除应力热处理,因而这类压力容器在制造过程中封头拼接焊接接头相当于进行了两次焊后热处理,正火+消除应力热处理(N+SR)。所需焊接工艺评定项目如表 6-17 所示。

表 6-17　焊接工艺评定项目

序号	焊接方法	焊后热处理类别	试件母材厚度/mm	焊件母材厚度覆盖范围/mm
1	SMAW	N+SR	38	5～41.8
2	SAW	N+SR	38	5～41.8

从表 6-17 可以看出,在重要因素和补加因素不变的条件下,厚板评定合格的焊接工艺,其母材覆盖范围包含了较薄板。因此,此种情况下应做较厚板的焊接工艺评定,充分利用焊接工艺评定的覆盖范围,减少评定的次数。

(4)进行低于下转变温度的焊后热处理(Stress Relief)

对于需要焊后消除焊接应力热处理(SR)的压力容器,其焊接接头也就要进行消应处理(SR),当焊件规定进行冲击试验时,该类压力容器的焊接接头焊接工艺评定项目,推荐如表 6-18 所示。

表 6-18　焊接接头焊接工艺评定项目

序号	焊接方法	焊后热处理类别	试件母材厚度/mm	焊件母材厚度覆盖范围/mm
1	SMAW(或SAW、GTAW)	SR	3	1.5～6
2			6	6～12
3			12	12～24
4			38	16～200

GB/T 150—2011 标准规定:"试件的焊后热处理应与焊件在制造过程中的热处理基本相同,加热温度范围不得超过相应标准或技术文件规定"。"低于下转变温度进行焊后热处理(SR)时,试件的保温时间不得少于焊件在制造过程中累计保温时间的 80%"。

当试件较薄时,低于下转变温度焊后热处理保温时间相应较短,但这类试件,尤其是小于或等于 6 mm 的试件的工艺评定主要应用于覆盖压力容器接管与壳体角接头的组合焊缝(对接焊缝+角焊缝),由于接管厚度较薄(一般为≥1.5 mm)。当容器进行焊后整体消除应力热处理(SR)时,接管与壳体的组合焊缝也就要与较厚的壳体焊缝一样经过保温时间较长的下转变温度热处理。根据经验,对于壁厚小于或等于 6 mm 的工艺评定试件,低于下转变温度焊后热处理保温时间至少 2 h 以上。

2.铬镍奥氏体不锈钢制压力容器

(1)不进行焊后热处理(As Weld)

铬镍奥氏体不锈钢制压力容器,一般不进行焊后热处理,而且对于使用温度大于或等于－196 ℃的铬镍奥氏体不锈钢母材可免做冲击试验。但是应考虑到用于设计温度低于－100 ℃时的铬镍奥氏体不锈钢制低温压力容器,按照 GB/T 150.4—2011《压力容器 第四部分:制造、检验和验收》第 7.2.3 条:设计温度低于－100 ℃且不低于－196 ℃的铬镍奥氏体不锈钢,在相应的焊接工艺评定中,应进行焊缝金属的低温夏比(V 型缺口)冲击试验。这类容器如设计温度为－196 ℃的液氧、液氮低温绝热容器和液化天然气(LNG)罐式集装箱等,其内容器由奥氏体不锈钢焊制而成,它们的焊接接头的焊接工艺就需要焊缝金属经－196 ℃低温夏比冲击试验合格的焊接工艺评定支持,因此,对于铬镍奥氏体不锈钢制压力容器,其焊接接头的焊接工艺评定项目,则分为不要求焊缝金属进行冲击试验(见表 6-19)和要求焊缝金属进行低于－100 ℃的低温冲击试验(见表 6-20)两种情况。

表 6-19 不要求焊缝金属进行冲击试验

序号	试件母材类别号 P-No	焊接方法	焊后热处理类别	试件母材厚度/mm	焊件母材厚度覆盖范围/mm
1	Fe-8-1(不要求焊缝金属进行冲击试验)	SMAW(或 SAW、GTAW)	AW	3	1.5～6
2				38	5～200

表 6-20 要求焊缝金属进行低温冲击试验

序号	试件母材类别号 P-No	焊接方法	焊后热处理类别	试件母材厚度/mm	焊件母材厚度覆盖范围/mm
1	Fe-8-1(要求焊缝金属进行低于—100 ℃低温冲击试验)	SMAW(或 SAW、GTAW)	AW	3	1.5～6
2				6	6～12
3				12	12～24
4				38	16～200

(2)进行焊后固溶热处理(Solution Heat Treatment)

这主要是针对热冲压成形的铬镍奥氏体不锈钢凸形封头的拼接焊接接头的焊接工艺评定。

由于铬镍奥氏体不锈钢在加热过程中没有相变发生,但晶粒会涨大,而且加热过程中有铁素体析出,促使奥氏体不锈钢的耐腐蚀性能降低。因此,对有耐腐蚀性能要求的铬镍奥氏体不锈钢封头经热冲压成形后，要进行固溶热处理(S)，目的是得到单一的、均匀的奥氏体组织，保证其具有高的耐腐蚀性能。

因此，对于此类封头拼接焊接接头的焊接工艺评定项目，则分为需要固溶热处理的，按表6-21和表6-22选用；不需要进行固溶热处理的，按表6-19和表6-20选用。

表6-21　需要进行固溶热处理的拼接焊接工艺评定项目(一)

序号	试件母材类别号 P-No	焊接方法	焊后热处理类别	试件母材厚度/mm	焊件母材厚度覆盖范围/mm
1	Fe-8-1(不要求焊缝金属进行冲击试验)	SMAW(或SAW、GTAW)	S	6	1.5～12
2				38	5～200

表6-22　需要进行固溶热处理的拼接焊接工艺评定项目(二)

序号	试件母材类别号 P-No	焊接方法	焊后热处理类别	试件母材厚度/mm	焊件母材厚度覆盖范围/mm
1	Fe-8-1(要求焊缝金属进行低于−100 ℃低温冲击试验)	SMAW(或SAW、GTAW)	S	6	1.5～12
2				38	5～200

压力容器制造企业对焊接工艺评定项目进行优化和整合，可以避免焊接工艺评定覆盖范围的重叠，达到减少工艺评定数量的目的，优化工艺评定；避免因工艺评定项目不当选择，覆盖范围不同，而需要多做或漏做产品焊接试板；避免因工艺评定项目选择不当，焊接工艺不相同，造成产品焊接试板以批代台出现错误；避免焊接工艺评定项目数量虽多，但却覆盖不了产品等问题。

四、钢制凸形封头拼接焊接接头焊接工艺评定项目选择

1. 冷冲压成形的碳钢和低合金钢制凸形封头

碳钢和低合金钢制凸形封头，在常温下冲压成形，成形之后还需进行消除冷加工应力退火热处理(Stress Relief)，因而这类封头的拼接焊接接头的焊接工艺，需由消除应力的焊后热处理(SR)的焊接工艺评定支持。

为了得到几何形状和尺寸较为精确的薄壁封头，才采用冷冲压成形工艺，因而冷冲压成

形的碳钢和低合金钢封头一般壁厚较薄。

对于冷冲压成形封头拼接焊接接头的焊接工艺评定项目,如表 6-23 和表 6-24 所示。

表 6-23　试样进行拉伸试验、纵向弯曲试验和冲击试验

序号	焊接方法	焊后热处理类别	试件母材厚度/mm	焊件母材厚度覆盖范围/mm
1	SMAW	SR	3	1.5~6
2	SMAW	SR	6	6~12
3	SMAW	SR	12	12~24
4	SMAW	SR	38	16~200
5	SAW	SR	3	1.5~6
6	SAW	SR	6	6~12
7	SAW	SR	12	12~24
8	SAW	SR	38	16~200

表 6-24　试样进行拉伸试验、纵向弯曲试验

序号	焊接方法	焊后热处理类别	试件母材厚度/mm	焊件母材厚度覆盖范围/mm
1	SMAW	SR	6	1.5~12
2	SMAW	SR	38	5~200
3	SAW	SR	6	1.5~12
4	SAW	SR	38	5~200

注:消除应力的焊后热处理(SR)

2. 冷冲压成形的铬镍奥氏体不锈钢制凸形封头

按照安全技术规范要求,冷冲压成形的铬镍奥氏体不锈钢制凸形封头,在封头成形后不需要进行消除应力热处理。但应考虑到用于设计温度低于－100 ℃时的低温压力容器的封头。按照 GB/T 150.4—2011《压力容器 第四部分:制造和检验和验收》第 7.2.3 条,对于冷冲压成形的铬镍奥氏体不锈钢制凸形封头,其拼接焊接接头的焊接工艺评定项目,则分为不要求焊缝金属进行冲击试验(见表 6-25)和要求焊缝金属进行低于－100 ℃低温冲击试验(见表 6-26)两种情况。

表 6-25　不要求焊缝金属进行冲击试验

序号	试件母材类别号 P-No	焊接方法	焊后热处理类别	试件母材厚度/mm	焊件母材厚度覆盖范围/mm
1	Fe-8-1(不要求焊缝金属进行冲击试验)	SMAW	AW	6	1.5～12
2		SMAW	AW	38	5～200
3		SAW	AW	6	1.5～12
4		SAW	AW	38	5～200

表 6-26　要求焊缝金属进行低于－100 ℃低温冲击试验

序号	试件母材类别号 P-No	焊接方法	焊后热处理类别	试件母材厚度/mm	焊件母材厚度覆盖范围/mm
1	Fe-8-1(要求焊缝金属进行低于—100℃低温冲击试验)	SMAW	AW	3	1.5～6
2		SMAW	AW	6	6～12
3		SMAW	AW	12	12～24
4		SMAW	AW	38	16～200
5		SAW	AW	3	1.5～6
6		SAW	AW	6	6～12
7		SAW	AW	12	12～24
8		SAW	AW	38	16～200

3.热冲压成形的碳钢和低合金钢制凸形封头

热冲压成形的碳钢和低合金钢制凸形封头，应充分考虑封头拼接焊接接头热冲压的加热过程，如果认为热冲压的热加工过程不属于焊后热处理，这样的理解是不正确的。对于碳钢和低合金钢制凸形封头，热冲压过程的加热温度已达到或超过 910 ℃(铁碳平衡图上的临界点 A3)，因而封头的热冲压过程类似于正火热处理过程(Normalizing)，直接影响到封头拼接焊接接头的力学性能和弯曲性能，对于封头拼接焊接接头实际上也就是一次焊后热处理过程。

由于热冲压加热温度超过了碳钢和低合金钢的上转变温度，因而适用于焊件的最大厚度为试件厚度的 1.1 倍，按 NB/T 47014 中表 10 的要求，而适用于焊件的最小厚度按 NB/T 47014 中表 7 或表 8 的要求。所需焊接工艺评定的项目见表 6-27 所示。

表 6-27 试样经高于上转变温度热处理

序号	焊接方法	焊后热处理类别	试件母材厚度/mm	焊件母材厚度覆盖范围/mm
1	SMAW	N	38	5~41.8
2	SAW	N	38	5~41.8

对于焊后需整体热处理消除应力的压力容器(如液化石油气储罐、液氯储槽等),其封头拼接焊接接头也就要与容器一起再进行一次消除应力热处理,因而这类压力容器在制造过程中封头拼接焊接接头相当于进行了两次焊后热处理,正火+消除应力热处理(N+SR),所需焊接工艺评定项目如表 6-28 所示。

表 6-28 试样经高于上转变温度热处理+消除应力热处理

序号	焊接方法	焊后热处理类别	试件母材厚度/mm	焊件母材厚度覆盖范围/mm
1	SMAW	N+SR	38	5~41.8
2	SAW	N+SR	38	5~41.8

4.热冲压成形的铬镍奥氏体不锈钢制凸形封头

由于铬镍奥氏体不锈钢在加热过程中没有相变发生,但晶粒会涨大,而且加热过程中有铁素体析出,促使奥氏体不锈钢的耐腐蚀性能降低。因此对有耐腐蚀性能要求的铬镍奥氏体不锈钢封头经热冲压成形后,要进行固溶热处理(Solution Heat Treatment),目的是得到单一的、均匀的奥氏体组织,保证其具有高的耐腐蚀性能。

因此,对于此类封头拼接焊接接头的焊接工艺评定项目,则分为需要固溶热处理的,按表 6-29 和表 6-30 选用;不需要进行固溶热处理的,按表 6-25 和表 6-26 选用。

表 6-29 需要进行固溶热处理的焊接工艺评定项目(一)

序号	试件母材类别号 P-No	焊接方法	焊后热处理 PWHT	试件母材厚度/mm	焊件母材厚度覆盖范围/mm
1	Fe-8-1(不要求焊缝金属进行冲击试验)	SMAW	S	6	1.5~6.6
2		SMAW	S	38	5~41.8
3		SAW	S	6	1.5~6.6
4		SAW	S	38	5~41.8

表 6-30　需要进行固溶热处理的焊接工艺评定项目(二)

序号	试件母材类别号 P-No	焊接方法	焊后热处理类别	试件母材厚度/mm	焊件母材厚度覆盖范围/mm
1	Fe-8-1(要求焊缝金属进行低于－100℃低温冲击试验)	SMAW	S	6	1.5～6.6
2		SMAW	S	38	5～41.8
3		SAW	S	6	1.5～6.6
4		SAW	S	38	5～41.8

5. 冷旋压成形的碳钢和低合金钢制凸形封头

碳钢和低合金钢制凸形封头经冷旋压成形后，为了防止产生裂纹，一般均需进行消除应力处理(SR)，因而这类封头拼接焊接接头的焊接工艺评定项目按表 6-23 和表 6-24 选用。

6. 冷旋压成形的铬镍奥氏体不锈钢制凸形封头

铬镍奥氏体不锈钢制凸形封头经冷旋压成形后，一般不需要进行热处理，因而这类封头拼接焊接接头的焊接工艺评定项目按表 6-25 和表 6-26 选用。

7. 热旋压成形的碳钢和低合金钢制凸形封头

对于加热温度低于下转变温的封头拼接焊接接头的焊接工艺评定项目，按表 6-23 和表 6-24 选用。对于加热温度高于上转变温度的封头拼接焊接接头的焊接工艺评定项目按表 6-27 和表 6-28 选用。

8. 热旋压成形的铬镍奥氏体不锈钢制凸形封头

热旋压成形的铬镍奥氏体不锈钢封头，对于有耐腐蚀要求的，经热旋压成形后，要进行固溶热处理；没有耐腐蚀要求的，可不进行固溶热处理。

因此，对此类封头的拼接焊接接头的焊接工艺评定项目，需要固溶热处理的按表 6-29 和表 6-30 选用；不进行固溶热处理的按表 6-25 和表 6-26 选用。

第七章　作业（工艺）质量控制系统

作业(工艺)质量控制系统是单位质量保证体系中重要的组成部分。要保证压力容器制造质量,就必须建立一个运行合理,控制严格的作业(工艺)质量控制系统。每个单位的规模不同,作业(工艺)质量控制的具体工作也不尽相同,但是,一些原则性的或基础性的工艺管理活动还是有其共性的,本章正是本着这一原则编写的。

《特种设备生产和充装单位许可规则》对作业(工艺)控制的范围、程序、内容规定如下:

1.作业(工艺)文件的基本要求,包括通用或者专用工艺文件制定的条件和原则要求,工艺文件审批及工艺文件变更的要求等;

2.作业(工艺)执行情况检查,包括检查时间、人员、项目、内容等;

3.生产用工装、模具的管理,包括设计、制作、验收、建档、标识、保管、定期检验、维修及报废等。

相应质量控制系统责任人员应当定期对作业(工艺)执行情况进行检查,做出记录。

第一节　作业(工艺)责任工程师的任职条件和岗位职责

一、作业（工艺）责任工程师的任职条件

作业(工艺)质量控制系统责任工程师,应当熟悉任职岗位的工作任务和要求,通过岗位培训,能够履行岗位职责,应具备以下条件:

1. A1、A2、A3、A6、C1、C2 级压力容器生产单位作业(工艺)责任工程师,应具有本科及以上学历且具有工程师或以上技术职称。

2. A5、B、C3 级压力容器生产单位作业(工艺)责任工程师,应具有工程师或以上技术职称。

3. A4、D 级压力容器生产单位作业(工艺)责任工程师，应具有助理工程师或以上技术职称。

4. 具有相关工作经验。

二、作业（工艺）责任工程师的岗位职责

1. 在质量保证工程师的领导下，负责作业(工艺)质量控制系统的建立和运行，改进和提高工作质量，定期向质量保证工程师汇报工作，并对其负责。

2. 参与制(修)订质量保证体系文件工作，并负责质量控制程序文件的编制。

3. 负责审核作业(工艺)规程及作业(工艺)守则。

4. 审核主要受压零、部件的相关作业(工艺)文件。

5. 负责组织作业(工艺)人员的业务培训和对作业(工艺)质量的监督。

6. 主持作业(工艺)纪律执行情况的检查。

7. 组织作业(工艺)质量控制系统的内部审查，参与管理评审。

第二节　作业(工艺)质量控制系统的建立和运行

一、作业（工艺）质量控制系统的建立

1. 压力容器生产单位应明确压力容器生产过程中的工艺质量管理机构及职能。

2. 任命具备任职条件的工艺质量控制系统责任工程师，并以文件形式明确其职责及权力。

3. 明确各级工艺人员的岗位职责。

4. 制订符合《特种设备生产和充装单位许可规则》有关要求的工艺质量控制的程序文件。

5. 明确工艺质量控制系统的质量控制环节、控制点，并提出文件化的质量见证。

6. 制定工艺质量控制系统自我完善机制的程序和要求。

二、作业（工艺）质量控制系统正常运行的标志

1. 企业的质量方针和质量目标已被各级工艺人员熟知、理解，并坚持落实于工艺质量控制的系统目标中。

2. 制订有完整、正确、有效的工艺质量控制系统的质量控制文件。

(1)所制订的工艺文件管理规定,已包括了工艺文件的编制、发放、更改、审批等的明确规定。

(2)制订了与本单位生产的压力容器相适应的工艺规程及工艺守则。

(3)编制了主要受压零、部件的工艺流程卡和指导作业人员的工艺文件(如:焊接工艺规程)。

(4)有明确的工艺责任工程师的职责、权利及各级工艺人员的岗位职责。

(5)制定了工装设计、制造、管理的有关制度。

3. 质量保证手册和工艺管理制度得到了贯彻实施,各项质量控制活动记录齐全、完整,具有可追溯性。

4. 进行了工艺质量分析、系统内部质量审核,并有记录。

5. 工艺纪律已经严格执行。

6. 没有发生因工艺失控而引起的产品质量事故。

第三节　作业(工艺)质量控制系统的质量控制

工艺质量控制系统一般应设置工艺准备、工艺实施与工装设计三个控制环节。

一、工艺准备质量控制环节

工艺准备控制环节中一般可设置 5 个控制点:施工图样的工艺性审图、工艺方案的编审、工艺文件的编审、通用工艺规程和守则的编审及材料消耗工艺定额的编审。

1. 施工图样工艺性审图

工艺性审图主要审核零部件的可加工性,装配尺寸、公差精度的正确、合规性,技术要求的完整、合理、正确性等内容。工艺性审图后应在图样上会签标识。

2. 工艺方案的编审

工艺方案是工艺装备工作的总纲,是工艺规程编制和工艺装备设计的指导文件。对制造结构复杂的、难度大的,新技术、新工艺含量多的压力容器,且为本单位首台制造或新产品试制的压力容器,工艺方案尤其重要。

工艺方案一般应包括以下内容:

(1)产品试制、加工要求达到的设计指标和检测要求;

(2)生产组织形式、工序和工艺路线安排原则;

(3)制造工艺规程的编制原则及要求;

(4)质量控制点的设置及见证要求;

(5)必须设计制造或外购的工艺装备;

(6)关键工艺的解决方案及工艺试验要求;

(7)主要工艺协作件的要求;

(8)工艺方案的技术工艺分析;

(9)工艺准备工作的计划安排。

3. 工艺文件的编审

这里工艺文件指产品工序过程卡、主要受压零部件的工艺流程卡和工艺卡(如:焊接工艺规程)。工艺文件的编审必须符合《质量保证手册》和《工艺管理制度》的规定要求。

4. 通用工艺规程、工艺守则的编审

(1)工艺规程的编审是工艺准备的基本内容。工艺规程是根据工艺方案中所确定的编制原则,结合生产条件将制造产品或零部件的工艺过程和操作方法,通过文件或附图的形式具体地表现出来。编审原则:

①在充分利用本单位现有生产条件的基础上,尽可能采用先进工艺,所采用的技术要保证先进、可行;

②在保证产品质量的前提下,尽量提高生产效率和降低消耗,不断提高各项技术经济指标;

③创造良好的劳动条件和工作环境,符合劳动安全法和环境保护法的要求;

④工艺规程的编写要正确、统一、完整、清晰;

⑤结构特征和工艺特征相近的零件尽量采用通用工艺规程。

(2)工艺守则是某一专业工种共同遵守的通用工艺操作规程。在压力容器的制造中,按零部件编制的工艺守则一般有筒体制造工艺守则、封头制造工艺守则等;按操作方法编制的有下料、卷板、校圆、焊接、热处理、无损检测、组装、压力试验等工艺守则。

工艺守则的内容一般包括适用范围、材料要求、所需设备及工艺装备、操作前的准备工作、操作方法和顺序、质量检验标准和检验方法,以及技术安全与注意事项。

(3)通用工艺规程、工艺守则的编审应符合《质量保证手册》和《工艺管理制度》的规定要求。

5. 材料消耗工艺定额的编审

(1)编制材料消耗工艺定额是企业的一项基础工作,在保证产品质量的前提下,尽可能降低材料消耗,提高材料利用率,同时又必须切实可行。

材料消耗工艺定额＝零部件净重＋材料的工艺性损耗(材料的外工艺性损耗不包括

在内)。

(2)材料消耗工艺定额的编审应符合《质量保证手册》和《工艺管理制度》的规定要求。

二、工艺实施质量控制环节

工艺实施质量控制环节一般设工艺纪律及其监督和工艺更改两个控制点。

1.工艺纪律及其监督

工艺纪律是企业在产品生产过程中为维护工艺的严肃性,保证工艺贯彻执行,建立稳定的生产秩序,确保产品(零部件)的加工质量和安全生产而制定的某些具体约束的执行规定。

工艺纪律包括的内容如下:

(1)在工艺文件中应有明确的质量控制和检验要求、合格标准等。工艺文件的变更、修改必须按相应规定执行。

(2)设备和工艺装备的技术状况均应保持良好。量具、检具和仪表应坚持周期检定,保证量值统一、精度合格。

(3)材料、在制品符合工艺要求,当材料需"代用"或在制品需要"回用"时,须按有关规定办理"代用"或"回用"手续。

(4)操作者应熟悉图样和工艺文件内容,掌握工序工艺要求、操作要点、检测方法、合格标准等。

(5)工艺纪律对检验的要求。

2.工艺更改

在工艺文件实施过程中,若出现必须更改的情形,应根据《质量保证手册》和相关规定,说明更改的原因,明确更改的内容和要求,履行原来的编审程序,形成新的工艺文件,并及时将新的工艺送达原发送部门执行,同时收回原发工艺文件。

三、工装设计质量控制环节

工装设计质量控制环节设置3个控制点:工装设计任务书、工装施工图绘制、工装验证。

为实现工艺过程所必需的刀具、夹具、模具和检具等统称为工艺装备。工艺装备对贯彻工艺规程,保证产品制造质量,提高劳动生产率都有着重要的作用。在现有工艺装备不能满足需要时,应设计、制造或外购。无论是自行设计或外购工艺装备都应对其进行生产验证,只有验证合格的工艺装备才允许投入使用。工装验证是工装设计质量控制环节的质控要点。

四、工艺质量控制系统控制环节和控制点

工艺质量控制系统控制环节和控制点一览，见表 7-1 所示。

表 7-1　工艺控制系统控制环节和控制点一览表

控制环节	控制点
1. 工艺准备	(1)施工图样的工艺性审图；(2)工艺方案的编审；(3)工艺文件的编审；(4)通用工艺规程及守则的编审；(5)材料消耗工艺定额的编审
2. 工艺实施	(1)工艺纪律及监督；(2)工艺更改
3. 工装设计	(1)工装设计任务书；(2)工装施工图绘制；(3)工装验证

五、工艺质量控制系统控制程序图

工艺质量控制系统控制程序图见附录 E。

第四节　作业(工艺)质量控制系统程序文件、作业(工艺)文件及质量记录表卡

一、工艺质量控制系统程序文件

1. 工艺管理制度；
2. 生产(工序)管理制度(PFC 的流转、实施、反馈、标识、记录报告等工艺控制)；
3. 通用工艺规程(守则)；
4. 通用工艺纪律规定。

二、工艺质量控制系统作业（工艺）文件、质量记录表卡

1. 工艺审图记录；
2. 零部件明细表；
3. 工艺过程卡；
4. 工序流转卡；
5. 切割排版图；
6. 各种制造工艺文件。

第五节　作业(工艺)责任工程师应掌握的相关法律、法规与标准及专业知识

一、相关法律、法规与标准

1. 法律、法规

这里说的法律、法规，主要是指全国人民代表大会、国家行政机构为了保障人民群众生命及财产安全而颁布的“法律”“条例”“规程”“规定”“规则”或“制度”等强制性法律文件。与压力容器有关的现行法律、法规主要有下列几个：

(1)《特种设备安全法》;

(2)《特种设备安全监察条例》;

(3)TSG 21—2016《固定式压力容器安全技术监察规程》;

(4)TSG 23—2021《气瓶安全技术规程》;

(5)TSG 07—2019《特种设备生产和充装单位许可规则》;

(6)TSG Z8001—2019《特种设备无损检测人员考核规则》;

(7)TSG Z6002—2010《特种设备焊接操作人员考核细则》。

2. 标准

按照国家标准体系对压力容器所用标准分类，其现行主要标准如下：

(1)国家标准

①GB/T 150《压力容器》;

②GB/T 151《热交换器》;

③GB/T 12337《钢制球形储罐》;

④GB/T 713《锅炉和压力容器用钢板》;

⑤GB 50094《球形储罐施工规范》;

⑥GB/T 3531《低温压力容器用钢板》;

⑦GB/T 15386《空冷式换热器》;

⑧GB/T 16409《板式换热器》;

⑨GB/T 16749《压力容器波形膨胀节》;

⑩GB/T 25198《压力容器封头》;

⑪GB/T 28712《热交换器型式与基本参数》。

(2)行业标准

①NB/T 47020～47027《压力容器法兰、垫片、紧固件》。

②NB/T 47041《塔式容器》。

③NB/T 47065《容器支座》。

④压力容器用钢锻件包括：

NB/T 47008《承压设备用碳素钢和合金钢锻件》；

NB/T 47009《低温承压设备用合金钢锻件》；

NB/T 47010《承压设备用不锈钢和耐热钢锻件》。

⑤JB 4732《钢制压力容器-分析设计标准》。

⑥NB/T 47013《承压设备无损检测》。

⑦NB/T 47002《压力容器用复合板》。

⑧NB/T 47003《钢制焊接常压容器》。

⑨NB/T 47019《锅炉、热交换器用管订货技术条件》。

⑩NB/T 47014《承压设备焊接工艺评定》。

⑪NB/T 47015《压力容器焊接规程》。

⑫NB/T 47018《承压设备用焊接材料订货技术条件》。

二、相关专业知识

1.压力容器制造质量与安全可靠性

压力容器是一种特种设备，它的使用既给人们带来利益，却也时刻威胁着人的生命与财产安全。压力容器这种潜在的不安全威胁，除了人为与自然所致外，它的制造质量的好坏对其安全使用影响极大，特别是随着压力容器向大型化发展，容器的直径、壁厚和体积均大大增加，促使采用低合金高强度钢，这就增加了制造难度。因此，必须高度重视压力容器的制造工艺，才能获得很好的制造质量，从而保证压力容器的安全可靠性。

2.压力容器制造方法

压力容器要求严格、制造技术复杂，因此，压力容器结构的发展与容器制造技术的发展紧密相关。在 20 世纪 30 年代，压力容器的生产全靠锻造，其大小受钢锭尺寸和锻造能力的限制。后来随着焊接技术的发展，出现了卷焊容器、多层容器、绕带容器等多种结构的压力容器。到目前为止，可将压力容器按制造方法分成两大类，如图 7-1 所示。下面，对几种主要的容器制造方法的特点及应用范围作简要说明：

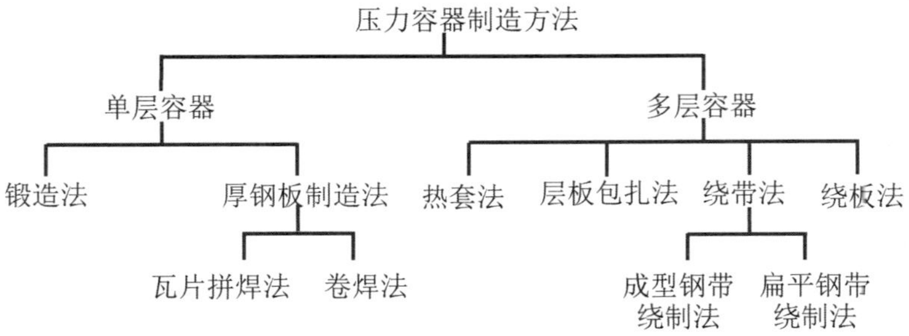

图 7-1　压力容器制造方法分类

(1)整锻容器:在大型锻压机上将钢坯锻成圆筒形,然后加工组装成容器。此法可以采用较高强度的钢材,但需具备大型冶炼、锻造及热处理设备,金属切削量大、成本较高。整锻容器多用于压力较高、尺寸较小、壁厚较大的容器,如超高压聚乙烯反应器。

(2)锻焊容器:在锻压机上将钢坯锻成若干筒节,然后组装焊接。可用于较小的钢锭及锻造、热处理设备。

(3)厚板卷焊容器:用厚板在大型卷板机上卷成筒节,焊接纵缝,然后组装焊接成容器。此法生产效率高、工序少、工艺简单,是现代压力容器的主要生产方法。但是,生产单位必须配备大型卷板机、电渣焊机、埋弧焊机以及大型热处理设备等。这种容器可用于氨合成塔、加氢反应器、核反应堆容器等。

(4)热套容器:用 25～40 mm 的中厚钢板卷焊后,采用热套法制造筒节。不考虑利用过盈量形成的预应力。套合后需经热处理,把各层过大的套合预应力降到较低的水平。此种容器可用中板取代厚板,用一般制造卷焊容器的设备来制造大型厚壁容器。此类容器可做氨合成塔、尿素合成塔、甲醇合成塔等。

(5)成型绕带容器:在筒外面以一定预应力热绕数层具有特殊断面的钢带。这种方法无需深厚焊缝,制造工艺大部分机械化,生产率高。但是,钢带尺寸公差要求严格,缠绕技术要求高,需要专用设备。绕带容器可做氨合成塔等化工容器。

(6)扁平绕带容器:在内筒外面倾角错绕数层扁平钢带。材料来源广泛,工艺简单,生产周期短,成本低。在小化肥容器方面得到广泛的应用。

(7)多层包扎容器:内筒外用 6～12 mm 钢板逐层包扎成筒节,然后组装焊接成容器,此种容器的制造条件要求不高,设备简单。但是生产周期较长,钢板材料利用率低。多层容器的筒壁内应力沿壁厚分布均匀。由于层板纵焊缝错开,焊缝削弱影响小,破坏时无碎片,安全性高,可做化肥、化工压力容器。

(8)绕板容器:在内筒外面连续绕上多层厚 3.2～5 mm 的薄钢板制成筒节,再组装焊接成容器。这种方法,制造工艺简单,没有纵向焊缝,材料利用率高达 90% 以上,但需要宽材,否则环缝太多。此种方法生产的压力容器主要用于氮肥工业。

(9)铸造压力容器:采用铸造方法制造的压力容器。

(10)石墨压力容器:首先制作石墨组件,然后粘接而成的压力容器。

(11)纤维增强塑料压力容器:在钢制压力容器(如压缩天然气气瓶)上缠绕纤维织物制造的压力容器。

上述几种压力容器制造方法,国内均已采用,但是,近年来生产的大型压力容器以热套容器和单层卷焊容器为主。

3. 压力容器的制造工艺

(1)单层卷焊压力容器

①概述

单层卷焊式压力容器是制造和使用最多的一种容器结构。近年来,随着石化和冶金工业领域中高强度调质厚钢板的出现,重型机械领域大型卷板机和压弯机械的出现,使厚板单层卷焊式压力容器的应用范围又扩大到新的领域。核反应堆压力容器基本都是采用单层卷焊结构。

a. 单层卷焊压力容器的特点:

优点:

(a)结构设计成熟,设计理论较完善;

(b)工艺成熟,工艺路线较简单;

(c)可以利用调质等热处理方法,提高材料性能;

(d)开孔及内件的装设容易处理;

(e)零件少,生产管理方便。

缺点:

(a)大型化容器要求用厚板,厚板的不同轧制方向性能差异大;

(b)厚板的综合性能不如薄板好,而且厚板单层破坏可能性比多层结构大;

(c)单层卷焊结构要用较大的成型设备;

(d)单层容器沿壁厚应力分布不均,所以材料利用不够合理。

b. 单层卷焊压力容器的典型制造工艺。

下面介绍一台国产尿素合成塔的制造工艺概况,单层压力容器制造工艺流程见图 7-2。

容器内径为 1 400 mm,板厚为 115 mm(正火+回火),材料为 18MnMoNbR 钢。

卷板:钢板冷炉或热炉装入,随炉升温至 1 000 ℃～1 100 ℃,保温 0.5 h,出炉卷板,始卷温度 970～1 000 ℃,终卷温度不低于 800 ℃,卷后空冷。

纵缝焊接:焊前预热 180 ℃以上,手工焊封底,埋弧焊盖面,埋弧焊焊丝 H08Mn2MoA,直径为 4 mm,焊接电流 550～620 A,焊接电压 30～34 V,送丝速度 122 cm/min,焊接速度

35～40 cm/min。

校圆:筒节冷炉或热炉装入,随炉升温至 960 ℃保温 2 h,出炉校圆,开始校圆不低于 900 ℃,终止校圆 750～800 ℃,校圆后空冷。

环缝焊接:焊前预热 180 ℃以上,手工焊封底,埋弧焊盖面,埋弧焊焊丝 H08Mn2Mo,直径为 4 mm,焊接电流 550～620 A,焊接电压 30～34 V,送丝速度 122 cm/min,焊接速度 35～40 cm/min。

高温回火:受炉子长度所限,整个容器分段进行回火处理。筒体低于 400 ℃入炉,随炉升温至 650 ℃,保温 4～5 h,空冷。

消除应力回火:最后三条环缝用局部热处理,600～620 ℃保温 4～5 h。

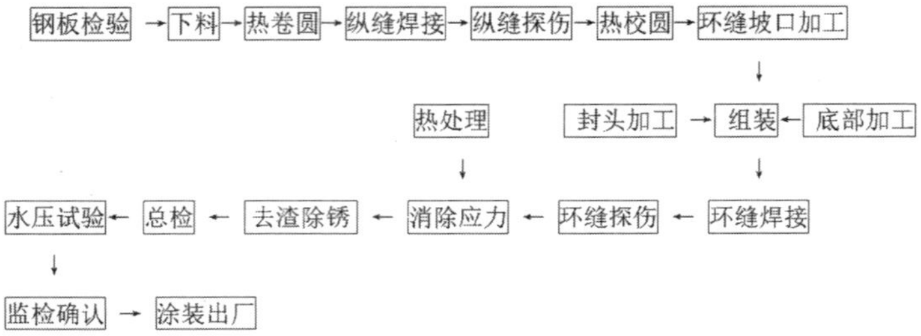

图 7-2 单层压力容器制造工艺流程图

②成型前准备

●划线:钢板进入车间的第一道工序就是划线。手工划线的劳动量大,技术要求高,特别对压力容器制造这类多品种、小批量生产的产品,划线工作量更大。近年来,为了提高划线的速度,已经发展有数字程序控制计算机划线和电子照相新技术。

●气割:厚板下料及边缘加工,常采用气割。普通氧-乙炔切割已应用多年,发现其切割很难进一步提高。因此,近年来发展了高速切割新技术。它是在普通氧气切割的基础上,应用空气动力学的超音速喷管原理来提高切割氧流的出口速度和圆柱度,以使高速氧流激烈氧化切口的燃烧反应区,并强烈冲刷切口的氧化熔渣,从而使切割速度和切口光滑度得到显著提高。

A. 高速切割嘴的结构:割嘴结构和内腔几何形状是决定优质高速切割的关键,实践证明,超音速流线型切割氧孔道和组合式结构的预热火焰孔道可获得高速切割。

a. 超音速流线型切割孔道。这个流线型切割氧孔道属于拉瓦尔喷管形的,由亚音速收缩段和超音速扩散段两大部分组成。当具有一定压力的气流,经稳定段均化,收缩段加速后,至喉部时达到临界速度,这时气流在扩散段内膨胀、扩散、加速为超音速气流。在加速过程中由初始膨胀的锥形流,逐步转为出口端的平行流,并使出口静压等于外界大气压,气流不再膨胀,只有微弱扰动。因此,保证了出口后气流在较长一段内保持平行一致的超音速。由此可见喷管孔道的主要任务是压缩气体的势能转化为切割气流的动能,并将能量损失和紊流度降到最低限度。

b. 组合式结构预热火焰孔道：预热火焰除在起割前将钢板加热到燃烧温度外，还能在切割过程中保护燃烧反应区，以避免热量的发散，使切割过程稳定进行，所以预热火焰孔道的设计，要保证燃气与氧气的均匀混合，温度集中，并具有一定的功率，无回火爆鸣，以及与切割氧流无相互干扰等。

乙炔的化学性质较为活泼，易产生回火爆鸣，预热火焰孔道的几何形状要有助于减少回火。在锥度接头的外缘均布 4～6 只预热氧气孔(Φ1 mm)和乙炔气孔(Φ1.4 mm)，这样在满足混合比为 1∶1～1∶1.2 情况下，加大预热氧的压力，以提高氧气流速，保证有足够的氧气流量。由于氧气流速的加快，有可能在两孔的交接处产生一负压，这一负压的产生，使乙炔非但不会被氧气顶回去，且有被吸进混合室的可能，这将有利于避免回火，即使偶尔回火也只能在喷嘴中燃烧，不会进入枪体而造成更大的损坏。

B. 高速切割的质量：要得到质量优良的切口，除了使用合理的割嘴外，还应选择合理的切割规范，表 7-2 为一组应用上述结构割嘴切割的规范。

高速切割的速度比旧割嘴提高 40%～100%，切口粗糙度可达到 Ra6.3，当切割厚度 200 mm 以下的钢板时，切口宽仅有 1.2～3.5 mm。切口的热影响区小，总宽度小于 1 mm，不影响机械加工，因此，对于切割低合金钢有很大的优越性。

表 7-2 切割规范

割嘴直径/mm	钢板厚度/mm	切割氧压力/MPa	乙炔压力 /MPa	切割速度 /(mm/min)
1	20～40 40～60 60～100	0.75～0.8	0.02～0.04	450～650 350～380 380～200
1.5	60～100 100～150	0.7～0.75	0.02～0.04	430～270 270～200

●刨边机加工：对于复合钢板的焊缝坡口和较薄的低合金高强度钢板的焊缝坡口，以刨边加工为好。因为复合钢板气割非常困难，就是应用等离子切割也会形成不少难以除去的熔渣。对于强度较高的低合金钢，在火焰切割后往往会出现冷裂纹，还须用砂轮磨去硬化层，以避免由此引起的焊接裂纹。因此，对较薄的钢板用机械加工坡口为好。

采用刨边机加工有下列优点：

a. 可用于各种金属，可开各种形状的焊接坡口。

b. 加工精度高，边缘平直度易保证。

c. 刚性夹紧装置可以防止产生加工变形。

缺点为：

a.设备较贵，一次投资大。

b.只限于加工直线的边缘。

c.加工速度较火焰切割慢。

③筒节成型

单层卷焊式压力容器的筒节成型工艺，分为卷制和压制两种。目前，国内主要采用卷制的方法，其设备已在前面做了介绍。卷制筒节的优点为：连续成型、操作简便、快速、均匀。筒节卷制工艺按照钢板强度、尺寸、变形量的要求及设备能力的不同，又分为冷卷、热卷与温卷三种。

a.冷卷：钢板厚度或卷制变形量在设备允许范围内，采用冷卷最为适宜。冷卷的优点很多：形状准确，易于操作、价廉、无氧化皮的麻烦、弯卷的伸长量少。为消除冷变形引起的机械性能损失，对冷卷变形量大的，要进行热处理，对轧制状态的钢板，在冷卷前最好进行退火。为了减少高强度冷卷后回弹，最好在最终成形前退火一次，冷卷前还应将气割硬化层除去，以防止气割端产生裂纹。

b.热卷：对超过设备冷卷能力的厚钢板，在卷制时必须加热至锻造温度，使钢板具有良好的塑性，易于卷制。国内制造的单层厚壁容器均采用热卷圆的方法，加热温度一般约为1 000 ℃，根据钢材品种和各制造单位的习惯而有所不同。

热卷可以减轻卷板机负荷量，使不能冷卷制的钢板成形，但是，热卷也有不少缺点，如：

(a)需要将厚钢板加热至较高温度，所以价格高。

(b)高温钢板使操作者不易靠近，增加了操作困难。

(c)热卷时钢板减薄与伸长严重，操作技术要求高。

(d)氧化皮严重，使筒体内外产生压坑。

c.温卷：近年来，有些压力容器制造单位为了消除冷、热卷的缺陷，兼取冷、热卷的优点，提出了温卷工艺，即将钢板加热至500～600 ℃进行卷制。这样，既可使钢板获得比冷态稍大的塑性，减少卷板机超载的可能，又可减少冷卷脆断的危险。

④调质处理

根据压力容器大型化的要求，在压力容器制造上已开始采用调质高强度钢，以减薄压力容器壁厚。通常是由制造单位购入未调质的钢板，制成筒节或瓦片再进行调质处理。所以，制造单位要配备相应的热处理炉设备。调质处理一般采用淬火加回火的工艺。淬火的方法分为浸入淬火与喷淋淬火两种。

a.浸入淬火：将制成的筒节或瓦片，加热到950 ℃左右，然后迅速将加热的筒节投入足够大的淬火槽中，利用加速循环水和强烈搅拌的方法，使材料获得很快的冷却速度，以保证获得较细的晶粒。水槽的温度应保持足够低并具有较大的水容量，使冷却过程不断迅速进行，这是保证钢材获得良好综合性能的重要措施，因此，容器制造单位要配备大的淬火槽，例如意大利 Terni 工厂配有 Φ9.5 m×6.5 m 的淬火槽，水容量 400 m^3，循环水容量 90 m^3/min。

为了增强冷却效果，筒节入水以后可做上下移动，并采用喷水循环的方法，使循环水快速切向喷入淬火槽，形成强烈的搅拌。

b. 喷淋淬火：这是 60 年代初出现的一种压力容器淬火新工艺。其原理是利用特殊设计的喷淋装置喷出高速高压水，对红热工件进行快速喷水冷却。英国、美国、意大利等都采用过这种工艺。我国某单位曾用喷淋淬火工艺生产过加氢反应器、尿素合成塔等产品。目前对喷淋淬火时的冷却水速、水量计算尚无较为准确的方法，还需借助于实验。

⑤筒节组装

对于薄壁大直径容器，只要周长控制合适，可利用组装机械化装置。厚壁容器筒节组装时，大多数仍然采用拉紧板，使组装筒节在未焊环缝前，具有一定的连接强度，拉紧板的数量应尽量少。对于低合金高强度钢压力容器，环缝焊好后，除去拉紧板，并应将装焊拉紧板部位的焊缝磨平，用磁粉检测或渗透检测检验，确认该处无裂纹或其他缺陷存在为合格。

⑥焊后热处理

这里所指的焊后热处理，是指"为了消除焊接的残余应力等有害影响，而将焊件或其一部分，在金属相变点以下的温度均匀加热，保温，然后均匀冷却"。焊后热处理目的如下：

a. 消除残余应力与变形，稳定结构物体的尺寸。

b. 改善容器母材和焊缝部分的性能。

压力容器焊后热处理方法分为整体热处理和局部热处理两种。前者在炉中进行，加热炉有燃料加热炉和电加热炉两种。国内容器制造单位的大型热处理炉有烧油的，有燃烧天然气的。这种炉子用耐火砖砌成，炉体结构庞大、笨重、造价高。所以，近年发展了轻型加热炉、罩式炉等轻便加热炉等。

⑦液压试验

这是锅炉与压力容器验证整体强度的古老方法，至今仍被各国用做容器的竣工试验方法，以确定极限破坏能力的最低极限。

近年来，国外发生了多起大型压力容器与锅炉汽包在液压试验时的破坏事故。从这些破坏实例可发现，试验液体温度对容器发生脆性破坏有着一定影响。因此，GB/T 150.4 第 11.4.9.3 条规定：Q345R、Q370R、07MnMoVR 制容器液压试验时，液体温度不得低于 5 ℃；其他碳钢和低合金钢制容器进行液压试验时，液体温度不得低于 15 ℃；低温容器液压试验的液体温度不得低于壳体材料和焊接接头的冲击试验温度(取其高者)加 20 ℃，以防止发生脆性破坏。

(2)热套压力容器

①概述

热套式高压容器的结构已有较长历史,最早使用的热套式容器是超高压反应器和大炮炮筒。但是,过去的热套容器要求精密机械加工,以保证强度计算得出的最佳过盈量。这在大型容器上是难以达到的,所以,多年来,这种结构的压力容器没有获得发展。

随着压力容器大型化,容器的壁厚越来越厚,促使人们重新考虑热套结构。对原有的生产方法进行了改革,使之适应大型容器的需要。美、日、英、法等国都生产了许多大型热套容器用于石油、化学工业,质量良好,安全可靠。近年来发展的热套压力容器有下述特点:

a. 根据实际工艺技术水平设计过盈量,套合面不需精密机加工,甚至不经机加工。层间存在的过大套合应力,通过热处理消除。

b. 使用中厚板(板厚为 25～50 mm)制造,钢材性能好,材质均匀,这样有可能进行冷成型或中温成型,易于保证表面质量。

c. 设计灵活,尺寸和厚度无限制,可充分发挥现有制造单位的设备能力,无需专用的大型工艺装备。

d. 从抗脆性破坏观点看,多层热套容器比单层厚壁容器安全可靠。因为薄板抗脆裂性好,并且一旦某层产生脆裂,也不会向其他层扩散。

e. 制造工艺比多层包扎压力容器简单,生产周期短,材料利用率高。

热套容器的典型制造工艺,如图 7-3 所示。热套容器的制造工艺与单层厚壁容器类似,不同的地方是增加了筒节套合工序。本节主要介绍与热套工艺有关的内容,而与单层容器制造相同的内容不再重复。

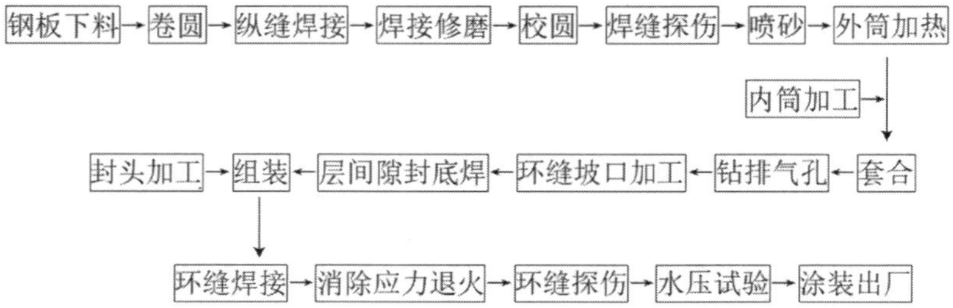

图 7-3　热套窗口制造工艺

②热套筒节制造

目前,国内外制造的大型热套容器均倾向于采用套合面不机加工的办法,下面就介绍这种热套筒节制造工艺。

a. 过盈量选择:目前,国内各单位均根据实际情况来决定过盈量(套合面直径过盈量与套合直径的比值 K),有的取 1.0‰～2.0‰、有的取 1.5‰～3.5‰,实践表明过盈量大小对层间贴紧程度、间隙大小是有影响的，内径为 3 200 mm，壁厚为 150 mm 的 3 层热套筒节测量结果：内筒和中筒的过盈量平均为 1.43‰，套合面不贴合度(间隙面积与套合总面积之比)为 0～0.44%，中筒和外筒过盈量为 0.66‰，套合面不贴合度为 3.3%～4.08%，由此可见，适当加大过盈量对提高贴紧度减小间隙是有益的。

b. 单筒节的制造：关键是控制它的棱角度，由于筒节套合面不机加工，还要保证内外筒存在一定的过盈量，所以在制造中就应严格控制下料尺寸和制造精度。目前国内使用的办法有以下几种：

(a)中温卷圆、中温校圆：每层筒节都要严格控制尺寸，预弯应有合适的模具，若预弯不好，焊后会在纵缝处形成较大的棱角度，这样套合后就在此处造成贯穿的间隙。

中温卷圆在 620 ～640 ℃下进行，在此温度下进行卷圆或校圆对筒节周长变化不大，能较好地控制过盈量，又能保证钢板表面平整，不出凹坑。

纵缝焊接后要磨去余高，这一道工序应仔细进行，若磨削过多，会使套合后形成间隙。

校圆时要用弦长为 $1/6\pi D$ 的样板检查，以控制筒节圆度。校圆后根据过盈量及椭圆度对筒节进行选配。

(b)二个半圆组焊筒体：采用冷卷圆制成二个半圆的瓦片，再用埋弧自动焊焊接两条纵缝，然后进行中温校圆，以此来保证过盈量，控制不圆度、棱角度。

下料尺寸，预弯和冷卷半圆均需严格控制，操作时不断用样板检查。半圆筒节用刨床加工坡口后进行埋弧焊，为控制周长变化，采取双对称埋弧焊工艺，坡口对死，不留间隙，实测焊缝收缩量为 1.5～3 mm，各层筒节收缩量基本相同，对周长变化影响甚微。

筒节纵缝焊好后进行 520 ℃的消除应力热处理，随即进行中温校圆可改善筒体不直度、棱角度、不圆度。对内径为 3 200 mm、壁厚 50 mm、长度为 2 000 mm 的筒节，中温校圆后实测不直度为 0～0.6 mm，棱角度为 0.5～1.4 mm，内径不圆度为 11.5～16.5 mm，实践表明，这样精度的筒节是可以顺利套合的。

(c)热套圆、热校圆：制造内径为 900 mm 的双层热套容器时，采用热卷圆(1 020 ～1 040 ℃)和热校圆(920 ℃)工艺制造单筒节。筒节不圆度小于 0.2%，其他尺寸也符合设计要求。由此可见，只要掌握得好，用热卷圆、热校圆制造筒节也是可行的，但是对卷板上的操作工艺水平要求较高。

c. 套合工艺：筒节顺利套合的关键是保证套合时，温度不低于规定的数值，所以套合的工装和工艺制定应利于外筒保温及套合时准确对中。

(a)套合准备：通常采用外筒出炉后放平台上，再吊起内筒放入外筒中。为保证内筒起吊的垂直度，采用三线吊较为好。用三根钢丝绳吊起内筒，其中一根钢丝绳装有手动葫芦，以便调整垂直度。

外筒的外部应设置保温筒,保温筒可与外筒同时进出炉,也可等外筒出炉后再装入保温筒。

(b)外筒加热:根据内、外筒实测尺寸和选配情况,得到的实际过盈量来计算加热温度,以得到所需的膨胀量,保证顺利套合。据国内生产实践,外筒加热温度一般在 500 ~ 550 ℃。实际膨胀量在筒节直径方向为 6 mm 左右,可以保证顺利套合。

加热方法分两种,在热处理炉中加热或应用“加热鼠笼罩”(煤气加热)。

(c)套合操作:套合应迅速,配合要密切。外筒出炉后立即吊到平台上迅速将内筒吊来与外筒对中,快速放入外筒内,一般从打开炉门到套合完毕,只要几分钟即可结束。

内筒应靠自重落入外筒,不要强行压入,以免产生划痕。

(d)内、外筒贴合的标志:内、外筒在保温筒内套合后,仍有肉眼可见的间隙,这时应将保温筒去除,以加速外筒冷却,经过一定时间后,发现内筒的升温速度突然增加(从内筒的测温曲线可见),同时,内、外筒套合面大量“冒烟”,说明内、外筒已贴合,此时再看不到间隙了。“冒烟”是由于筒体贴合后,内筒升温使筒壁上油污大量汽化的结果。

d. 套合应力的消除:可在筒节套合后进行,也可在容器焊好后与消除焊接残余应力一起进行。热处理规范与焊后热处理规范相同,一般不低于 600 ℃,不高于钢材的回火温度。

③大型热套容器制造实例

a. 概述

(a)容器概貌:氨合成塔外貌呈瓶子形,塔体直径为 3 200 mm,为了避免大直径高压密封的困难,塔体上部采用缩口结构,至密封口径为 1 100 mm,其上是一个小筒体。

氨合成塔的设计压力为 15.5 MPa,设计温度为≤200 ℃。

壳体材料采用应力为 440 MPa 的 18MnMoNbR 钢板,法兰锻件采用 20MnMoNb。

(b)制造工艺简介:大筒体用厚度为 50 mm 钢板,卷焊,三层热套。小筒体用厚度为 50 mm 的钢板,单层卷焊制成。大筒体球形封头用厚度为 110 mm 的钢板热冲压成型。多个筒节之间、筒节与封头间的环缝用埋弧自动焊焊接。环缝焊好后经过红外线或电热板局部热处理消除焊接应力。容器总装后进行水压试验,试验水温 30 ℃。

b. 大筒体制造

该容器的大筒体采用套合面不机加工的热套工艺,因为对大型容器来讲,套合面机加工会消耗大量金属和工时,是不经济的。而套合面不机加工,对这种大直径单筒节的制造要求很高,必须严格控制制造工艺的各个环节,才能保证要求的质量。

(a)过盈量选择:选择适当的过盈量,关系到套合质量。过盈量大,可起到调整单筒节圆度和棱角度的作用,达到较好的层间贴合。但是,过盈量过大,套合后层间套合应力就大,有可能使内部微小缺陷扩展。该容器通过计算和实验,选取的过盈量为 1.8‰,由于板厚偏差和制造中的误差等原因,实际过盈量为 1.7‰～2.3‰。

(b)热套筒体的制造工艺:该容器大筒体筒节的制造工艺流程,见图 7-4。

(c)冷卷圆、中温校圆:为了控制单筒节的尺寸和形状,采用冷卷圆(制成半圆瓦片二块对焊)、中温校圆的工艺。

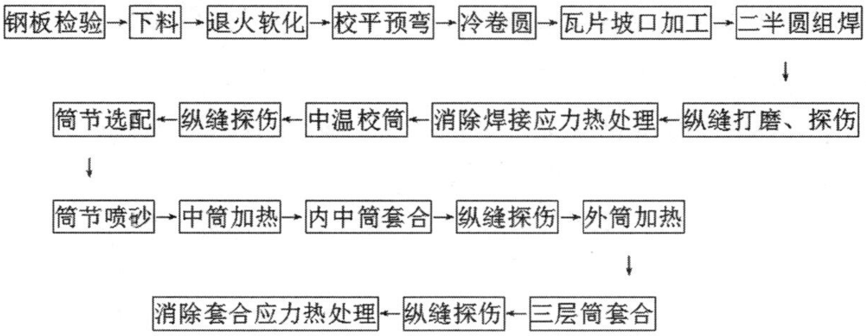

图 7-4　3 200 mm 热套筒体制造工艺流程

由于 18MnMoNbR 钢淬硬倾向较大,为防止冷卷圆时缺口应力集中产生裂纹,在气割下料后进行 580 ℃×3 h 的退火处理。退火后,钢板先在压机上校平,目的在于减小随后卷圆的棱角度和局部死弯。钢板校平以后,在压机上进行边缘预弯。

冷卷工作在 3 m 卷板机上进行,由于 18MnMoNbR 钢强度较高,卷圆后的棱角度约 2 mm,不直度约 3 mm。

筒节的二条纵缝焊接后,将内外壁焊缝的余高铲平磨光,进行超声波、磁粉探伤检查,然后进行 520 ℃×(3～5) h 的消除应力热处理兼中温校圆。

(d)筒节套合由于钢板厚度偏差、制造误差等因素,实际过盈量与设计过盈量会有所差别,所以单筒节制成后应进行分组选配,以保证每个筒节都有较合适的过盈量。

为了使套在一起的三层筒节的纵焊缝相互错开,所以要将选配好的单层筒节做好标记。中筒在 16 m 加热炉中,经(500～540) ℃×50 min 的加热,出炉后将内筒按方位套入,外筒加热后再与中内筒组合体套合。

大直径筒节由于加热后直径膨胀量大,故套合一般很顺利。为防止椭圆度过大而套合不好,可对椭圆度超过 0.5%D 的内筒,用两只撑圆环撑圆,撑圆环应在消除套合应力热处理后拆除。

(e)泄放孔:与多层包扎容器相同,在每段热套筒节的两端均须开设泄放孔。目的在于:制造过程中,当容器进行热处理或环缝焊接时,便于层间残存气体的泄出,以免造成局部压力过高,产生事故或影响环焊缝的质量。

容器运行中,当内筒出现裂纹引起渗漏时,可起报警作用。

泄放孔可在套合后加工,筒节每头距端口 150 mm 处均布直径为 ϕ8 mm 的孔 6 个。为了保证泄放孔与各层间贯通,泄放孔可进入内筒外壁 2 mm 左右。

④热套压力容器质量标准与要求

a. 单层圆筒

(a)成形后的圆筒,沿轴向分上、中、下 3 个断面检测内径。同一断面最大与最小内直径差应不大于圆筒内径的 5‰。

(b)圆筒直线度用不小于筒体长的直尺检查,直尺与筒壁间隙不大于 1.5 mm。

(c)A 类接头表面不允许保留余高、错边、咬边。焊缝区的圆度应与筒体一致,用弦长不少于内径 1/3,且不小于 300 mm 的内卡或外卡样板检查棱角度 E 应符合表 7-3 之规定。

表 7-3 单层圆筒棱角度 E

(棱角 E 段弧长/套合面圆周长)/%	0	3	4	5	6	7	不计
E/mm	$E \geqslant 1.5$	$1.5 > E \geqslant 1.25$	$1.5 > E \geqslant 1.25$	$1.25 > E \geqslant 0.75$	$0.75 > E \geqslant 0.5$	$0.5 > E \geqslant 0.2$	$E < 0.2$

b. 套合圆筒

(a)每个套合圆筒上必须钻符合图样的泄放孔。

(b)套合圆筒端部加工后,用塞尺检查套合面的径向间隙。间隙大于 0.2 mm 的任何一块间隙面积,不得大于套合面积的 0.4%。径向间隙大于 1.5 mm 时,应进行焊补。

(c)圆筒套合后,其消除套合应力热处理可允许和焊后热处理合并进行。

c. 套合操作

(a)未经加工的套合面,在套合之前应进行喷砂(丸)表面除锈及油污处理。

(b)套合加热温度应不能影响材料的力学性能,且不准强力套合。

(c)各层圆筒的 A 类焊缝应错开不小于 30°。

(3)多层包扎压力容器

①概述

多层包扎式压力容器是美国 A-O-Smith 公司 1930 年首创,后为许多国家采用。

多层容器通常是两个单层封头和多个多层筒节组焊而成。筒节的内筒用厚度为 12～25 mm 的钢板制成,外面包扎多层厚度为 6～12 mm 的层板,这种结构具有下列特点:

a. 多层容器与单层容器不同,不论筒壁多厚,在壁厚方向上都不会有金相的变化。所以说,多层压力容器在材料方面是高度可靠的。

b. 对储存腐蚀介质的容器,内筒可用抗腐蚀材料制成,而层板采用碳钢或低合金钢,这有利于节约材料。

c. 制造多层容器的设备简单,仅需小型卷板机和简易包扎机即可,所以设备投资少。

d. 薄壁结构在焊后可免去热处理,故多层容器适于现场焊接。但把单层封头和多层筒节组焊时，必须特别考虑单层封头的可焊性。

e. 层板纵缝焊后的收缩，会使里侧引起压应力，外侧引起拉应力。所以，当容器承受内压时沿壁厚方向的应力分布趋于均匀。

f. 多层容器的断裂是在薄板中产生韧性断裂，容器破坏时无碎片，万一发生事故，也比单层容器破坏性小。

g. 多层筒节上开有穿透层板的报警孔。当内层筒体由于腐蚀等原因发生泄漏时，能早期发现，及时修理。

多层包扎式压力容器的典型制造工艺，如图 7-5 所示。由图可见，多层容器的制造特点在于筒节包扎工艺较为烦琐，费工时、生产周期长，其他工序与单层容器类似。

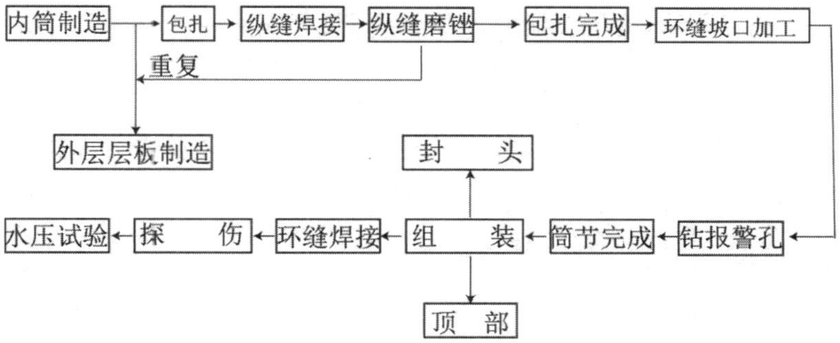

图 7-5　多层包扎容器制造工艺

②内筒制造

多层容器筒节的内筒，制造方法与单层容器基本相同，但是制造要求高于单层容器。这是因为多层容器的密封性靠内筒保证，若内筒有局部泄漏，则内部承装的介质即会通过层板的报警孔泄出，而使容器停止使用。内筒的主要制造工艺如下：

a. 钢板检验：首先对钢板表面进行检验，不得有密集麻点，严重划痕等缺陷。然后进行超声波检查，以了解钢板内部质量，不允许存在裂纹，夹层等缺陷。

b. 划线、下料：划线时，在内筒圆周方向的两端各留 50 mm，作为内筒预弯时的直边。下料一般使用火焰切割。切割边缘的熔渣要清理干净。

c. 卷圆：由于钢板比较簿，采用冷卷工艺。卷圆前应先进行板边的预弯，预弯可在小型水压机(或油压机)上进行。预弯以后进行板边坡口加工，同时去掉直边。卷圆在三滚卷板机上进行，要注意几何形状的控制。

d. 纵缝焊接和检验：纵缝可用手工电弧焊或埋弧自动焊焊接，均采用 X 型坡口。

对每一台产品，无论用什么焊接方法，都要在内筒纵缝的延长部位同时焊接一块相同材料的试板,以便检查内筒焊接接头的机械性能。

内筒纵缝焊后要进行100%的射线探伤或超声波探伤,以确认焊缝的内部质量。

e. 热处理、校圆:内筒焊缝检验合格后进行消除应力热处理。因为多层容器不能进行整体热处理,以免层板松动。所以,内筒纵缝的焊接残余应力单独通过热处理消除。

内筒在校圆以前首先要将纵缝余高磨去并用砂轮修磨到与内筒圆弧相齐平、然后到卷板机上进行校圆,校圆后要用样板检查是否合格。

③多层筒节的制造

a. 层板制造

由于多层筒节每层的直径均不相同,而每一层的层板又是由两块以上的瓦片组成,这时造成了每块层极的尺寸和弧度不尽相同,带来了层板制造的复杂性。层板制造工序如图7-6所示。

钢板检验→校平→划线→下料→预弯→边缘加工→卷圆

图 7-6　层板制造工艺

钢板除进行化学成分分析和机械性能检验外,还要对表面质量进行检查,不得有裂纹、划痕、大面积麻点、凹坑等缺陷,以免影响层板贴紧度。

对表面弯曲的钢板,要在校平机上进行校平。

划线时要根据每层的周长和分块数量、坡口间缝等仔细考虑。每块板还要留出直边的余量。

每块板的纵向对口边缘均要进行预弯。预弯后割去直边,同时加工出坡口准备卷圆,卷圆在三辊卷板机上冷卷,要注意每块板的弧度,边卷边用样板检查,达到要求为止。

b. 层板包扎

(a)包扎装置:使用一种落地式包扎装置,地下一平台,其上隔一定间距固定若干根钢轨,钢轨间放钢丝绳。钢丝绳在平台的一头固定,另一端通过铁链条与油压拉紧器相连。钢丝绳在平时是松弛的,使用时可以缠在筒节上。

(b)包扎前的准备:层板表层要除锈,并应复查层板弧度和坡口尺寸是否符合要求。为使层板的焊缝相互错开,要以前一层层板的焊缝为基准划出包扎层层板的焊缝分布线。

(c)包扎:为了防止层板包扎过程中内筒变形,可事先在内筒中装入撑胎胀紧。将筒节吊入拉紧装置的平台上,然后把准备好的层板逐块扣放到筒节上(注意焊缝的位置要符合事先划定的位置),并套上钢丝绳。略微拉紧后,对几条焊缝的间隙进行调整,其坡口间隙一般在8～20 mm。

拉紧时,开启油泵逐级升压,每升压一次将筒节来回滚动,并用铜锤稍加敲击层板,使钢丝绳各处拉紧。

层板拉紧后,用塞尺检查筒体两端的间隙,合格后方可进行点焊。

(d)纵缝焊接:包扎好的筒节放到焊接场地,按照规定的工艺规程进行焊接。可采用手工电弧焊或埋弧自动焊,各条焊缝要轮流交替焊接,若只焊一条焊缝会使其他坡口的焊点崩开。

(e)焊缝修磨:待焊缝全部冷却后、磨去余高,再用砂轮进行修磨使之与筒节圆弧度齐平。这一工序要仔细进行,边磨边用工具检查焊缝处的弧度和平直度,修磨的质量直接影响到下层层板的包扎质量。

④包扎装置的改进

随着压力容器大型化,容器的筒节直径、体积、重量均增大。为了节省包扎层次,减少生产周期,近年来,压力容器生产单位将厚度为 6 mm 的层板改成 12 mm。这样原有的包扎装置就不适应了,因此出现了一些新的包扎装置。

a. 龙门式包扎装置:该装置分为框架,捆紧系统翻转台等部分。它用两组扁平钢丝绳捆扎层板、绳宽 100 mm,厚 5 mm,两组钢丝绳间距约 500 mm,先从筒节端部捆起,钢丝绳用油缸拉紧,油缸拉力可根据需要进行调整。

筒节装在翻转台的芯轴上,并可由电动机带动翻转,每包扎一次要翻转一次。捆紧后在钢丝绳两侧点焊纵缝。然后龙门架沿筒节轴向移动,逐段捆紧,点焊。

如内筒直径变化或包扎层数变化时,只要改变销子的穿入孔,就可调整框架的位置。

这种包扎装置与老式装置相比,自动化程度较高,拉紧力大,钢板贴合度好,包扎效率高,适应容器大型化的需要。

另一种层板包扎装置和上述情况类似。差别在于翻转台下有轮子,整个翻转台可以沿轨道移动,而框架是固定的,边拉紧边点焊,焊完一段再将翻转台移动。

b. 钳形包扎装置:西德制造了一种钳形包扎装置来拉紧每层层板。

该装置由 10 个“钳子”组成,分别固定在吊杆上。层板两端面,对称开十个孔,每一对孔对应一个钳子。

层板预卷并套在内筒(或里层层板)上,然后用吊车吊起包扎装置至容器装置,使每个钳子嘴对准层板的对称孔。每个钳子有一个油压缸,并有一个控制机构。油压 30 MPa,缸体活塞直径约 100 mm。每两个钳子之间有一煤气喷嘴,在包扎过程中同时对坡口用火焰加热。纵缝用自动点焊机点焊。

纵缝焊前也用液化石油气喷嘴加热。焊后用砂轮将焊缝磨平,然后做磁粉探伤,超声波探伤。

下一层层板包扎时将上层层板的焊缝盖住,使层板的焊缝错开。

第一层和最后一层层板的包扎开孔,用手工焊堵死,并短时间热处理。

通过检查松动面积，确定包扎质量，70%～80%贴合率为合格，85%为优良。

这种包扎装置要求层板厚度为 12～20 mm。该包扎装置可以包扎大直径的多层容器，而装置本身占地面积很小，机动灵活。

⑤多层包扎容器质量标准及要求

a. 内筒成形允差

(a)同一断面上最大与最小直径之差应不大于 5%D，且不大于 6 mm。

(b)A 类焊缝对口错边量 b 不大于 1.5 mm。

(c)A 类焊缝用弦长等于 1/6D，且不小于 30 mm 的内或外卡样板检测，其 E 不大于 2 mm。

b. 内筒焊接

(a)内筒 A 类焊缝焊毕，应作焊后热处理。

(b)内筒外表面当不做机加工时，则应将焊缝修磨平整。

c. 层板包扎

(a)包扎前清除其表面油污及铁锈等杂物。

(b)各层板 C 类焊缝应均匀错开。

(c)各层板 C 类焊缝修磨后经外观检查，不得有裂纹、咬边和密集气孔。

材料标准抗拉强度下限 $\sigma_b>540$ MPa 的层板的 C 类焊缝经修磨后，还应经 MT 或 PT 检测合格。

(d)包扎下层板之前，应将上层焊缝修磨平整。

(e)包扎质量检查：每层层板的包扎质量，都要用小锤进行敲击检查，贴紧处与松动处发出的音响不同。

对公称直径 $D\leqslant1\ 000$ mm 的筒节，每块有松动的部位沿环向长度小于内径的 30%，沿轴向长度小于 600 mm 为合格。

而公称直径 $D>1\ 000$ mm 的筒节，每块有松动的部位沿环向长度小于 300 mm，沿轴向长度小于 600 mm 为合格。

d. 每个多层筒节上必须按图样要求钻泄放孔

(a)与多层筒节相焊的各类焊接接头，焊接后可不作焊后热处理。

(b)产品焊接试板应包括内筒焊接试板及层板焊接试板。层板的焊接试板在某一层 C 类接头焊缝的延长部位焊制，且试板的焊缝根部于施焊前应垫上与层板同材料、同厚度的垫板。

第八章　无损检测质量控制系统

第一节　无损检测责任工程师的任职条件和岗位职责

无损检测责任工程师是压力容器生产单位无损检测质量控制系统的负责人(或责任人),在压力容器生产单位质量保证工程师领导下,建立无损检测质量控制系统,对无损检测系统的质量控制、组织管理和技术业务负责。

一、无损检测责任工程师的任职条件

无损检测质量控制系统责任工程师,应当熟悉任职岗位的工作任务和要求,通过岗位培训,能够履行岗位职责,应具备以下条件:

1. A1、A6 级压力容器生产单位无损检测责任工程师必须是大专及以上学历,工程师或以上职称;A2、A3、C1、C2 级压力容器生产单位无损检测责任工程师必须是工程师或以上职称;A4、A5、C3、D 级压力容器生产单位无损检测责任工程师必须是助理工程师或以上职称。

2. A1 级压力容器生产单位无损检测责任工程师必须具有 UTⅢ或 RTⅢ资格;A2、A3、C1、C2 级压力容器生产单位无损检测责任工程师必须具有 UTⅡ和 RTⅡ资格,且具有 4 年以上无损检测经历;A5、C3、D 级压力容器生产单位无损检测责任工程师必须具有 UTⅡ或 RTⅡ资格;A6 级压力容器生产单位无损检测责任工程师必须具有 UTⅢ资格或 UTⅡ资格,且具有 4 年以上无损检测经历;B 级压力容器生产单位无损检测责任工程师必须是助理工程师或以上职称及Ⅱ级无损检测人员资格。

3. 能够严格贯彻执行国家有关法规和标准,组织、指导有关人员开展无损检测质量控制系统的工作。

4. 熟悉有关压力容器法规、标准,具有全面的压力容器无损检测专业技术知识,具备对

无损检测系统的质量工作进行控制和管理的能力。

二、无损检测责任工程师的岗位职责

1. 对压力容器制造的无损检测工作负责。

2. 贯彻执行压力容器无损检测标准和规范,参加编制、修订、贯彻《压力容器质量保证手册》无损检测系统的有关内容及制度。

3. 监督检查无损检测系统的质量控制工作。

4. 组织编写、修订并审核无损检测通用工艺规程和工艺卡。

5. 保证法规、标准和无损检测工艺在使用中的正确实施,有权拒绝受理不按法规、标准进行的任何检测活动。

6. 组织解决无损检测重大技术问题。

7. 检查仪器设备的使用情况,提出仪器设备维修计划并组织实施。

8. 制定和监督执行安全防护措施。

9. 负责无损检测人员的技术培训工作,不断提高无损检测人员的业务水平。

10. 审查无损检测报告及原始记录与委托要求是否相符,抽查无损检测过程和结果是否符合规定的质量要求,对评级和报告的正确性负责。

11. 负责监督、检查无损检测(含射线底片)档案的管理工作。

12. 检查无损检测前的技术准备,焊缝外观处理情况,对未达到表面质量要求的焊缝有权拒绝和停止无损检测。

13. 负责对无损检测外委方的评价和分包项目的质量控制。

第二节　无损检测质量控制系统的建立和运行

一、压力容器无损检测质量控制系统

无损检测质量控制的范围、程序、内容如下:

1. 无损检测人员管理,包括无损检测人员的培训、考核、资格证书、持证项目的管理,无损检测人员的职责、权限等;

2. 无损检测通用工艺、专用工艺基本要求,包括无损检测方法,依据的安全技术规范及相关标准等;

3. 无损检测过程控制,包括无损检测方法、数量、比例、不合格部位的检测扩探比例以及

评定标准等；

4.无损检测记录、报告控制，包括无损检测记录、报告的填写，审核、复评、发放，以及底片、电子资料等的保管等；

5.无损检测仪器及试块的控制；

6.无损检测工作外委时，对受委托单位无损检测的质量控制，包括对受委托单位的确定，对受委托单位的无损检测工艺、无损检测记录和报告的审查与确认等。无损检测工艺、无损检测报告、无损检测的工作见证（底片、电子资料等）、受委托单位的评价、人员的考核持证情况由相应质量控制系统责任人员审查确认，作出记录。

二、压力容器无损检测质量控制系统的建立

1.压力容器无损检测系统的建立，应明确无损检测的主管部门和配合部门，落实各级无损检测人员的岗位职责和控制程序，实施无损检测责任工程师（或负责人）负责制，并接受质量保证工程师的监督检查，以建立无损检测质量控制体系，进而实施对无损检测系统的质量控制。

2.程序文件（含管理制度）以各控制环节为出发点对各控制点无损检测质量控制提出控制要求及程序，这是保证无损检测质量控制系统正常运转从而保证压力容器内在质量的基本手段和措施。制定的内容应符合本单位实际情况并切实可行，满足法规、标准对无损检测的要求，并能对无损检测质量起到全面、系统的控制。

3.按《固定式压力容器安全技术监察规程》、GB/T 150 及 NB/T 47013 等标准的要求编制通用无损检测工艺规程和工艺卡，建立质量记录表卡，如：各种记录的表、卡、单，使得证实性文件内容齐全、可追溯性强。

由《质量保证手册》《程序文件》、无损检测工艺规程和工艺卡及质量记录表格等统一构成了无损检测质量控制系统的质量保证体系文件。

4.压力容器生产无损检测质量控制系统建立的主要标志

（1）无损检测控制系统的组织机构已经建立，设置了无损检测责任工程师，在质量保证工程师的领导下开展工作。

（2）人员、设备、设施等资源条件已按法规要求配备。

（3）各级无损检测人员的职、责、权明确并得到落实。

（4）在《质量保证手册》无损检测控制要素中设置了接受任务、无损检测前准备、无损检测实施、报告签发等主要控制环节和控制点，并编制和实施了《程序文件》和无损检测通用工艺、专用工艺及质量记录表卡。

三、无损检测质量控制系统的运行

无损检测质量控制系统建立完善以后,必须保证它有效的运转,才能对玉力容器的制造质量和安全运行起到保障作用。无损检测质量控制系统的运行是在制造单位质量保证工程师或技术负责人的领导下,实行无损检测责任工程师(或负责人)负责制而展开工作的,一般是接受并审查委托单的内容(重点应核对产品编号、产品名称、委托的检测方法、检测比例、合格级别等是否正确)、检查委托件的外观和现场条件是否符合检测要求、选择正确的检测工艺、准备检测仪器设备、实施无损检测、评定检测结果并出具报告,并对报告的正确性和真实性负责。

无损检测责任工程师(或负责人)以及各级无损检测人员有权对外观不符合检测要求的产品或零部件拒绝检测。

无损检测质量控制系统的有效运行主要体现在以下几个方面:

1. 单位制订的质量方针和质量目标为无损检测人员理解、熟悉,能够贯彻和实施其规定内容。

2. 拥有完整、正确、有效的无损检测质量控制系统的质量控制文件。

3. 无损检测质量控制有充分明确的质量职能分配及各自有效或协同实施的职责和权限。

4. 压力容器法规标准、无损检测质量控制系统的质量控制文件均得到贯彻、实施和控制,任何工作和活动均具有可追溯性。

5. 无损检测质量控制系统有充分明确并独立行使职责的权利,不受任何干扰地行使质量否决权。

6. 高效、快捷地对不合格品(项)等质量信息进行反馈和处理,并有详细记录报告。

7. 有严格和明确的无损检测质量控制工艺纪律,做到"有法可依、有法必依、执法必严、违法必究",无损检测人员教育训练有素,安全生产井井有条,环境清洁文明。

8. 定期进行无损检测质量控制系统的质量分析和内部审核,并有详细的记录报告。

9. 无损检测资源条件符合《特种设备生产和充装单位许可规则》的要求。

10. 无损检测质量持久稳定,没有因无损检测质量问题而引发的安全质量事故。

第三节　无损检测质量控制系统的质量控制

一、无损检测质量控制的重要性

压力容器的安全可靠运行基于稳定的质量，而无损检测恰恰是保障压力容器质量的有效手段，它利用各种物理方法检测材料及焊接接头质量，能够及时准确地找出诸如裂纹、未熔合、未焊透、夹渣、气孔等缺陷，并确定缺陷的形状、方向、数量、大小和位置，进行安全评估和处理。可见，无损检测质量控制在压力容器制造过程中起着至关重要的作用。

二、压力容器质量保证手册中有关无损检测质量控制系统章节的编写

压力容器无损检测质量控制系统文件的编写分为下列内容：

1. 目的：描述本系统对哪些主要对象、哪些方面进行控制，中间有哪些控制环节，最终应达到的控制目标。

2. 适用范围：请见具体章节的要求。

3. 职责：规定无损检测责任工程师对无损检测质量控制的要求，明确无损检测责任工程师的职、责、权；规定各级无损检测人员的职、责、权。

4. 无损检测质量控制系统控制程序图见附录F。

5. 质量活动：按确定的控制环节和控制点，逐个描述其质量活动内容。

无损检测责任工程师必须掌握无损检测质量控制系统在整个质量保证体系中的位置与其他质量控制系统之间的关系。

无损检测责任工程师要确定无损检测控制系统有多少个必须进行控制的环节。如：无损检测人员资格培训及管理，设备的使用、校验，各种无损检测器材的管理，各种无损检测方法的委托程序、操作程序。无损检测实施过程中发现产品质量问题如何反馈，又如何处理。每个控制环节要达到什么控制目的（或要求），围绕这一目的（或要求）要进行哪些质量活动。从而编制一套无损检测质量保证所需要的无损检测质量控制系统文件。

6. 程序文件：请见具体章节的要求。

7. 无损检测通用工艺、专用工艺及质量记录表卡。

三、无损检测质量控制系统程序文件的编写

1. 无损检测质量控制系统程序文件是质量保证手册的支持性文件，它将在质量保证手

册规定的原则下，将每一个工作环节依照实际工作状况，按标准和规范的要求，进行具体的、完整的描述。

2.编制无损检测质量控制系统程序文件的目的：主要描写“工作环节”要达到的目的。

3.编制无损检测质量控制系统程序文件的范围：主要描写“工作环节”的适用范围。

4.编制无损检测质量控制系统工作流程图：将工作项目按顺序排列出来，制成流程图。

5.无损检测质量控制系统工作程序的说明和要求：按流程图中所给出的内容依照顺序进行描述。其描述内容为：

(1)信息的来源：什么人依什么方式将信息转入。

(2)运作：输入的工作，谁负责执行该项工作，按什么要求完成这项工作，在何时、何处，用多长时间，以什么方式，需不需要特殊措施、引用什么文件、标准、规范，使用什么样的表格、报告等来完成这项工作。怎样记录工作过程，谁来记录并保存其资料。

(3)输出：该项目的工作完成之后，怎样往下传递，由谁来传递，以什么方式传递。

6.使用表格：将“工作环节”中所使用的表格、单据、报告、记录等质量文件列出清单。

7.无损检测质量控制程序文件作为质量保证手册的支持性文件，其内容、编号等应与质量保证手册相协调。

无损检测质量控制程序文件可由无损检测的专业技术人员或管理人员编制，单位的质量管理部门统一组织和协调。

8.无损检测质量控制程序文件应按一定的格式进行编写，一般应包括文件编号、标题、目的、适用范围、相关文件、术语、工作流程、报告和记录表格等，其中工作程序文件是主体。它要求符合本单位管理的模式，按顺序列出开展无损检测工作的每个环节，并详细阐述涉及此活动的所有人员的工作内容、职责和权限。

9.无损检测质量控制程序文件一般应包括以下内容：

(1)无损检测管理办法。

该程序中要求明确所采用的无损检测方法、无损检测对象、委托手续、无损检测工艺守则、无损检测程序、无损检测记录和报告、返修复检和扩探、检测校验方法、仪器设备管理、人员培训与考核等项内容。

(2)无损检测委托管理制度。

委托制度主要应包括委托手续、范围，委托件的预处理及委托单的正确填写等。无损检测委托单既是无损检测人员施探的依据，也是向无损检测人员送达的任务书，必须严肃认真地填写。无损检测人员一旦发现委托单有误，应及时向委托人反馈信息。重点核对产品编号、设备名称、委托检测方法、检测比例、合格级别是否正确。产品的无损检测委托是否正确，责任在委托人，无损检测人员也有责任协助把好这一关。

(3)无损检测人员培训考核和持证上岗制度。

无损检测人员应按《特种设备无损检测人员考核规则》进行考核，取得资格证书方能承担与资格证书的种类和技术等级相适应的无损检测工作。制造单位应制定相应的培训考核计划和持证上岗管理制度。

(4)无损检测仪器的使用、维护及周检制度应明确责任人及使用维护及周检管理程序。

(5)无损检测档案资料管理办法。

应说明无损检测档案资料所包括的内容范围、责任人员、工作流程、存放条件、存放年限等。

(6)底片质量控制办法。

应有保证底片质量合格所应采取的措施，以及底片的存放条件符合有关要求的规定。

(7)无损检测分包管理。

《特种设备生产和充装单位许可规则》中规定：

①设计、材料预处理、热处理、无损检测和理化检验等工作的外委，应当符合《特种设备生产和充装单位许可规则》附件B至附件L的要求；

②允许外委的、受委托单位应当具有相应能力，无损检测、压力容器和压力管道设计应当外委给取得特种设备相应资质的单位(机构)，但是不得外委给对本单位实施监督检验、型式试验的检验机构；委托单位应当与受委托单位签订合同(协议)，确定外委的具体项目和详细要求；外委工作的质量控制由委托单位负责，纳入其质量保证体系的控制范围；

③工作外委的，与外委工作直接相关的人员和设备资源条件不作要求，《特种设备生产和充装单位许可规则》附件B至附件L另有规定的，从其规定；委托单位应当配备相应的质量控制系统责任人员(有质量控制系统要求的)。

《特种设备生产和充装单位许可规则》附件M中规定：无损检测工作外委时，对受委托单位无损检测质量控制，包括对受委托单位的确定，对受委托单位的无损检测工艺、无损检测记录和报告的审查与确认等。无损检测工艺、无损检测报告，无损检测的工作见证(底片、电子资料等)、受委托单位的评价，人员的考核持证情况，由相应质量控制系统责任人员审查确认，作出记录。

分包协议至少应包括以下内容：

①分包项目名称、产品编号、容器类别、检测比例、布片要求、合格标准等；

②分包方应提供射线底片，出具检测报告，并对检测结果的真实性和准确性负责；

③分包方应对底片的质量负责；

④分包方应按照企业的布片要求提供射线检测布片图；

⑤出现争端时，应有处理争端的方法。

无损检测分包资料回来后，无损检测责任工程师应严格审查布片图，核实检测报告评定的准确性，检查底片的质量，核实检测比例和位置，对局部无损检测产品的返修焊缝应检查扩探情况，对超声检测和表面检测，除审查报告外，还可约请监检员一起到现场对产品实地检查。之后，在有关资料上签字确认，这是无损检测责任工程师到岗的见证点。

四、无损检测工艺规程的编制

无损检测工艺规程是压力容器质量保证手册的支持性文件，它一般由本单位中理论水平较高，实践经验丰富的Ⅱ级、Ⅲ级无损检测人员编制和无损检测责任工程师审核。它是按检测对象的要求，根据国家有关规程、规范、标准，结合本单位的实际情况来编制，必须有良好的可操作性。

按照工艺规程进行工作，使无损检测实现规范化、程序化，限制操作过程中的随意性，减少无损检测人员因经验和技术水平差异而引起的检测结果波动。最大限度地避免失误和差错，使无损检测质量在高水平上保持稳定。

无损检测工艺规程是无损检测结论正确性的保证文件，是无损检测结果可靠性评价的依据，它能较全面地反映无损检测过程中各种影响因素的选择和控制情况。

无损检测工艺规程通常分为通用工艺规程、专用工艺规程和工艺卡。一般说来，每个单位都应该编制通用工艺规程，因为这是指导无损检测工作必要的文件，但是如果本单位的产品品种单一或品种较少，也可以编制专用工艺规程，并替代通用工艺规程，但通用工艺规程不能替代专用工艺规程。本单位在压力容器制造，安装过程中所涉及的每种无损检测方法，均需编制相应方法的通用工艺规程或专用工艺规程和工艺卡。

1.通用工艺规程的编制

(1)压力容器无损检测通用工艺规程应依据 NB/T 47013《承压设备无损检测》的有关章节的内容进行编制。同时满足《固定式压力容器安全技术监察规程》等法规及 GB/T 150、GB/T 151 等技术标准的要求。

(2)编制应遵照现行法规、标准的要求，并适应本单位压力容器产品的特点和检测设备的能力，做到简明扼要，切实可行。

(3)通用工艺规程中的每一步骤都必须写清楚做什么、由谁去做、用什么设备、什么器材、什么时机做、按什么标准做等等。

(4)对于通用工艺规程中的工艺参数可以参照有关标准选取，有些经验参数应经验证后写入。对于经常使用而计算复杂的参数值，尽可能采用图表或参数对照表来代替公式计算，以提高操作的便捷性。

(5)对于一些专业性较强的工艺要求，如射线检测通用工艺中有关布片的规定，暗室处理工艺等需要展开说明的，可采用附录形式编入。

(6)无损检测通用工艺规程编写应包括以下内容：

①主题内容和适用范围。

②工艺编制的依据或引用标准。

③设备、器材和材料的要求。

④受检工件表面的要求和检测时机。

⑤检测程序及主要工艺参数。

通用工艺规程应体现全面质量管理的原则，对所有影响无损检测的环节和因素都应作出明确的说明，对有些在现行法规、标准中不够明确的，如：实际操作中的各种工装、标记等，都应结合企业的实际情况对其进行补充完善。

通用工艺应体现出先进性，应对标准中给出的允许参数范围进行优化，以便选择出最佳的方法和工艺参数。

2. 专用工艺规程的编制

无损检测专用工艺规程是通用工艺规程在某一类产品和检测对象的具体化，是在通用工艺规程指导下运行的，也可以说是通用工艺的补充性文件。因此，专用工艺规程中只列出了影响检测过程的项目和主要参数，而不涉及过程以外的有关影响因素。例如：专用工艺只对已选用的检测设备材料的型号、规格却无须对其质量、性能、校验等提出要求，因为这些质量和性能是由通用工艺的有关规定来保证的。所以，凡是专用工艺规程上没有提及的共性事宜，操作者必须按通用工艺规程所规定的内容进行。

专用工艺规程的编制要点：

(1)专用工艺规程必须依据通用工艺规程的要求结合某类检测对象的特点来编制。针对性要强，对通用工艺已规定的共性问题和非主要工艺参数可以不编入。

(2)无损检测专用工艺规程其检测对象、方法、验收标准、检测比例、部位和各种工艺参数都十分具体明确，绝大多数参数都是固定值。在编制过程中应尽量简单，表达清楚，使操作者一目了然，易理解、易执行。

3. 无损检测工艺卡

无损检测工艺卡(以下简称工艺卡)是依据通用工艺规程或专用工艺规程，针对某一具体规格的工件而编制的工艺文件。它是为指导无损检测人员在现场实际操作而编制的。因此它必须具备携带方便、简明扼要、操作程序具体和工艺参数唯一的特点。

工艺卡的编制要点：

(1)工艺卡应依据通用工艺规程或专用工艺规程而编制；

(2)工艺卡是一种材料、一种规格和检测要求相同的工件编制卡；

(3)工艺卡的内容应包括检测的技术要求、工艺参数、检测部位、操作方法和工作程序;操作方法和工作程序能用图示的,尽量用图示;

(4)工艺卡应制作成表格的形式。

五、无损检测质量控制系统控制环节及控制点的设置

无损检测质量控制系统一般设置5个控制环节,即接受任务控制环节、无损检测前准备控制环节、无损检测实施控制环节、报告签发控制环节和无损检测分包控制环节。

1.接受任务控制环节设1个控制点,即接受委托控制点。

2.无损检测前准备控制环节设5个控制点,即人员资格控制点、检测仪器器材校验控制点、无损检测工艺编制控制点、检测方案控制点和检测对象的状态控制点。

3.无损检测实施控制环节设2个控制点,即无损检测控制点和复探、扩探控制点。

4.签发报告控制环节设3个控制点,即报告的编制、审核和批准。

5.分包控制环节设3个控制点,即分包方评价、分包协议及分包项目资料审查。

6.无损检测质量控制环节和控制点一览如表8-1所示。

表8-1　无损检测质量控制环节和控制点一览表

控制环节	控制点
接受任务	(1)接受委托
检测前准备	(1)人员资格;(2)仪器校验;(3)检测工艺编制;(4)检测方案;(5)检测对象状态
实施检测	(1)无损检测;(2)复探、扩探
签发报告	(1)编制报告;(2)审核;(3)批准
分包控制	(1)评价;(2)协议;(3)资料审查

六、无损检测质量控制系统控制程序图

无损检测质量控制系统控制程序图见附录F。

七、无损检测质量控制系统程序文件

1.无损检测管理办法;

2.无损检测委托管理制度;

3.无损检测人员培训考核和持证上岗控制程序;

4.无损检测仪器的使用、维护及周检制度;

5.无损检测档案资料管理办法;

6. 底片质量控制办法；

7. 无损检测安全操作规程/安全防护；

8. 无损检测分包管理规定；

9. 超声波测厚操作规定。

八、无损检测质量控制系统作业（工艺）文件及质量记录表卡

1. 焊缝 RT 检测报告；

2. 焊缝 UT 检测报告、TOFD 检测报告；

3. 焊缝 PT 检测报告；

4. 焊缝 MT 检测报告；

5. 钢板、锻件 UT 检测报告；

6. 焊缝射线检测底片评定表；

7. 无损检测人员名单和履历表；

8. RT、UT、PT、TOFD、MT 工艺卡；

9. 无损检测综合报告；

10. 无损检测部位图；

11. 无损检测任务单；

12. 焊缝返修通知单；

13. 无损检测合格通知单；

14. 各种无损检测方法的工艺规程(包括通用工艺规程和工艺卡)；

15. 各种无损检测方法的专用工艺规程(包括专用工艺规程和工艺卡)。

九、常用无损方法的质量控制

1. 射线检测质量控制

(1)射线检测人员管理

①人员资格；

②培训考核；

③建立人员技术档案；

④健康档案和射线剂量记录。

(2)射线检测设备管理

①定期检验和维修：电流表、电压表每年检定一次；

②射线检测设备的使用、维护和保养：使用、交接记录，大中修制度(包括技术人员参与

验收)；

③设备资料管理。

(3)射线检测器材管理

①射线胶片；

②胶片保存；

③显影、定影液药品及增感屏等的验收和保管。

(4)射线检测工艺的管理

①通用工艺规程和工艺卡的编制、审核和批准；

②工艺纪律的监督和管理；

③报告、记录、底片等文件资料的管理。

(5)射线检测环境管理

①曝光室射线辐射防护要求；

②暗室可见光、红光亮度控制；

③观片室要求光线柔和偏暗，照明避免直射人眼或在底片上产生反光。

(6)射线检测测量的质量管理

①黑度计：应至少每六个月校验一次；

②标准黑度片：应至少每两年送计量部门检定一次；

③观片灯：有足够的亮度；

④像质计：要符合标准要求。

(7)射线检测的分包管理

①射线检测分包方的评价；

②射线检测分包项目的质量控制。

2. 超声检测质量控制

(1)UT、TOFD人员培训考核和资格控制

(2)探伤仪和探头性能及定期校核、日常校核

(3)耦合剂的选择和使用后处理

(4)工艺规程和工艺卡的编制、审核、批准和实施

(5)检测环境的亮度和噪声控制

(6)测量工具的控制

(7)超声检测的分包管理

①超声检测分包方的评价；

②超声检测分包项目质量控制。

(8)检测结果控制：

①检测结果正确可靠；

②记录报告完整正确，真实可靠，并可追踪。

3.磁粉检测质量控制

(1)人员资格控制

①培训、考核取得资格，从事相应级别工作；

②每年进行一次视力检查，未经矫正或经矫正的近(小数)视力和远(距)视力应不低于5.0(小数记录值为1.0)，不得有色盲。

(2)设备控制

①电流表精度校验，每半年一次；

②设备内部短路检查，每年进行一次测定；

③电流载荷校验；

④通电时间校验；

⑤电磁轭提升力至少半年校验一次；

⑥辅助仪表校验：如黑光辅照计、照度计、磁场强度计、毫特斯拉计等至少每年校验一次。

(3)材料控制

①磁悬液浓度测定：循环使用的磁悬液每天开始工作前，应进行磁悬液浓度测定；

②磁悬液污染测定：循环使用的磁悬液，应每周测定一次磁悬液污染情况；

③磁悬液润湿性能核查：检测前，应进行磁悬液润湿性能核查。

(4)检测工艺控制

①严格按标准、规范和试验数据编制通用工艺规程和工艺卡；

②综合性能试验，每天检测工作开始前，用标准试片检验磁粉检测设备及磁粉和磁悬液综合性能(系统灵敏度)。

(5)检测环境控制

①非荧光磁粉检测时工件被检表面可见光照度应大于等于1 000 lx，现场检测时，由于条件限制，可见光照度不小于500 lx；

②荧光磁粉检测时，黑光灯照度不小于1 000 $\mu W/cm^2$；

③环境光照度：暗室光照度不大于20 lx。

(6)检测结果控制

①检测结果应正确可靠；

②记录报告完整正确、真实可靠并可追踪。

(7)磁粉检测的分包管理

①磁粉检测分包方的评价;

②磁粉检测分包项目质量控制。

4.渗透检测质量控制

(1)人员资格控制

①培训、考核取得资格,从事相应级别工作;

②每年进行一次视力检查。

(2)设备控制

黑光灯校验。

(3)材料控制

渗透检测剂应符合标准、规范要求(如检测奥氏体不锈钢、钛及钛合金,其渗透检测剂的氯、氟含量有限制)。

(4)检测工艺控制

按标准、规范编制检验通用工艺规程和工艺卡;用对比试块和基准渗透剂进行性能对比试验。

(5)检测环境控制

可见光照度≥1 000 lx,条件所限时,不小于 500 lx;暗室光照度不大于 20 lx;检测现场必须通风良好。

(6)检测结果控制

检测结果应正确可靠;记录报告完整正确、真实可靠并可追踪。

(7)渗透检测的分包管理

①渗透检测分包方的评价;

②渗透检测分包项目质量控制。

第四节　无损检测责任工程师应掌握的相关法规标准和专业知识

无损检测责任工程师应熟悉并理解和贯彻有关压力容器法规和标准,确保无损检测工作符合法规和标准的要求,保证压力容器的安全运行。

一、相关的法规、标准

(一)《特种设备安全法》

(二)《特种设备安全监察条例》

(三)《固定式压力容器安全技术监察规程》

TSG 21—2016《固定式压力容器安全技术监察规程》第 2.2.1.4 条有关钢板超声检测的规定：

2.2.1.4　钢板超声检测

2.2.1.4.1　检测要求

厚度大于或者等于 12 mm 的碳素钢和低合金钢钢板(不包括多层压力容器的层板)用于制造压力容器壳体时，凡符合下列条件之一的，应当逐张进行超声检测：

(1)盛装介质毒性程度为极度、高度危害的；

(2)在湿 H_2S 腐蚀环境中使用的；

(3)设计压力大于或者等于 10 MPa 的；

(4)本规程引用标准中要求逐张进行超声检测的。

2.2.1.4.2　检测合格标准

钢板超声检测应当按照 NB/T 47013《承压设备无损检测》的规定进行。符合本规程第 2.2.1.4.1 条第(1)项至第(3)项的钢板，合格等级不低于Ⅱ级；符合本规程第 2.2.1.4.1 条第(4)项的钢板，合格等级按照相应产品标准或者设计文件的规定。

《固定式压力容器安全技术监察规程》第 4.2.5 条规定了制造过程的无损检测要求：

4.2.5.1　无损检测的实施时机

(1)压力容器的焊接接头应当经过形状、尺寸及外观检查，合格后再进行无损检测；

(2)拼接封头应当在成形后进行无损检测，如果成形前已经进行无损检测，则成形后还应当对圆弧过渡区到直边段再进行无损检测；

(3)有延迟裂纹倾向的材料至少在焊接完成 24 h 后进行无损检测。

4.2.5.2　局部射线检测或者超声检测实施要求

(1)局部无损检测的部位由制造单位根据实际情况确定，但 A、B 类焊接接头交叉部位，以及 GB/T 150.4 第 10.3.1 条规定的其他部位应进行 100％检测；

(2)经过局部无损检测的焊接接头，如果在检测部位发现超标缺陷时，应当在已检测部位两端的延伸部位各进行不少于 250 mm 的补充检测，如果仍然存在不允许的缺陷，则对该焊接接头进行全部无损检测；

(3)进行局部无损检测的压力容器,制造单位也应当对未检测部分的质量负责。

4.2.5.3 无损检测记录和报告

制造单位或者无损检测机构应当如实填写无损检测记录,正确签发无损检测报告并且对无损检测报告的真实性、准确性、有效性负责,妥善保管射线底片和超声检测数据等检测记录(含缺陷返修前记录)和报告。

(四)《特种设备生产和充装单位许可规则》

《特种设备生产和充装单位许可规则》对压力容器实行分级管理。无损检测责任工程师应了解本单位制造许可级别及允许制造的压力容器类别、品种及范围。

《特种设备生产和充装单位许可规则》附件C对无损检测人员规定如下:

C2.1.1.4 无损检测人员

(1)由本单位进行无损检测的,无损检测人员持证项目和数量应当符合表8-2的要求;

(2)采用衍射时差法超声检测(TOFD)的制造单位,应当配备TOFD Ⅱ级人员不少于2人。

表8-2 无损检测人员持证项目和数量表

许可级别	无损检测质量控制系统责任人员(注8-1)	无损检测人员	
		持证项目	数量/人(注8-2)
A1	UTⅢ或RTⅢ资格	RTⅡ	3
		UTⅡ	3
		MTⅡ	2
		PTⅡ	2
A2、A3、C1、C2	RTⅡ和UTⅡ资格,且具有4年以上无损检测经历	RTⅡ	3
		UTⅡ	3
		MTⅡ	2
		PTⅡ	2
A5、C3、D	RTⅡ或UTⅡ资格	RTⅡ	2
		UTⅡ	2
		MTⅡ	2
		PTⅡ	2
A6	UTⅢ资格;或者UTⅡ资格,且具有4年以上无损检测经历	UTⅡ	3
		MTⅡ	2
		PTⅡ	2

注8-1:无损检测外委的,制造单位只需按照表8-2的要求配备无损检测质量控制系统责任人员。

注8-2:无损检测质量控制系统责任人员计入无损检测人员数量中。

（五）GB/T 150《压力容器》

GB/T 150.1—2011《压力容器 第一部分：通用要求》有关无损检测的规定：

4.5.2.1　焊接接头系数应根据对接接头的焊缝形式及无损检测的长度比例确定。

4.5.2.2　钢制压力容器的焊接接头系数规定如下：

a）双面焊对接接头和相当于双面焊的全焊透对接接头

1）全部无损检测，取 $\varphi=1.0$；

2）局部无损检测，取 $\varphi=0.85$。

b）单面焊对接接头（沿焊缝根部全长有紧贴基本金属的垫板）

1）全部无损检测，取 $\varphi=0.9$；

2）局部无损检测，取 $\varphi=0.8$。

4.5.2.3　其他金属材料的焊接接头系数按相应引用标准的规定。

GB/T 150.2—2011《压力容器 第二部分：材料》有关无损检测的规定：

第 4.1.8 条：壳体用钢板（不包括多层容器的层板）应按表 8-3 的规定逐张进行超声检测，钢板超声检测方法和质量等级按 NB/T 47013 的规定。

表 8-3　壳体用钢板超声检测要求

<table>
<tr><th>钢号</th><th>钢板厚度/mm</th><th>容器使用条件</th><th>质量等级</th></tr>
<tr><td rowspan="2">Q245R
Q345R</td><td>>30～36</td><td>—</td><td>不低于Ⅲ级</td></tr>
<tr><td>>36</td><td>—</td><td>不低于Ⅱ级</td></tr>
<tr><td>Q370R
Mn-Mo 系
Cr-Mo 系
Cr-Mo-V 系</td><td>>25</td><td>—</td><td>不低于Ⅱ级</td></tr>
<tr><td>16MnDRNi 系低温钢
（调质状态除外）</td><td>>20</td><td>—</td><td>不低于Ⅱ级</td></tr>
<tr><td>调质状态
使用的钢号</td><td>>16</td><td rowspan="2">—</td><td>Ⅰ级</td></tr>
<tr><td>多层容器
内筒钢板</td><td>≥12</td><td>Ⅰ级</td></tr>
<tr><td>—</td><td>≥12</td><td>介质毒性程度为极度或高度危害；在湿 H_2S 环境中使用；设计压力大于或等于 10 MPa</td><td>不低于Ⅱ级</td></tr>
</table>

GB/T 150.4—2011《压力容器 第四部分:制造、检验和验收》有关无损检测的规定:第6.3条:坡口。

坡口应符合下列要求:

a)坡口表面不得有裂纹、分层、夹杂等缺陷;

b)标准抗拉强度下限值 $R_m \geqslant 540$ MPa 的低合金钢材及 Cr-Mo 低合金钢材经热切割的坡口表面,加工完成后应按 NB/T 47013.4 进行磁粉检测,I 级合格;

c)施焊前,应清除坡口及两侧母材表面至少 20 mm 范围内(离坡口边缘的距离计)的氧化皮、油污、熔渣及其他有害杂质。

GB/T 150.4—2011《压力容器 第四部分:制造、检验和验收》第6.7条:螺栓、螺柱和螺母。

6.7.3 公称直径大于 M36 的螺栓、螺柱和螺母除应符合 6.6.2 的 c)和 d)和相应标准规定外,还应满足如下要求:

a)有热处理要求的螺柱,其试样与试验按 GB/T 150.2—2011 的有关规定;

b)螺母毛坯热处理后应做硬度试验;

c)螺柱应按 NB/T 47013 进行表面检测,I 级合格。

GB/T 150.4—2011《压力容器 第四部分:制造、检验和验收》第12条:多层容器。

12.5.1 层板的拼接接头,多层筒节包扎容器内筒的 A 类焊接接头,套合容器各单层圆筒的 A 类焊接接头,多层整体包扎容器内筒的 A、B 类焊接接头,各层层板与端部法兰或球形封头的焊接接头及最外层层板的纵向和环向焊接接头,钢带错绕容器内筒的 A、B 类焊接接头应进行全部(100%)射线或超声检测,并应符合第 10.6 条的规定。

12.5.2 对材料标准抗拉强度下限值 $R_m \geqslant 540$ MPa 的多层包扎容器层板 C 类焊接接头,应对其表面进行 100%磁粉或渗透检测,并应符合第 10.6 条的规定。

GB/T 150.4—2011《压力容器 第四部分:制造、检验和验收》第10条:无损检测。

10.1 无损检测方法的选择

10.1.1 容器的对接接头应当采用射线或超声检测,超声检测包括衍射时差法超声检测(TOFD)、可记录的脉冲反射法超声检测和不可记录的脉冲反射法超声检测。

10.1.2 当采用不可记录的脉冲反射法超声检测时,还应当采用射线检测或者衍射时差法超声检测作为附加局部检测。

10.1.3 铁磁性材料制容器焊接接头表面应当优先采用磁粉检测。

10.2 无损检测的实施时机

10.2.1 容器的焊接接头,应在形状尺寸检查、外观目视检查合格后,再进行无损检测。

10.2.2 拼接封头应当在成形后进行无损检测。

10.2.3　有延迟裂纹倾向的材料(如:12Cr2Mo1R)应当至少在焊接完成 24 h 后进行无损检测,有再热裂纹倾向的材料(如:07MnNiVDR)应当在热处理后增加一次无损检测。

10.2.4　标准抗拉强度下限值 $R_m \geqslant 540$ MPa 的低合金钢制容器,在耐压试验后,还应当对焊接接头进行表面无损检测。

10.3　**射线和超声检测**

10.3.1　全部(100%)射线或超声检测

凡符合下列条件之一的容器及受压元件,需采用设计文件规定的方法,对其 A 类和 B 类焊接接头,进行全部射线或超声检测:

a)设计压力大于或等于 1.6 MPa 的第Ⅲ类容器;

b)采用气压或气液组合耐压试验的容器;

c)焊接接头系数取 1.0 的容器;

d)使用后需要但是无法进行内部检验的容器;

e)盛装毒性为极度或高度危害介质的容器;

f)设计温度低于−40℃的或者焊接接头厚度大于 25 mm 低温容器;

g)奥氏体型不锈钢、碳素钢、Q345R、Q370R 及其配套锻件的焊接接头厚度大于 30 mm 者;

h)18MnMoNbR、13MnNiMoR、12MnNiVR 及其配套锻件的焊接接头厚度大于 20 mm 者;

i)15CrMoR、14Cr1MoR、08Ni3DR、奥氏体-铁素体型不锈钢及其配套锻件的焊接接头厚度大于 16mm 者;

j)铁素体型不锈钢、其他 Cr-Mo 低合金钢制容器;

k)标准抗拉强度下限值 $R_m \geqslant 540$ MPa 的低合金钢制容器;

l)图样规定须 100%检测的容器。

注 8-3:上述容器中公称直径 $D_N \geqslant 250$ mm 的接管与接管对接接头、接管与高颈法兰对接接头的检测要求与 A 类和 B 类焊接接头相同。

10.3.2　局部射线或超声检测

除第 10.3.1 条规定以外的容器,应对其 A 类及 B 类焊接接头进行局部射线或超声检测。检测方法按设计文件规定。其中,对低温容器检测长度不得少于各焊接接头长度的 50%,对非低温容器检测长度不得少于各焊接接头长度的 20%,且均不得小于 250 mm。

下列 a)~e)部位、焊缝交叉部位应 100%检测,其中 a)、b)、c)部位及焊缝交叉部位的检测长度可计入局部检测长度之内。

a)先拼板后成形凸形封头上的所有拼接接头;

b)凡被补强圈、支座、垫板、内件等所覆盖的焊接接头；

c)对于满足 GB/T 150.3—2011 中第 6.1.3 条不另行补强的接管，自开孔中心沿容器表面的最短长度等于开孔直径的范围内的焊接接头；

d)嵌入式接管与圆筒或封头对接连接的焊接接头；

e)承受外载荷的公称直径 $D_N \geqslant 250$ mm 的接管与接管对接接头和接管与高颈法兰的对接接头。

注 8-4：按本条规定检测后，制造单位对未检查部分的质量仍需负责。但是，若做进一步检测可能会发现少量气孔等不危及容器安全的超标缺陷，如果这也不允许时，就应选择100%射线或超声检测。

10.3.3　公称直径 $D_N < 250$ mm 的接管与接管对接接头、接管与高颈法兰对接接头的检测要求按设计文件规定。

10.3.4　对容器直径不超过 800 mm 的圆筒与封头的最后一道环向封闭焊缝，当采用不带垫板的单面焊对接接头，且无法进行射线或超声检测时，允许不进行检测，但需采用气体保护焊打底。

10.4　表面检测

凡符合下列条件之一的焊接接头，需按图样规定的方法，对其表面进行磁粉或渗透检测：

a)第 10.3.1 条中低温容器上的 A、B、C、D、E 类焊接接头，缺陷修磨或补焊处的表面，卡具和拉筋等拆除处的割痕表面；

b)凡属第 10.3.1 条中 i)、j)、k)容器上的 C、D、E 类焊接接头；

c)异种钢焊接接头、具有再热裂纹倾向或者延迟裂纹倾向的焊接接头；

d)钢材厚度大于 20 mm 的奥氏体型不锈钢、奥氏体-铁素体型不锈钢容器的对接和角接接头；

e)堆焊表面；

f)复合钢板的覆层焊接接头；

g)标准抗拉强度下限值 $R_m \geqslant 540$ MPa 的低合金钢及 Cr-Mo 低合金钢容器的缺陷修磨或补焊处的表面，卡具和拉筋等拆除处的割痕表面；

h)要求全部射线或超声检测的容器上公称直径 $D_N < 250$ mm 的接管与接管对接接头、接管与高颈法兰对接接头；

i)要求局部射线或超声检测的容器中先拼板后成形凸形封头上的所有拼接接头；

j)设计文件要求进行检测的接管角焊缝。

10.5　组合检测

10.5.1　标准抗拉强度下限值 $R \geqslant 540$ MPa 的低合金钢制容器的所有 A 类和 B 类焊

接接头，若其焊接接头厚度大于 20 mm，还应采用第 10.1 条中所列的与原无损检测方法不同的检测方法另行进行局部检测，该检测应包括所有的焊缝交叉部位；同时，该类材料容器在耐压试验后，还应对焊接接头进行表面无损检测。

10.5.2　经射线或超声检测的焊接接头，如有不允许的缺陷，应在缺陷清除干净后进行补焊，并对该部分采用原检测方法重新检测，直至合格。

10.5.3　进行局部检测的焊接接头，发现有不允许的缺陷时，应在该缺陷两端的延伸部位增加检查长度，增加的长度为该焊接接头长度的 10%，且两侧均不小于 250 mm。若仍有不允许的缺陷，则对该焊接接头做全部检测。

10.5.4　磁粉与渗透检测发现的不允许缺陷，应在进行修磨及必要的补焊后，对该部位采用原检测方法重新检测，直至合格。

10.5.5　当设计文件规定时，应按规定进行组合检测。

10.6　无损检测的技术要求

10.6.1　射线检测的技术要求

按 NB/T 47013 对焊接接头进行射线检测，其合格指标如表 8-4 所示。

10.6.2　超声检测的技术要求

按 NB/T 47013 对焊接接头进行超声检测，其合格指标如表 8-4 所示。

表 8-4　射线、超声检测合格指标

<table>
<tr><th colspan="2">检测方法</th><th>检测技术等级</th><th colspan="2">检测范围</th><th>合格级别</th></tr>
<tr><td colspan="2" rowspan="3">射线检测</td><td rowspan="3">AB</td><td rowspan="2">A、B类接头</td><td>全部</td><td>Ⅱ</td></tr>
<tr><td>局部</td><td>Ⅲ</td></tr>
<tr><td colspan="2">角接接头、T形接头</td><td>Ⅱ</td></tr>
<tr><td rowspan="4">超声检测</td><td rowspan="3">脉冲反射法</td><td rowspan="3">B</td><td rowspan="2">A、B类接头</td><td>全部</td><td>Ⅰ</td></tr>
<tr><td>局部</td><td>Ⅱ</td></tr>
<tr><td colspan="2">角接接头、T形接头</td><td>Ⅰ</td></tr>
<tr><td>衍射时差法</td><td>—</td><td colspan="2">—</td><td>Ⅱ</td></tr>
</table>

10.6.3　表面检测的技术要求

按 NB/T 47013 对焊接接头进行磁粉、渗透检测，合格级别不低于 1 级。

10.6.4　组合检测技术要求

当组合采用射线和超声检测时，质量要求和合格级别按照各自执行的标准确定，并且均应当合格。

10.7　无损检测档案

压力容器无损检测档案应完整，保存时间不得少于容器设计使用年限。

(六)NB/T 47013《承压设备无损检测》

NB/T 47013《承压设备无损检测》为承压设备行业的无损检测标准。无损检测责任工程师必须熟悉和掌握该标准的具体内容和含义,并在日常工作中认真执行。

二、相关专业知识

1. 无损检测方法应用目的

无损检测技术在压力容器的设计、制造、安装、维修中应用十分广泛,有以下几方面的目的。

(1)保证产品的质量

在压力容器的制造过程中,如原材料验收、加工、焊接、热处理及产品出厂均需通过无损检测来保证其产品质量,因为无损检测技术可以在不损坏试件的前提下发现肉眼无法发现的产品缺陷,从而达到保证产品质量的目的,所以无损检测技术被广泛地应用于产品的过程检验和最终质量检验中。

(2)改进焊接工艺

无损检测不仅仅能把试件中的缺陷检测出来,而且能帮助或改进焊接工艺,特别在新产品新工艺的试验中起重要的作用,可以采取一边检验一边改进工艺,修正工艺参数的方法,最终达到工艺路线和参数满足设计的质量要求。

(3)保证设备的安全运行

压力容器的运行条件十分苛刻,由于温度、压力及腐蚀介质的综合作用使缺陷扩展,壁厚减薄,材质劣化,最终导致设备失效破坏,造成事故的发生。为了保障这些设备能安全运行,所以必须定期、不定期对设备进行检修。及时发现缺陷,进行处理,无损检测是该项工作的必要手段。

(4)降低生产成本

在产品制造过程中,合理安排工序中的无损检测,及时发现产品中的缺陷,进行返修或判废,可大大减少后面工序的加工成本,并为最终产品的质量达标提供依据或保障。

2. 常用无损检测方法的工艺路线

(1)射线检测的工艺路线

射线检测的工艺路线如图 8-1 所示:

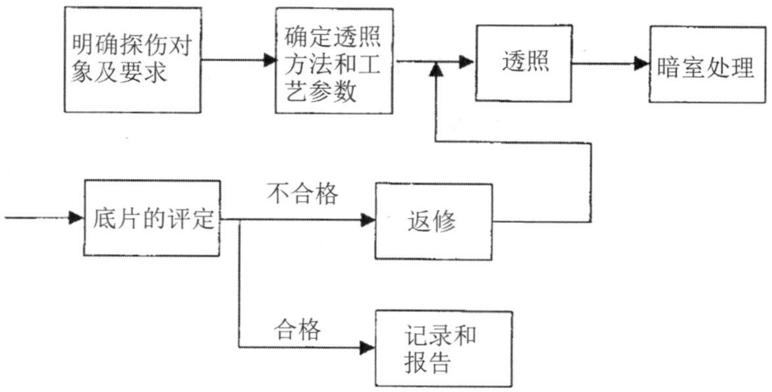

图 8-1　射线照相技术的工艺路线图

(2)超声检测的工艺路线

超声检测的工艺路线如图 8-2 所示：

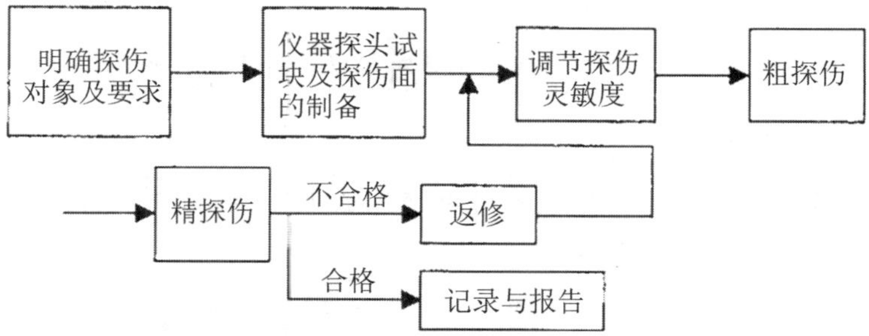

图 8-2　超声检测的工艺路线图

(3)磁粉检测的工艺路线

磁粉检测按磁化方法分为：磁轭法、线圈法、轴向通电法、触头法、中心导体法。按产生的磁力线方向可分为纵向磁化和周向磁化。按检验时机可分为连续法和剩磁法。它所用的电流种类有直流、交流和单向半波整流电等 7 种。按所施加的磁粉特点又可分为干法荧光法、湿法荧光法、干法非荧光法和湿法非荧光法。最常用的是非荧光的湿磁粉连续法。

磁粉检测一般的工艺路线如图 8-3(a)和(b)所示。

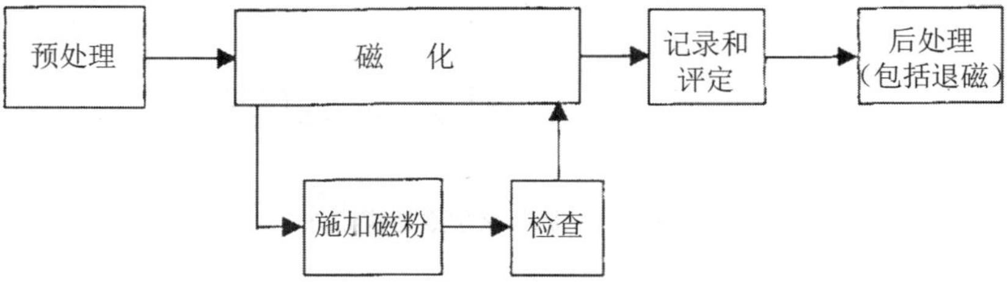

图 8-3(a)　连续法工艺路线图

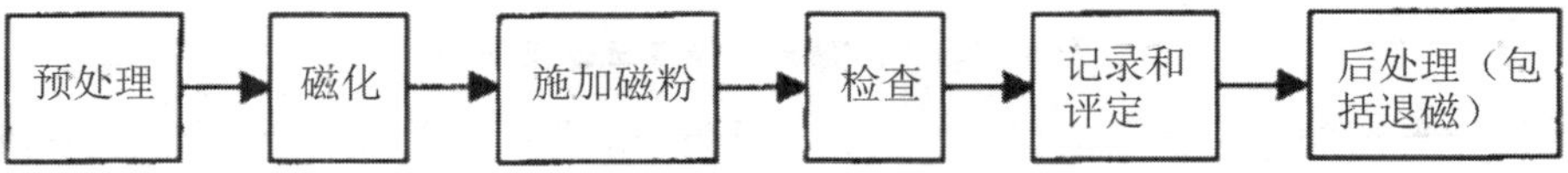

8-3(b)　剩磁法工艺路线图

(4)渗透检测的工艺路线

渗透检测根据渗透液所含染料成分,可分为荧光渗透和着色渗透两大类,根据渗透液去除的方法又可分为水洗型、后乳化型和溶剂去除型3大类。它们互相结合,可分为6种渗透检测的方法即:

1)水洗型荧光渗透探伤法;

2)后乳化型荧光渗透探伤法;

3)溶剂去除型荧光渗透探伤法;

4)水洗型着色渗透探伤法;

5)后乳化型渗透探伤法;

6)溶剂去除型渗透探伤法。

不同渗透检测方法工艺路线如图8-4(a)、(b)、(c)所示。

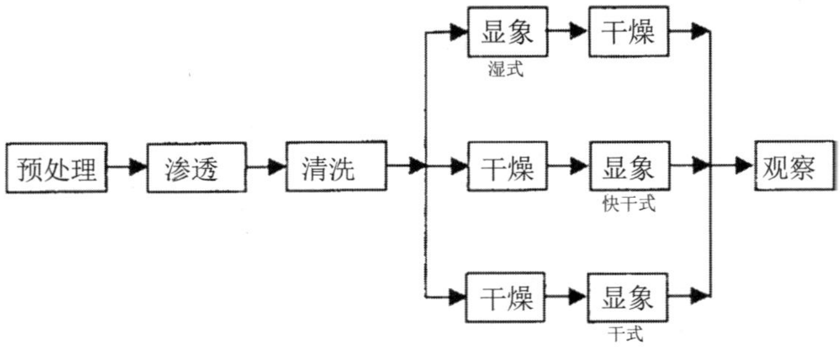

图8-4(a) 水洗型渗透探伤法

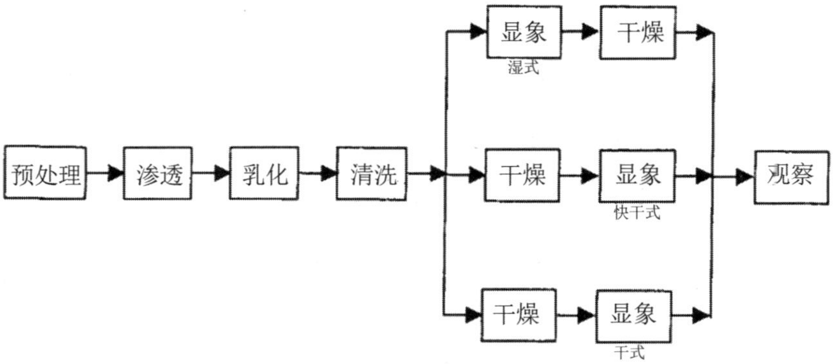

图8-4(b) 后乳化型渗透探伤法

图8-4(c) 溶剂去除型渗透探伤法

各种渗透方法的选择必须依据工件表面的状况、缺陷的性质及灵敏度要求、现场的情况来综合考虑。

(5)涡流检测的工艺路线

涡流检测的工艺路线如图 8-5 所示。

图 8-5　涡流检测工艺路线图

3. 常用无损检测方法的比较

射线检测、超声检测、磁粉检测、渗透检测、涡流检测是 5 种最常用的检测方法。射线检测和超声检测主要是检测内部缺陷；磁粉检测、渗透检测和涡流检测则用于检测表面或近表面的缺陷。为了更简明、更直接地了解上述 5 种方法的不同之处，特列出对照表 8-6 如下。

表 8-6　5 种常用无损检测方法的对照表

对照项目	射线检测	超声检测（A 型扫描）	磁粉检测	渗透检测	涡流检测
方法原理	射线透过工件，使胶片感光，以测定缺陷	以测定异质界面超声反射波的位置和高度，检测缺陷	以测定漏磁吸附磁粉为基础，来检测缺陷	以毛细管原理为基础，来测定缺陷	以测量感生电流的大小为基础，来测定缺陷
主要用途	探伤和结构分析	探伤、测厚（非 A 型）	探伤	探伤	探伤、测厚和材料分选
检测对象	表面及内部缺陷	表面及内部缺陷	表面及近表面缺陷	表面开口缺陷	表面及近表面缺陷
检测材料	所有固体材料	所有固体材料	铁磁性材料	非多孔性（非疏松性）材料	导电材料
缺陷载体	焊接件、铸件和结构件	焊接件、铸件锻件、轧制件和结构件	焊接件、铸件锻件、轧制件和结构件	焊接件、铸件锻件、轧制件和结构件	焊接件、铸件锻件、轧制件和结构件
检测效率	低	高	高	较高	高
检测缺陷	气孔、疏松、夹杂（或夹渣）、未焊透、未熔合、裂纹	气孔、疏松、夹杂（或夹渣）、未焊透、未熔合、裂纹	裂纹、夹渣、折叠、重皮、冷隔和应力集中	裂纹、夹渣、疏松、针孔、折叠、重皮和冷隔	裂纹、夹渣、疏松、针孔、折叠、重皮、应力集中和冷隔
缺陷显示	直观	不直观	直观	直观	不直观
缺陷显示方式	缺陷图像	电脉冲波	附着的磁粉	回渗的渗透液	感生电压和其相位变化
缺陷显示器材和物资	感光胶片	荧光屏	磁粉	显像剂和渗透液	电压表、示波器、记录仪
污染程度	高	无	低	较高	无

无损检测方法应用中应注意的问题：

在压力容器制造过程中，各种无损检测方法的选择，首先要满足国家有关规程、标准的要求。也必须按照有关技术文件，如：图纸和技术协议的要求，满足其检测的比例、合格等级及检测时的检测时机等。

无损检测责任工程师在制造和检修工作中，除完成上述必要的检测项目外，有时必须根据工作需要增加检测方法和手段来进一步对缺陷进行判断。我们除应掌握常规无损检测方法各自的特点及其适应性，而且也须了解其他检测方法和手段特点帮助我们来提高检测结果的可靠性。

无损检测所利用的基本原理都可以归纳为材料内部组织的不连续性和几何形状发生变化，会引起各种物理量的变化。反过来根据物理量的变化大小来推断试件内部组织的不连续性和几何形状的变化。然而，物理量变化的原因很复杂，往往与试件内部的变化无法一一对应。所以，我们必须综合考虑几种物理量的变化，才能对试件内部的异常作出正确的判断。我们有时应根据几种无损检测方法检测的结果进行综合分析判断，最终来确定缺陷，并对缺陷进行定性、定量、定位分析。

4.焊接缺陷

锅炉压力容器制造质量的关键过程控制主要是焊接过程控制和无损检测过程控制。无损检测责任工程师为能把好焊接质量评定这道关，则必须深入地了解和掌握焊接缺陷形成的机理和焊接的基本知识。

1)焊接缺欠与焊接缺陷的定义

焊接接头中的不连续性、不均匀性以及其他不健全性等的欠缺，统称为焊接缺欠。焊接缺欠的存在使焊接接头的质量下降、性能变差。不同焊接产品对焊接缺欠有不同的容限标准，按国际焊接学会(IIW)第Ⅴ委员会提出的焊接缺欠的容限标准如图8-6所示。图中用于质量管理的质量标准为 Q_A，适合于使用目的的质量标准为 Q_B。已使具体焊接产品不符合其使用性能要求的焊接缺欠，即不符合 Q_B 水平要求的缺欠，称为焊接缺陷。存在焊接缺陷的产品应被判废或必须返修。

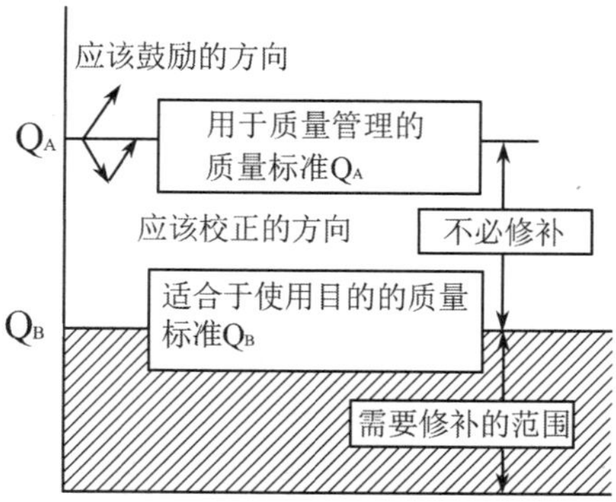

图8-6　第Ⅴ委员会提出的焊接缺欠容限标准

焊接缺陷的危害，直接影响了焊接接头的安全性能和使用性能，它是造成锅炉压力容器失效、破坏性事故的重要原因。从国内外锅炉压力容器事故统计来分析，由于焊接质量引起的事故，综合起来有下列几种类型：焊接裂纹；未焊透、未熔合、线状夹渣及气孔；焊接接头的腐蚀及泄漏；焊接结构的脆性破坏：焊接结构的疲劳破坏；焊接接头的应力及变形。

上述 6 种事故类型都与焊接缺陷有直接或间接的关系，故应对缺陷进行慎重的检测以保证焊接设备的安全性和使用性。

2)焊接缺陷的分类

焊接缺陷大体上可分为：外部缺陷、内部缺陷及性质上的缺陷 3 大类(见图 8-7)。外部缺陷可以通过表面检验发现，内部缺陷可以通过无损检测来发现，性质上的缺陷则应借助于表面显微金相、硬度来间接发现甚至破坏性检验方法来发现。

- 焊接缺陷
  - 外部缺陷
    - 焊缝成形不符合要求
    - 焊缝尺寸不符合要求
    - 焊接变形不符合要求
    - 咬边
    - 满溢
    - 根部未焊透
    - 烧穿
    - 塌陷
    - 表面裂纹
    - 表面气孔
  - 内部缺陷
    - 气孔
    - 夹渣
    - 裂纹
    - 未焊透
    - 未熔合
  - 性质上的缺陷
    - 机械性能不符合要求
    - 化学性能不符合要求

图 8-7　焊接缺陷分类

对于大部分外部缺陷的判定是否符合焊接质量的要求，这一职责一般由焊接检验人员承担，而且企业的质量控制规定“焊接外观缺陷不合格不得转入下道工序”，故这里我们不再对外部缺陷的产生原因及判别方法进行讨论。

一般焊工都有一种误解，认为他所焊出来的焊缝如果无损探伤的结果为Ⅰ级片则把整个焊接接头的质量亦认定为是优良的。这是一种很危险的认识，因为他没有从整个焊接接头的组织及性能去了解和理解。

(1)作为无损检测责任工程师,要判别焊接质量必须把焊缝和焊接接头这两个概念了解清楚。所谓焊缝是指焊接材料与母材熔合后凝固的部分。而焊接接头则包括焊缝和近缝区两部分,详见图 8-8:

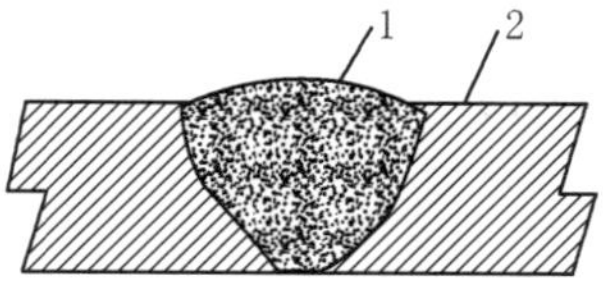

1—焊缝　2—近缝区

图 8-8　焊接接头组成示意图

近缝区包括焊缝金属与未熔化的母材的交界处(熔合区)和紧邻焊缝的母材在焊接过程中受电弧热量的影响其组织和性能发生变化的部位(热影响区)。

焊接接头的熔合区在整个接头中所占的位置很窄,故对接头性能的影响亦不占主导地位。

焊接接头的热影响区在整个接头中所占位置则较宽,而且这部分是母材受焊接热循环的影响造成组织与性能的不一致(或不均),成为整个焊接接头最薄弱的区域。由图 8-9 可知低碳钢和不易淬火钢的热影响区通常分为 4 个区域。对照钢的状态图可知在固相线与 1 100 ℃的温度区间这部分紧邻焊缝的母材由焊接热循环影响造成的高温段晶粒粗大,机械性能极差,通常称为过热区或粗晶区。由焊接热循环影响造成母材温度处于 A3 线与 1 100 ℃之间的部分受热后空冷,相当于正常热处理的正火过程,该地区晶粒细化,综合机械性能比母材原性能有了很大改善,通常称该区域为正火区或细晶区。

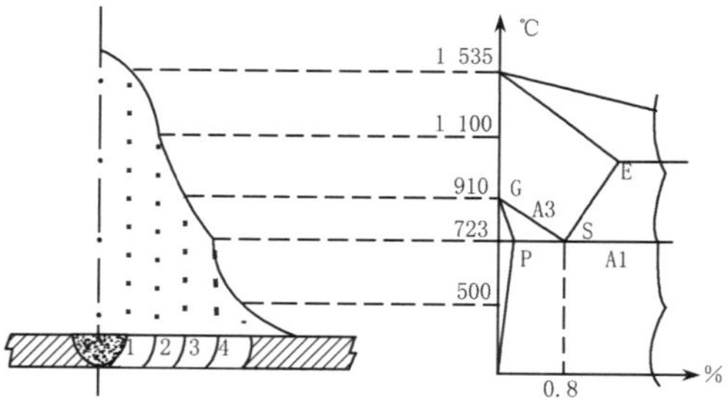

1—过热区　2—正火区　3—部分相变区　4—性能改变区

图 8-9　低碳钢的热影响区

母材受焊接热循环影响的 A1 与 A3 线温度区间,其组织有高温时的奥氏体和铁素体,冷却后成为细小晶粒的铁素体、珠光体和晶粒粗大的铁素体即高温下的铁素体保留下来,奥氏体分解成珠光体及细小晶粒的铁素体。由于区间晶粒粗细皆有且不均匀,其性能与母材的性能无显著差别,通常称该区域为部分相变区或不完全重结晶区。

母材受焊接热循环影响的 A1 线与 500 ℃温度区间无显微组织改变,对于焊接前经过冷塑性变形的母材,受热后其塑性变形形成的破碎的晶粒发生了再结晶过程变成为完整的晶粒。该区的强度与硬度都低于冷作变形状态的母材，但韧性与塑性得到了改善，成为焊接接头中的一个软化区，通常称该区域为再结晶区或性能改变区。

由以上可知，焊接接头的质量检测不能只考虑其X光底片上有无缺陷，还要考虑其性质上的缺陷，即机械性能的变化是否已满足了设计的要求。如果被焊的工件材料在苛刻的腐蚀介质条件下工作，除了考虑焊缝填充材料的耐腐蚀性能外，还要考虑焊后焊接接头的热影响区是否经受焊接热循环的影响而化学性能遭到破坏的问题。

(2)无损检测是焊接质量评判的关键把关工作。目前常用的射线检测、超声检测、磁粉检测对接头的内部缺陷的检验已进行了有效的把关工作，焊接缺陷的未焊透、气孔和夹渣，很难逃过无损检测关。但危害性最大的裂纹，尤其是尺寸细小的裂纹，往往会因为无损检测灵敏度的限制而漏检。下面我们着重对裂纹产生的机理进行较深入的探讨，以便从材料、焊接工艺等方面预测那些焊接接头可能产生裂纹，进而提醒无损检测人员严格把关。

(3)焊接裂纹是在焊接应力及其他致脆因素的共同作用下，焊接接头的薄弱部位产生的缝隙。一般将焊接裂纹分为热裂纹、冷裂纹、再热裂纹、应力腐蚀裂纹和层状撕裂(见图8-10)。对于锅炉压力容器制造企业的无损检测责任人的工作范围不会涉及应力腐蚀裂纹，层状撕裂亦不会漏检，故我们都略去探讨，只讨论热裂纹、冷裂纹和再热裂纹3种缺陷。

①热裂纹产生的原因

冶金因素——这里主要指的是被焊金属的化学成分。钢的含碳量越高则热裂的倾向亦越大，根据有关文献的资料可知，钢的含碳量超过0.21%时便有热裂的倾向。所以《固定式压力容器安全技术监察规程》规定对用于焊接结构压力容器主要受压元件的碳素钢和低合金钢，其含碳量不应大于0.25%，这就是防止热裂纹的一条措施。另外，硫的含量是影响热裂纹产生的主要因素，它主要是会引起低熔共晶的产生而导致产生热裂纹。

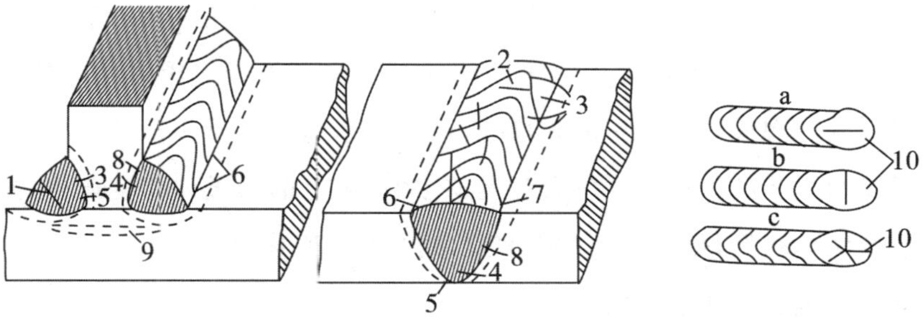

a—纵向裂纹　b—横向裂纹　c—星形裂纹

1—焊缝中纵向裂纹　4—焊缝根部裂纹　7—焊趾纵向裂纹(液化裂纹、再热裂纹)

2—焊缝中横向裂纹　5—HAZ根部裂纹　8—焊道下裂纹(延迟裂纹、液化裂纹、多边化裂纹)

3—熔合区裂纹　6—焊趾纵向裂纹(延迟裂纹)　9—层状撕裂　10—弧坑裂纹(火口裂纹)

图8-10　焊接裂纹的宏观形态及其分布

工艺因素——这里主要指的是焊接坡口的准备、焊接工艺参数的影响。坡口的准备主要指的是焊缝形状系数。众所周知,一道焊缝如果其形状是窄而深时,焊缝结晶的方向性则很明显会形成“对生”的枝状组织,如图 8-11 所示。低熔共晶便会集结至焊缝中心轴线上形成一个机械性能很薄弱的地段,它在焊缝冷却收缩的体积应力下便会开裂。

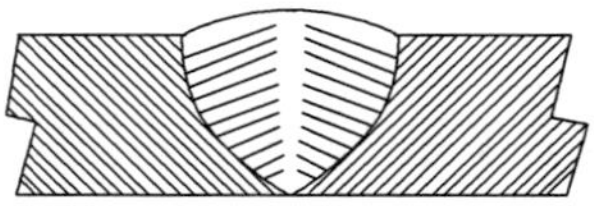

图 8-11　焊缝“对生”枝状组织

力的因素——我国有句俗语“窗纸不捅不破”,意思是再不坚固的东西没有外力去作用它也是不会损坏的。造成焊接裂纹的力主要就是焊接残余应力引起的。影响焊接残余应力的因素有焊接接头的刚性拘束、焊接顺序、焊缝截面积的大小等限制焊接接头自由收缩的条件。

热裂纹的形貌:

热裂纹从宏观上看多为纵向裂纹和弧坑的散射状裂纹,因它是产生于高温下,其裂缝表面有较为明显的氧化色彩。

②冷裂纹产生的原因

冶金因素——被焊钢种的淬硬倾向大时,焊接后产生冷裂纹的概率就越大。因为在焊接热循环的作用下,有淬硬倾向的钢材的热影响区往往产生硬而脆的马氏体组织,而导致接头的开裂。所以含碳量和淬硬倾向大的低合金高强度、调质钢、热强钢等在一定板厚焊接时便易产生冷裂纹。钢材含磷量偏高时亦极易引起冷裂纹的产生,因为元素磷会引起钢材的冷脆性。

工艺因素——由于被焊工件有淬硬倾向,故焊接接头的冷却速度对冷裂纹是相当重要的。焊接的热输入量、焊缝的层间温度和接头的预热温度都会影响其冷却速度。故在这些钢种的焊接中希望焊接热输入量偏大些,层间温度和预热温度偏高些。

接头中扩散氢的含量亦是导致冷裂纹产生的主要因素。因为在焊接有淬硬倾向的低合金高强钢时,扩散氢从焊缝中铁素体组织内快速扩散向尚处于奥氏体组织的热影响区内。而氢在较低温度时在奥氏体组织中的扩散速度相当低,这使大量扩散氢聚集于热影响区内形成一个高氢地段。当高氢地段的氢含量足够多时,随之的马氏体相变产生的相变应力和接头中的焊接应力的作用,便会使之产生裂纹,故有时人们称冷裂纹为氢致裂纹。

力的因素——同影响热裂纹的条件。

冷裂纹的形貌:冷裂纹从宏观上看其特征为,在焊缝上以横向为多,在热影响区上以纵向为多。

③再热裂纹产生的原因

冶金因素——被焊金属是含具有沉淀硬化倾向元素的低合金钢,如 Cr-Mo-V、Cr-Mo-V-B、Mn-Ni-Mo-V 型等易在焊道重热、焊后热处理及高温运行时产生裂纹。

工艺因素——焊接热输入量大则接头的热影响区尺寸亦相应变大，受焊接热循环影响的母材温度达到1 000～1 350 ℃高温部位（过热区）亦随之变大，该区域内碳化物达到完全固溶。该区域域在随后的再热作用下（500～700 ℃）碳化物逐渐从晶体内部沉淀，强化了晶体。而再热过程中的蠕变就集中于晶界。当晶界的变形能力低于蠕变变形量时，便导致了晶界开裂，进而形成宏观裂纹。

焊材的选用对再热裂纹亦有较大影响。如果焊材的强度稍低于母材，使焊缝金属的硬度低于母材，更低于热影响区，则再热过程中焊缝先于热影响区产生变形，这便减弱了热影响区产生过量的应变。

焊接工艺中的预热和后热都会降低焊接接头的残余应力，使接头的再热过程产生的应力不叠加亦可有效防止再热裂纹。

力的因素——同影响热裂纹的条件。这里更应注意焊接表面缺陷如咬边、凸形焊缝等一切可能导致应力集中的条件。

再热裂纹的形貌：

由上述可知再热裂纹大多产生于焊接接头的热影响区部位且平行于焊缝。在压力容器制造中多见于有补强板的人孔的组合焊接接头中，因为此处的接头刚性最大。

(4)分析了3种焊后常见裂纹产生的原因后，让我们再按常用压力容器钢材来讨论焊接裂纹产生的概率。

①20#、Q245R、Q235B等为常用的碳锰系列的压力容器用钢，它们的含碳量都小于0.24%，其抗拉强度都小于540 MPa。一般情况下，焊接这些钢材制造的压力容器不会产生热裂纹和冷裂纹。但是，我们应注意到如果这些钢材在大厚度的条件下接头的刚性巨大，预热温度不足时其冷却速度很大，往往在固定焊时便产生了热裂纹，当它混入焊缝中便会导致扩大的宏观开裂。另外当这些钢种的含碳量处于最大值时，其含硫磷元素之量亦处于峰值或超标值时，同样会导致冷、热裂纹的产生。

②Q345R、20MnMo等为低合金钢常用的压力容器用钢。它们的含碳量都不高、标准规定的抗拉强度下限值亦不超过540 MPa，它的焊接性一般较好，通常不会产生冷、热裂纹。但是，亦同20#碳锰结构钢一样，其厚度大、环境温度低时同样会产生冷、热裂纹。另外要提醒大家注意的是这些低合金钢中因含有一定数量的合金元素，故它们的屈服强度往往会偏高，因此我们应从钢材质量保证书上或制造单位的复验文件中审查一下它们的真实屈强比（真实的屈服强度与真实的抗拉强度的比值）。一般其屈强比超过0.8以上则应密切注意裂纹产生的可能性，在评片中要提高注意力严防漏检。

③珠光体耐热钢类材料：如12CrMo、15CrMo、12Cr1MoVR等，在其壁厚超过6 mm时便应密切注意其冷裂的倾向。在南方，由于空气中的相对湿度很大，往往造成焊材的吸潮和

潮湿的施焊条件导致焊接接头中扩散氢含量高,易引起冷裂纹的产生。

④06Cr19Ni10、06Cr17Ni12Mo2、06Cr19Ni13Mo3 等常用的奥氏体不锈钢产生热裂纹的概率相当高,尤其在焊工操作不当、收弧时弧坑未填满、接头速度慢时最易造成弧坑裂纹。当弧坑裂纹混入焊缝中时往往会引起热裂纹的扩展。

由于热裂纹产生在高温时期,焊后检测一般易于发现,而冷裂纹一般是焊后一段时间内才产生的,故在《固定式压力容器安全技术监察规程》中明确规定"有延迟裂纹倾向的材料应在焊接完成 24 h 后进行无损检测"。这个时间限制应当是最低限度,必须保证。大家应当知道 20 世纪 70 年代吉化公司丙烯塔在试压后一年再试水压时,纵缝接头产生了穿透性裂纹导致整塔报废的事故,就是筒体材料用了日本的 SM53C 这种微量元素多的淬硬倾向大、易产生冷裂纹材料产生的后果。

第九章　检验与试验质量控制系统

《特种设备生产和充装单位许可规则》对检验与试验控制的范围、程序、内容规定如下：

1. 检验与试验工艺文件基本要求，包括依据、内容、方法等；

2. 检验与试验条件控制，包括检验与试验场地、环境、温度、介质、设备(装置)、工装、试验载荷、安全防护、试验监督和确认等；

3. 过程检验与试验控制，包括前道工序未完成所要求的检验与试验或者必需的检验与试验报告未签发和确认前，不得转入下道工序或者放行的规定；

4. 最终检验与试验控制，包括最终检验与试验前所有的过程检验与试验均已完成，并且检验与试验结论满足安全技术规范及相关标准的规定；

5. 检验与试验状态，如合格、不合格、待检的标识控制；

6. 安全技术规范及相关标准有型式试验或者其他特殊试验规定时，应当编制型式试验或者其他特殊试验控制的规定，包括型式试验项目及其覆盖产品范围、型式试验机构、型式试验报告、型式试验结论及其他特殊试验条件、方法、工艺、记录、报告及试验结论的要求等；

7. 检验试验记录和报告控制，包括检验试验的记录、报告的填写、审核和确认等，检验试验记录、报告、样机(试样、试件)的收集、归档以及保管的特殊要求等。

检验与试验工艺、最终检验与试验报告由相应质量控制系统责任人员审查确认，作出记录。

第一节　检验与试验责任工程师的任职条件和岗位职责

检验与试验控制系统是质量保证体系中的重要组成部分，对产品质量进行检验与试验质量控制，本系统责任人员对各个控制环节，控制点实施组织、协调、检查、督促。通过一系列的质量活动，运用检测检验专业技术和管理技术，独立地实施产品质量鉴别、把关、报告的职能。即依据国家的质量法规、规程和标准，产品设计图样、制造工艺监督检验产品质量，把好质量关，维护国家和顾客的利益以及单位自身的信誉。

一、检验与试验责任工程师的任职条件

1.检验与试验质量控制系统责任工程师，应当熟悉任职岗位的工作任务和要求，通过岗位培训，能够履行岗位职责。

2.检验与试验质量控制系统责任工程师，应具有压力容器产品检验工作经历。同时应满足以下条件：

(1)A1、A6级压力容器生产单位检验责任工程师，应具有大专或以上学历，且具有工程师或以上技术职称。

(2)A2、A3、B、C1、C2级压力容器生产单位检验责任工程师，应具有工程师或以上技术职称。

(3)A4、A5、C3、D级压力容器生产单位检验责任工程师，应具有助理工程师或以上技术职称。

3.能够严格贯彻执行国家有关法规和标准，组织、指导有关人员开展检验质量控制系统的工作。

4.熟悉有关压力容器法规、标准，具有全面的压力容器检验知识。具有能对检验系统的质量工作进行控制和管理的能力。

二、检验与试验责任工程师的岗位职责

1.在质量保证工程师的领导下，主持检验质量控制系统的各项工作，认真贯彻执行国家有关产品质量条例、法规、规程，以及国家标准、行业标准、企业标准。

2.组织检验技术人员审查图样和技术文件，编制产品检验、试验工艺(规程)，组织对特殊专用检具进行设计。

3.对单位生产的产品从原材料入库验收、仓储保管发放、工序检验、外购(外协)检验、压力试验到成品最终检验等进行控制。

4.对生产中出现的不合格品，按质量保证体系规定的程序组织处理。做到违章违法(例如焊工违反持证上岗规定)必究。不合格材料不准投料，上道工序不合格不准转入下一道工序，不合格的零部件不准装配，不合格的产品不准出厂。行使质量否决权，保障和支持检验人员工作。

5.负责审核检验、试验规程和专用检验、试验工艺。

6.负责检查检验与试验场地、环境、温度、介质、试验载荷和安全防护措施是否满足要

求，并报本单位技术负责人和安全部门检查批准。

7.负责审核产品安全质量技术资料和出厂文件，审签压力容器产品合格证。

8.负责产品关键工序的现场监督检查、与第三方检验人员的联络工作。

9.负责协助培训部门对质量检验和质量试验技术人员进行质量检验技术、质量控制方面的业务培训。

10.定期向质量保证工程师报告检验与试验质量控制系统的工作。

第二节 检验与试验质量控制系统的建立和运行

一、检验与试验质量控制系统的建立

1.单位必须设置独立的产品质量检验机构。

2.任命符合要求的检验责任工程师及各控制环节、控制点责任人，明确检验责任工程师和有关人员的职、责、权。检验责任工程师在处理产品质量问题上行使质量否决权。

3.配备适合检验质量控制要求的专业技术人员和实践经验丰富的检验人员。

4.制订检验与试验计划并实施。

4.制订关于检验与试验状态标识的规定。

6.配备必需的检验检测设备和检验与试验装置。

7.编制符合《特种设备生产和充装单位许可规则》要求的检验质量控制程序文件（管理制度）。

二、检验与试验质量控制系统的运行

1.正常运行的标志

(1)压力容器制造有关法规、标准，单位制定的《质量保证手册》得到贯彻、实施，各项检验活动均具有可追溯性。

(2)质量监督、检查、验证不受任何行政干扰，能行使质量否决权。

(3)不合格品(项)处理正确、及时，并有记录可追溯。

(4)有严格和明确的检验工艺岗位职责和管理制度。

(5)定期进行质量分析、内部质量审核，并有详细的记录报告。

(6)检验与试验质量控制系统运行稳定，没有因检验质量失控造成漏检、错检。记录报告准确无误。

(7)检验检测手段完善。

2. 检验与试验质量控制系统的运行

为确保系统的正常运行，确保压力容器产品质量，应做好以下工作：

(1)检验责任工程师定期组织本系统的员工认真学习质量法规、标准，以及检验检测新方法、新技术。

(2)定期进行质量目标考核，认真总结，制定对策，健全检验与试验质量控制系统，预防检验与试验质量问题的产生。

(3)定期在系统内部开展质量审核。

第三节　检验与试验质量控制系统的质量控制

一、控制环节、控制点的设置

检验与试验质量控制系统控制环节、控制点设置如下：

1. 检验与试验质量控制系统一般可以设置制造前检验准备、制造过程检验(工序检验)、压力试验、最终检验与试验、检验与试验记录和报告5个控制环节。

2. 制造前检验准备控制环节设置：检验与试验人员、检验与试验工艺、检验与试验手段3个控制点。

3. 制造过程检验(工序检验)控制环节设置：划线下料、划线开孔、标记移植、组装、产品试板、总体检验、不合格品(项)处理等7个控制点。

4. 压力试验控制环节设置：压力试验工艺文件编制、审核及试压设备和场地、液压试验、气压试验、气液组合压力试验、泄漏试验(包括气密性试验、其他泄漏试验)、试验记录报告7个控制点。

5. 最终检验与试验(出厂检验)控制环节设置：产品铭牌，标志、油漆、包装，安全附件，出厂技术文件及资料等4个控制点。

6. 检验与试验记录和报告控制环节设置：审核确认，收集、归档、保管两个控制点。

二、控制点的要求和内容

1. 检验与试验人员

检验与试验人员素质是最主要的因素，由于他们在检验与试验工作中所负的职责，对检验与试验质量起着十分重要和关键作用。

2.检验与试验工艺

编制检验与试验工艺文件，同时还应设计检验用的专用检具。

3.检验与试验手段

按照检验与试验工艺的要求配备好相应检测仪器、设备、量具、样板、检具，并且都应经过计量部门检定合格且在检定周期内。

4.划线下料、划线开孔

在划线下料、划线开孔前应熟悉图纸、工艺文件，根据排版图、图样仔细检查，避免不合格品(项)产生。在划线下料、划线开孔前要核对材料标记，是否与工序过程卡及实物上的标注相同。

5.标记移植

应按照谁分割谁移植，先移植后分割，移植并经检验确认后方可分割的原则进行控制。

6.组装

按法规、标准的有关规定要求控制组装棱角度、圆度、错边量、焊缝布置、内件附件装配尺寸位置、管口方位、组装用工装、临时吊耳处理情况。严禁强力组装。

7.产品试板

按法规、标准的要求控制产品试板的制作。

8.不合格品(项)处理

应对不合格品(项)进行鉴别，避免误判。同时对不合格品(项)做好标识、处置及处置后检验。

9.压力试验工艺文件编制、审核

(1)根据企业生产计划指令，接到生产用图纸、工艺文件等，系统责任工程师应组织编制压力试验工艺文件。编制的依据是《固定式压力容器安全技术监察规程》，对气瓶产品或液化气体汽车罐车等压力容器还要依据相应的规程，如 GB/T 150《压力容器》、GB/T 151《热交换器》等标准和图样技术条件，工艺文件上的技术要求，企业制定的压力试验通用规程等。经系统责任工程师审核后发放到压力试验操作人员、检验人员。

(2)产品组装合格后转入压力试验工序，系统责任工程师应提前核实压力试验工艺文件是否发放至操作人、检验员，并对产品的外观质量进行复查。主要复查内容为：

①标记情况：材料标记、零部件标记、焊工钢印标记、无损检测标记、检验标记等。允许打钢印的应有钢印，位置与程序文件规定相符。不允许打钢印的应采用记号笔做标记，并与

记录相符。

②焊接接头的外观质量和焊缝布置。

③形状(圆度、棱角度)、封头成型、直线度等。

④管口方位。

⑤尺寸偏差(例如液位计接管之间、地脚螺孔之间、两底板是否在同一水平面内)。

⑥容器内表面。

⑦必须进行无损检测的部位(例如被覆盖的焊接接头,以自开孔中心沿容器表面的最短长度等于开孔直径范围内的焊接接头、法兰对接接头等)。

(3)审查容器产品的安全质量技术资料:

①材料牌号规格是否与图纸相符等。如果有改代,改代手续是否齐全;外购件、外协件是否有入厂检验报告,质量证明文件。

②下料检验、加工检验数据齐全。

③焊接记录,外观检查报告。

④无损检测报告。

⑤热处理报告。

⑥产品试板报告(含材料热处理试板)。

⑦焊工、无损检测人员资格。

⑧不合格处理资料。

⑨热交换器胀管记录、报告。

⑩返修记录资料,补强圈试压。

⑪主要受压元件工序过程卡等。

以上安全质量技术资料齐全、正确、签字手续齐全,符合岗位职责规定。

(4)通过对产品质量复查和安全质量技术资料的审查,系统责任工程师将以上资料送监检人员,经监检单位审核同意后才能下达指令进行压力试验。根据《固定式压力容器安全技术监察规程》,监检项目分为A类、B类和C类,其要求如下:

①A类,是对压力容器安全性能有重大影响的关键项目,在压力容器制造、施工进行到该项目时,监检员现场监督该项目的实施,其结果得到监检员的现场确认合格后,方可继续制造、施工;

②B类,是对压力容器安全性能有较大影响的重点项目,监检员一般在现场监督该项目的实施,如不能及时到达现场,受检单位在自检合格后可以继续制造、施工,监检员随后对该项目的结果进行现场检查,确认该项目是否符合要求;

③C类,是对压力容器安全性能有影响的检验项目,监检员通过审查受检单位相关的自

检报告、记录，确认该项目是否符合要求；

④《固定式压力容器安全技术监察规程》监检项目设为 C/B 类时，监检员可以选择 C 类，当《固定式压力容器安全技术监察规程》其他相关条款或者产品标准、设计文件规定需要进行现场检查时，监检员应当选择 B 类；

⑤监检项目的类别划分要求见《固定式压力容器安全技术监察规程》相应章节的有关要求。

10. 试压设备和场地

设备包括气压试验(空气压缩机、高压惰性气瓶等)、液压试验(试压泵等)、氨渗漏设备、试验用压力表等。场地包括气压试验场地、液压试验场地和氨渗漏试验场地。试验设备应完好，试压仪表应经检定合格。

(1)试压用设备电动试压泵、空气压缩机应是完好设备。控制用调节阀和截止阀的密封性能要好，接头处应牢固，不能有渗漏，螺纹连接处应检查螺纹磨损情况，避免发生安全事故。空气压缩机的压力应与压力试验相匹配。

(2)试压用压力表应经计量检定合格，并且在检定周期内使用。压力表的量程应是试验压力值的 1.5 至 3.0 倍，主要原因是刻度分度值适宜。量程太大，刻度分度值误差大。设计压力小于 1.6 MPa 压力容器使用的压力表的精度等级不得低于 2.5 级，设计压力大于或等于 1.6 MPa 压力容器使用的压力表的精度等级不得低于 1.6 级。压力表的检定和维护应当符合国家计量部门的有关规定，压力表安装前应当进行检定，注明下次检定日期。压力表检定后应当加铅封。

(3)液压试验应设置专用场地。地面可稍微带点斜度，以防止积水，四周应有排水沟，以利于排水。为合理利用水资源，可建蓄水池，但要注意水池的清洁。如果设备的容积大，要注意场地的承重和容器充满水时的保护。场地应有可靠的安全防护措施，尤其是气压试验场地，应远离生产车间、建筑物、人员密集的办公区域，因为气体是可压缩的。水的等温压缩系数很小，远远小于气体，可近似视为不可压缩。气体的体积膨胀系数比水大得多，因此，一旦容器破裂，压缩气体的释放能量比液体要大得多，危险性也就要大得多。压力试验场地应经本单位技术负责人和安全部门检查认可。做气压试验时安全管理部门应到现场进行监督。

11. 液压试验

液压试验应严格按试压工艺文件执行。

(1)液压试验程序

①试验介质应当符合产品标准和设计图样的要求，以水为介质进行液压试验时，试验合格后应当将水排净，必要时将水渍去除干净；

②压力容器中应当充满液体,滞留在压力容器内的气体应当排净,压力容器外表面应当保持干燥;

③当压力容器器壁温度与液体温度接近时,才能缓慢升压至设计压力,确认无泄漏后继续升压到规定的试验压力,保压足够时间;然后降至设计压力,保压足够时间进行检查,检查期间压力应当保持不变;

④热交换器液压试验程序按照产品标准的规定。

(2)液压试验合格标准

进行液压试验的压力容器,符合以下条件为合格:

①无渗漏;

②无可见的变形;

③试验过程中无异常的响声。

12.气压试验

(1)气压试验程序

①气压试验时,制造单位应当制定应急预案并且派人进行现场监督,撤走无关人员;

②气压试验时,应当先缓慢升压至规定试验压力的10%,保压足够时间,并且对所有焊(粘)接和连接部位进行初次检查;如无泄漏可继续升压到规定试验压力的50%;如无异常现象,按照规定试验压力的10%逐级升压至试验压力,保压足够时间后降至设计压力进行检查,检查期间压力应当保持不变。

(2)气压试验合格要求

气压试验过程中,压力容器无异常响声,经过肥皂液或者其他检漏液检查无漏气、无可见的变形即为合格。

13.气液组合压力试验

气液组合压力试验的升降压要求、安全防护要求以及试验的合格标准按照上述12条的有关规定执行。

14.泄漏试验

制造单位应当按照设计文件的规定在耐压试验合格后进行泄漏试验。

(1)气密性试验

①进行气密性试验时,一般需要将安全附件装配齐全;

②保压足够时间经过检查无泄漏为合格。

(2)其他泄漏试验

氨检漏试验、卤素检漏试验、氦检漏试验等泄漏试验由制造单位按照设计文件的规定进行。

15. 压力试验后

液压试验后应立即卸压到压力表指针指到零位，确认容器内无压力之后打开设备底部放水阀放水，同时还应将顶部的放气阀打开，将水全部排净。打开人孔盖清理容器内是否有泥沙等污物，将内部水渍擦干后用压缩空气吹干。对管法兰密封面进行防锈保护。热交换器应设法(抬高或吊起等)将内部水排净，并用压缩空气吹干。检验员填写试验报告，压力试验控制系统责任工程师审核签字确认，质量监督检验人员在报告上签字确认，压力试验报告即可转存。

16. 产品铭牌

应符合法规、标准的有关要求。

17. 标志、油漆、包装

应符合设计图样及标准。

18. 安全附件

核查安全附件产品合格证及实物，应符合设计图样及标准。

19. 出厂技术文件及资料

应符合有关要求。

20. 检验与试验记录和报告

应经审核确认，按法规、标准的有关要求进行归档和保管。

三、检验质量控制系统控制环节和控制点

检验质量控制系统控制环节和控制点，如表 9-1 所示。

表 9-1　检验质量控制系统控制环节和控制点一览表

控制环节	控　制　点
1. 检验准备	(1)检验人员授权；(2)检验工艺；(3)检验检测手段
2. 制造过程检验(工序检验)	(1)划线下料；(2)划线开孔；(3)标记移植；(4)组装；(5)产品焊接试板；(6)总体体验；(7)不合格品(项)处理
3. 压力试验	(1)压力试验工艺文件编制；(2)审核及试压设备和场地；(3)液压试验；(4)气压试验；(5)气液组合压力试验；(6)泄漏试验；(7)试验记录报告
4. 最终检验与试验	(1)产品铭牌；(2)标志、油漆、包装；(3)安全附件；(4)出厂技术文件及资料
5. 检验与试验记录和报告	(1)审核确认；(2)收集、归档、保管

四、检验与试验质量控制系统控制程序图

检验与试验质量控制系统控制程序图见附录G。

第四节　检验与试验质量控制系统程序文件、作业(工艺)文件及质量记录表卡

一、检验与试验质量控制系统程序文件

1. 检验与试验计划、检验与试验工艺管理；
2. 工序检验管理；
3. 成品检验管理；
4. 检验与试验记录报告管理。

二、检验与试验质量控制系统作业（工艺）文件、质量记录表卡

1. 材料、焊材、下料、封头、筒体、锻件、机加工、管子、安全附件、多层包扎、接管开孔补强、焊接、组装、热处理、酸洗钝化、外观质量、标识、检验状态、不合格、最终原始记录；
2. 产品合格证；
3. 压力容器产品质量证明文件；
4. 产品技术特性；
5. 压力容器外观及几何尺寸检验报告；
6. 压力试验检验报告(液压、气压、气密性)；
7. 安全阀调试记录；
8. 最终检验记录；
9. 产品制造变更报告；
10. 压力容器产品铭牌；
11. 换热容器产品铭牌；
12. 通用检验工艺规程(守则)；
13. 专用检验工艺规程(守则)；
14. 压力试验工艺规程(守则)；
15. 专用压力试验工艺规程。

第五节　检验与试验责任工程师应掌握的相关法规标准和专业知识

一、压力容器检验的相关法规、标准

压力容器由于安全性能的特殊要求，以及结构、形式、选材和制造方法的复杂多样，因而对制造、检验工作要求十分严格。检验责任工程师肩负最终判定产品是否合格并不放不合格的产品出厂的重任，因而需要了解、熟悉和掌握与检验有关的压力容器法规、标准。它不仅包括压力容器设计、材料和制造过程的法规、基础和专业标准，还应包括与检验工作相关的方法标准。由于这些法规、标准种类、数量较多，在此不便全部列出，仅作概括性介绍。压力容器法规、标准一般可分为 9 个方面：

1. 法规

如《特种设备安全监察条例》《特种设备生产和充装许可规则》《固定式压力容器安全技术监察规程》等。

2. 设计、制造、检验与验收标准

如 GB/T 150《压力容器》等。

3. 零部件标准

如 JB/T 4736《补强圈》、GB/T 25198《压力容器封头》等。

4. 材料标准

如 GB/T 713《锅炉和压力容器用钢板》等。

5. 理化检验和金相分析标准

如 NB/T 47016《承压设备产品焊接试件的力学性能检验》等。

6. 焊接标准

如 NB/T 47014《承压设备焊接工艺评定》等。

7. 无损检测标准

如 NB/T 47013《承压设备无损检测》等。

8. 耐压试验

有关法规、标准中压力试验的规定。

如 TSG 21—2016《固定式压力容器安全技术监察规程》第 4. 1. 9 条“耐压试验”和第

4.1.10 条“泄漏试验”是压力容器压力试验必须遵守的法规,应熟练掌握并严格执行。

GB/T 150.4《压力容器 第 4 部分:制造、检验和验收》中对耐压试验的方法操作过程及应遵守的规定也很详细,应熟练掌握。

《气瓶安全技术规程》规定气瓶的水压试验应为公称压力的 1.5 倍。

9. 计量法律和规程

如《计量法》、检验试验和测量设备的检定、标准规程等。

二、相关专业知识

压力容器的形式多样,由不同的金属材料采用多种形式、不同方法制造。压力容器根据不同的分类方法有多种分类,常用的有以下几种:

1. 按压力分类

根据压力容器承受的压力分为:低压、中压、高压和超高压。

2. 按壳体承压的方式分类

压力容器分为内压容器和外压容器。这是截然不同的两类压力容器,内压容器的壁厚是通过强度计算再加上另外的数据而得到,而外压容器则主要考虑稳定性的问题。

3. 按设计温度分类

按温度划分为低温压力容器和一般常温压力容器。我国 GB/T 150《压力容器》将设计温度低于或等于−20 ℃的压力容器划为低温压力容器。对于高于−20 ℃的压力容器,又对使用温度低于 0 ℃或−10 ℃的压力容器壳体材料根据不同材质不同厚度提出复验要求。

4. 按安全使用类别分类

分为固定压力容器和移动式压力容器。又将移动式压力容器中使用量最大的气瓶划分出单独管理(气瓶规程、气瓶专用材料等)。

5. 按压力容器结构形式分类

分为单层、多层。单层里面又分为锻造、锻焊,以及单层、管制、无缝。多层压力容器有绕板、绕带、多层包扎、热套结构等。

6. 按材料分类

普通碳素钢、低合金钢压力容器;不锈钢压力容器;高强钢制压力容器;有色金属压力容器;非金属压力容器。

7. 按在生产工艺过程中的作用原理分类

反应压力容器、换热压力容器、分离压力容器、储存压力容器。

焊接是压力容器制造的关键技术之一,焊接质量对压力容器的总体质量有着重要的作用。随着压力容器用新材料的研制开发,焊接技术、焊接材料、焊接设备、焊接方法等也取得了巨大的进步和提高。埋弧焊、气体保护焊、窄间隙埋弧焊、等离子弧焊等高效优质的焊接方法，已在压力容器制造中得到普遍应用。

作为检验质量控制系统的责任工程师应该熟悉焊接专业方面的知识和压力容器焊接方面的法规、标准对焊接管理方面的规定要求。例如，只知道焊工应持证上岗施焊，但其项目是否符合，若不熟悉《特种设备焊接操作人员考核细则》则无法行使检查监督焊工持证施焊的职权。例如，只知道焊接工艺制定的依据是焊接工艺评定，至于焊接工艺评定是否覆盖所施焊的压力容器产品的焊接接头无法判定，同样也不能进行检查监督。如果对材料产生延迟裂纹的原因不熟悉，就不能制定恰当的检验工艺，施焊后进行表面检测，因检验时机不恰当，不能发现缺陷，将会造成延迟裂纹的漏检，给压力容器的安全运行造成很大的隐患和危险性。

从焊接的工艺过程、缺陷形成原因的分析可以看出，影响焊接质量的因素相当多。从原材料、焊工的技能素质，执行焊接工艺的准确程度，焊接接头的预热和焊后热处理要求是否达到工艺要求，坡口的成型、错边量、环境等决定焊接接头的外观质量和内在质量，检验责任工程师对这些都应熟悉掌握。由此从焊接的准备阶段检验开始，到施焊焊接工艺的执行巡检监督、焊缝形成的外观质量检验，通过焊缝内部质量检验（出具无损检测报告）直至焊缝返修（如有返修时）监督检查这一系列的检验质量控制工作，才能确保焊接接头的质量。

压力容器产品质量是否合格，是依据压力容器产品标准来判定的。是否符合标准，要对压力容器产品质量的检验结果数据进行比较和判定。而检验结果是否准确可靠，与所选择的检验方法和手段有直接的关系。如选择的检验方法不当，则可能造成判断失误，影响对压力容器产品质量的评价。压力容器检验中大量采用的是仪器设备检验。应用的检验仪器设备就必须是完好的，且为经过计量部门检定的量具、仪器仪表设备，否则检测出来的数据是不可靠的。有的检测是直接检测，有的是间接检测，间接检测的试样就必须有其代表性，否则同样也给判定带来影响甚至失误。例如产品试板、材料取样部位。材料的化学成分、力学性能、弯曲性能、金相组织等性能的检测必须用相应的化学分析仪器、材料试验机来进行试验。其试验的取样、试件加工、仪器设备的计量检定必须符合相应标准要求，否则其质量数据是不可靠的。

综上所述，压力容器检验责任工程师必须要熟悉制造压力容器产品所涉及的国家法律、法规、条例、规程；应掌握压力容器制造用材料、零部件、检测、试验等相关国家标准、行业标准和企业标准。要掌握以上知识，就应掌握和了解化工机械专业、焊接专业、金属材料与热处理、理化、计量、无损检测等相关专业知识。因为压力容器制造、设计、工艺基本知识是检验责任工程师负责制订检验、试验要求，检验、试验方法，检验、试验工艺，检验、试验规程等文件的基础。此外，还应了解质量管理标准的思想、理论、原则、方法等方面的知识和应用，以便做好质量管理和质量检验工作。

第十章　理化检验质量控制系统

理化检验质量控制系统是压力容器质量保证体系的组成部分。加强理化检验质量控制系统的质量控制与管理，确保理化检验数据的准确、可靠，是确保压力容器产品质量的重要保证。它既直接支持各质量控制系统的正常运转，同时也对压力容器产品安全运行起着重要保障作用。

《特种设备生产和充装单位许可规则》对理化检验控制的范围、程序、内容规定如下：

1.理化检验人员培训上岗；

2.理化检验控制，包括理化检验方法确定和操作过程的控制；

3.理化检验记录、报告的填写、审核、结论确认、发放、复验，以及试样、试剂、标样的管理等；

4.理化检验的试样加工及试样检测；

5.理化检验外委，对受委托单位理化检验质量控制，包括对受委托单位的确定，对受委托单位理化检验工艺、理化检验记录和报告的审查确认。

对受委托单位的评价及理化检验报告由相应质量控制系统责任人员审查确认，作出记录。

第一节　理化检验责任工程师的任职条件和岗位职责

一、理化检验责任工程师的任职条件

理化检验责任工程师，应当熟悉任职岗位的工作任务和要求，通过岗位培训，能够履行岗位职责。

从事本专业工作，且有所负责工作的经历，同时理化检验责任工程师应具备以下任职

条件：

1. A1、A6级压力容器生产单位理化检验责任工程师应具大专或以上学历，且具有工程师或以上技术职称；

2. A2、A3、A5、C1、C2、C3级压力容器生产单位理化检验责任工程师应具有工程师或以上技术职称；

3. A4、B、D级压力容器生产单位理化检验责任工程师应具有助理工程师或以上技术职称。

二、理化检验责任工程师的岗位职责

1. 在质量保证工程师领导下，建立健全理化检验质量控制系统，定期向质量保证工程师报告工作。

2. 参加编制、修订理化检验质量控制系统方面的质量保证体系文件。

3. 组织理化检验质量控制系统相关人员，贯彻执行质量保证手册及各项程序文件的规定，并进行监督检查。正确处理质量和技术问题。

4. 组织理化检验质量控制系统相关人员贯彻、实施有关压力容器的现行法规、标准，正确贯彻、执行理化检验方面的标准和规范。

5. 严格理化检验报告的审核和数据信息处理管理。

6. 定期组织理化检验工作质量分析、质量审核，参与管理评审工作。

7. 监督、检查理化检验质量控制系统各级试验人员的工作，确保试验数据正确。

8. 负责组织对理化检验质量控制系统各级试验人员开展技术业务培训。

9. 负责对理化检验分包方的评价和对分包项目的质量控制。

第二节　理化检验质量控制系统的建立和运行

一、理化检验质量控制系统的建立

压力容器制造单位应根据本单位的实际情况，明确理化检验质量控制部门，配置能满足本单位开展试验项目所需的仪器和设备，明确各岗位职责，健全各项理化检验管理制度，实施理化责任工程师负责制，并接受质量保证工程师的监督检查，使理化检验质量始终处于受控状态。

理化检验质量控制系统的主要任务是确保原材料的复验、焊工考试试样的试验、焊接工

艺评定试样的试验、产品试板试样的试验等各项试验的试验方法正确,试验数据准确。

二、理化检验质量控制系统的运行

理化检验质量控制系统的运行依赖于建立健全的理化检验管理制度和有效的实施。压力容器制造单位应结合自身实际情况,制订以下各项管理制度并有效实施。

1.理化检验委托管理制度

理化检验委托是从事理化检验、试验结论评定和出具试验报告的依据。该项管理制度应结合本单位实际情况,在按《固定式压力容器安全技术监察规程》及相关法规、标准要求进行理化检验时,均须填写理化检验委托单并对委托填写要求作出规定,委托人同时送交的试件(样)必须满足或符合所开展试验项目采用标准的要求,试件(样)必须真实可靠,最终理化检验报告只对试样所委托进行试验方法和试验数据正确性负责。

所送交的试件应满足试样制备尺寸和数量的要求,试样应符合相关标准的规定要求,标识应与委托单填写内容一致。

2.理化检验原始记录与报告管理制度

该项管理制度应对所开展各项理化检验包括标准溶液的配置建立原始记录作出规定,内容包括:时间、环境温度(试验温度)、实测数据、数据修约(必要时)、仪器(设备)编号、来样编号、来样实测尺寸(数量、重量)、试验过程(指有无异常情况)及试验人员署名等,以确定试验结果的有效性和可追溯性。当试验结果无效或不合格时,应按规定或标准规定进行重新试验或复验。

力学性能试验和化学分析试验的数据修约应符合有关标准规定。

该项管理制度还应对理化检验报告的签发作出规定。理化检验报告由试验人员填写,另一名试验人员复核,经理化检验责任工程师审核并加盖理化检验报告专用章后生效。

3.化学试剂的采购与保管制度

该项管理制度应对化学试剂的采购原则作出规定。化学试剂采购应选择正规的化学试剂生产单位或化学试剂供应站供应的产品,已实施生产许可证项目的化学试剂则应采购持该项目生产许可证的试剂生产单位的商品。化学试剂的等级应保证化学分析的要求为适宜,一次性采购数量应以实际用量而定,防止长期积压失效。

该项管理制度应对化学试剂及药品的分类存放和领用作出规定。化学试剂及药品应按氧化剂、还原剂、有机物、无机物分类存放,腐蚀物品应有防护措施。存放试剂、药品的橱柜要有明确标识,摆放整齐,使用时能一目了然,并建立领用记录。

该项管理制度应对试剂瓶标签作出规定。一般试剂瓶标签内容应包括:品名、浓度、配制日期、配制人。对浓度的表示要准确、规范。对标准溶液的标签内容应包括:品名、浓度(20 ℃时)、标定人、复核人、标定日期、有效期。溶液的标签颜色:(1)有效期内,绿框、白底、黑字;(2)待检,黄框、白底、黑字。

该项管理制度还应对贵重物品、危险品和剧毒品的管理作出规定。对剧毒品、贵重物品必须专人管理,双人双锁,领用记录齐全。

4. 试样管理制度

该项管理制度应对试样制备、留样及试样保存作出规定。所有进行理化检验的试样制备应符合相关试验标准的要求,检验报告签发生效后,产品试板的试验试样及余料应妥善保存;焊接工艺评定试验试样移交焊接试验室存放;其他委托进行试验的试样及余料是否需留样保存视委托单位(部门)定。

5. 标准溶液配制及分析用水管理制度

该项管理制度应对标准溶液及分析用水的制备作出规定。标准溶液应有专人负责配制,严格管理。容量分析用标准溶液标定误差在规定范围内,超差必须复标。制备的标准溶液的浓度与标准溶液规定的浓度的相对误差不得超过 5%。标准溶液标定用基准试剂(容量)的称量误差,符合标准规定范围,超差必须重称。开展标定时,一般要求平行试样做 3～4 次,至少 2～3 次,相对偏差不应大于 0.2%。标定好的标准溶液应妥善保存,正确使用,数量配置适当。

分析用水不论自制还是对外采购均应经检验合格方可使用。

6. 技术资料管理制度

该项管理制度应对理化检验技术资料(委托单、原始记录、理化检验报告留底)存档及法规、标准的管理作出规定。所有理化检验项目委托单,各项试验台账及原始记录,理化检验报告(留底)均应按规定,依据试验顺序装订成册,归入理化检验机构存档,备查。

理化检验机构应备齐压力容器相关法规和基础标准、产品标准,以及各类理化检验标准。这些法规、标准都应是现行、有效版本。

所有技术资料的查询和法规、标准的查阅,均应办理借阅手续。

7. 理化检验仪器、设备的使用、维护管理制度

该项管理制度应对理化检验用仪器、设备的使用、维护作出规定。理化检验机构应具有与所承担试验项目相适应的仪器、设备、器具、工具、工作台等试验手段,其数量、性能、精度应符合相关试验标准的要求。所有的仪器、设备应有专人管理,在用仪器、设备完好率达 100%。

主要仪器、设备要建立技术档案。内容包括:产品合格证、使用说明书、故障维修记录、

历次计量检定合格证、操作规程、使用记录等。大型、精密仪器设备必须由专(兼)职人员负责,循章操作,并认真做好使用记录。使用记录包括:日期、起止时间、试验项目、使用前情况、使用后情况,使用人(签名)、备注。

仪器、设备一旦出现异常现象,应立即停机,查明原因,经专业人员修复,校准后,方可继续使用。对暂不使用或报废的仪器设备要有明确的管理要求和标识,特别是暂不使用但仍有使用价值的仪器、设备要保管好,应对在用仪器、设备编制周期检定计划。按规定周期检定,并粘贴明显计量标志。正确使用法定计量单位,相关仪器,设备及玻璃量具的校正值应代入试验计算过程。

应针对理化检验仪器、设备的使用要求分别置于防尘、防震、通风或气流稳定、避光或采光好,温湿度符合要求及其他特殊要求的工作环境。

8.理化检验人员培训、考核管理制度

该项管理制度应对理化检验人员培训、考核方面作出规定。理化检验人员应具备高中以上文化程度,经理化检验员岗位培训合格后,持证上岗。其所从事的试验项目应与资格证书合格项目相一致。

理化检验人员应了解压力容器法规、标准一般要求,能熟练运用试验项目相关的试验标准和试验规程,熟练操作仪器、设备。

理化检验人员经过培训,还会处理试验过程中可能产生的突发事故,学会使用消防器材,做好"三废"处理工作。

9.分包管理制度

该项目管理制度应对分包理化检验进行分包方评价并对分包项目质量控制作出规定。当压力容器制造单位缺乏开展理化检验项目的条件或能力时,依照《特种设备生产和充装单位许可规则》的规定,可委托具备开展该检验项目的条件及能力的单位进行试验,但必须对该单位进行分包方评价,评价内容重点为:(1)理化质控系统(体系)的建立和运行;(2)试验仪器与设备;(3)试验人员资格。经评定为合格供方后,须签订技术合作协议,明确所开展"试验项目的全过程应接受委托方理化检验质控系统的质量控制"条款,分包协议应向发证机构备案。合格分包方所提供的理化检验正式报告,须经理化检验责任工程师审核确认。

第三节　理化检验质量控制系统的质量控制

理化检验质量控制系统一般应设置接受委托、检验准备、检验过程、检验报告及分包控制 5 个控制环节。

一、接受委托控制环节应设置以下控制点

1. 核实委托内容和实物验证控制点

委托单应填写委托单位、委托日期、试验项目、数量、试验标准、委托人等内容。同时，根据不同委托试验对象还需填写以下内容：原材料（包括焊接材料）应填写材料名称（牌号）、规格、材料代号、试件编号、热处理状态（必要时）；焊工考试试件应填写名称、试件编号、材料牌号、规格、材料代号、焊工钢印号、坡口型式、焊接方法及焊接位置等；产品试板应填写名称、产品编号、产品批号（以批代台时）、材料牌、材料规格、焊工钢印号、坡口型式、焊接方法、焊接位置、代表部位、热处理状态（必要时）；焊接工艺评定试板应填写名称、材料牌号、材料规格、材料代号、焊工钢印号、坡口型式、焊材牌号、焊材规格、焊材代号、焊接方法、焊接位置、热处理状态。

实物验证应在委托单审核的基础上，核对试件（样）标识是否与委托单填写内容相一致，试件尺寸是否能满足试样制备数量的要求。若是已加工成型的试样，则应核对试样标识、试样加工尺寸及精度、表面粗糙度和试样数量是否与委托单填写内容相一致。

2. 验收试样控制点

试件经核实无误后，应根据试验标准的要求，确定试样取样的部位、数量，同时下达试样加工图。试样加工成形后，应核对试样标识、试样加工尺寸及精度、表面粗糙度和试样数量是否符合要求，对冲击试样重点检查V型缺口位置及方向是否正确，底部表面粗糙度应大于1.6 μm，对用于化学分析的样屑不应沾有油污、氧化皮，样屑重量为40～50 g。

二、检验准备控制环节应设置以下控制点

1. 人员资格控制点

根据理化检验人员必须持证上岗的原则，所安排的检验人员应是两名持有该检验项目合格资格证书的人员。

2. 仪器、设备控制点

根据检验方法所使用的各件仪器设备应是完好，其精度及适用范围符合要求，有计量检定要求的应处在有效检定周期之内。

3. 方法选择

检验方法的选择应符合所委托的检验标准所规定的检验方法，标准中没有具体规定的可选择根据自身条件且能满足检验标准要求的检验方法，但都应编制检验操作规程。

三、检验过程控制环节应设置以下控制点

数据处理控制点:检验过程应做好原始记录,数据修约应填写计算过程,包括采用的计算公式和查找的曲线数据,以便复核和审核。

四、检验报告控制环节应设置以下控制点

审核、签发检验报告:审核检验结果的正确性,试验过程中发生任何失误或异常情况,其试验结果应视无效,应重做试验。检验报告经检验人员签署后,送理化检验责任工程师审核签署并加盖理化检验报告专用章后生效。

五、分包控制环节应设置以下控制点

1. 分包方评价;

2. 分包协议签订;

3. 分包项目质量控制。

合格分包方提交的检验报告,应由理化检验责任工程师审查确认签署后,方可正式使用报告检验数据或结论。

六、理化检验质量控制系统控制环节和控制点

理化检验质量控制系统控制环节和控制点,见表10-1。

表10-1　理化检验质量控制系统控制环节和控制点一览

控制环节	控制点
1. 接受委托	(1)核实委托内容和实物验证;(2)验收试样
2. 检验准备	(1)人员资格;(2)仪器设备;(3)方法选择
3. 检验过程	数据处理
4. 检验报告	审核、签发报告
5. 分包控制	(1)分包方评价;(2)分包协议签订;(3)分包项目质量控制

七、理化检验质量控制系统控制程序图

理化检验质量控制系统控制程序图见附录H。

第四节　理化检验质量控制系统程序文件、作业(工艺)文件及质量记录表卡

一、理化检验质量控制系统程序文件

1.理化检验委托管理制度；

2.理化检验原始记录与报告管理制度；

3.化学试剂的采购与保管制度；

4.试样管理制度；

5.标准溶液配制及分析用水管理制度；

6.技术资料管理制度；

7.仪器、设备使用、维护管理制度；

8.理化检验人员培训、考核管理制度；

9.分包管理制度；

10.理化金相试验安全操作规程。

二、理化检验质量控制系统作业（工艺）文件、质量记录表卡

1.理化检验委托单；

2.化学分析和力学性能检验报告；

3.金相分析报告(金相很重要，常有仲裁性作用)；

4.硬度检验报告；

5.晶间腐蚀试验报告；

6.理化金相试验通用工艺守则。

第五节　理化检验责任工程师应掌握的相关法规标准和专业知识

理化检验责任工程师应掌握压力容器法规、标准。对压力容器制造的一般要求和对开展理化检验质量控制的专业要求，熟悉运用理化检验各项专项标准，并了解开展理化检验工作相关的资料、热处理、焊接等方面的专业知识。

一、压力容器法规和标准

1. 法规

(1)《特种设备安全监察条例》

(2)《特种设备生产和充装单位许可规则》《固定式压力容器安全技术监察规程》《气瓶安全技术规程》《移动式压力容器安全技术监察规程》等国家行政规章对理化检验质量控制系统如何实施质量控制和开展理化检验工作都提出了具体要求和规定。

2. 标准

(1)压力容器基础标准

GB/T 150《压力容器》、GB/T 151《热交换器》是压力容器设计、制造、检验、验收的基础标准,它对理化检验开展的项目提出了要求。

(2)压力容器专项标准

JB 4732《钢制压力容器——分析设计标准》;

GB 12337《钢制球形储罐》;

NB/T 47041《塔式容器》;

GB/T 18442《固定式真空绝热深冷压力容器》及液化气体罐车、各类气瓶等专项标准,亦根据其产品使用、结构的特点,各自对需开展的理化检验项目提出了专门要求。

(3)相关标准及试验方法标准

NB/T 47014《承压设备焊接工艺评定》;

NB/T 47008《承压设备用碳素钢和低合金钢锻件》;

NB/T 47009《低温承压设备用合金钢锻件》;

NB/T 47010《承压设备用不锈钢和耐热钢锻件》;

NB/T 47002《压力容器用复合板》;

NB/T 47016《承压设备产品焊接试件的力学性能检验》;

GB/T 228《金属材料拉伸试验》;

GB/T 229《金属夏比缺口冲击试验方法》;

GB/T 232《金属材料弯曲试验方法》;

GB/T 8170《数值修约规则》;

GB/T 2975《钢及钢产品力学性能试验取样位置及试样制备》;

GB/T 222《钢的成品化学成分允许偏差》;

GB/T 223《钢铁及合金化学分析方法》;

GB/T 4338《金属材料高温拉伸试验方法》;

GB/T 231《金属材料布氏硬度试验》;

GB/T 230《金属材料洛氏硬度试验》;

以上标准和不锈钢材料晶间腐蚀试验标准及压力容器用钢材料系列标准,分别给出了开展有关理化检验项目的试验方法和合格指标值。因此,要实现理化检验质量控制系统的有效运行,应结合本单位压力容器制造许可级别、产品标准要求而需开展的理化检验项目,配置必要的法规、标准,以及相关的专业技术资料和文献开展工作,并做到学以致用。

二、相关专业知识

1.压力容器有关法规的专业要求

(1)根据《固定式压力容器安全技术监察规程》附件 A,按压力容器的设计压力(P)分为低压、中压、高压、超高压 4 个压力等级,具体划分如下:

低压容器(代号 L):0.1 MPa≤P<1.6 MPa;

中压容器(代号 M):1.6 MPa≤P<10 MPa;

高压容器(代号 H):10 MPa≤P<100 MPa;

超高压容器(代号 U):P≥100 MPa。

按压力容器在生产工艺过程中的作用原理,还可将压力容器划分为:反应压力容器,常见如:反应器、硫化罐、高压釜、合成塔、变换炉等;换热压力容器,常见如:管壳式余热锅炉、热交换器、冷却器、煤气发生炉水夹套、消毒锅等;分离压力容器,常见如:分离器、过滤器、吸收塔、汽提塔、除氧器等;储存压力容器,常见如:储存盛装气体、液体、液化气体等介质的各类立式、卧式及球形储罐。

压力容器类别划分详见《固定式压力容器安全技术监察规程》附件 A 的有关规定。

(2)《固定式压力容器安全技术监察规程》第 1.6.1 条规定:"压力容器本体中的主要受压元件,包括筒节(含变径段)、球壳板、非圆形容器的壳板、封头、平盖、膨胀节、设备法兰、热交换器的管板和换热管,M36 以上(含 M36)的螺柱及公称直径大于或者等于 250 mm 的接管和管法兰。"

(3)《固定式压力容器安全技术监察规程》第 2.2.1.2 条对压力容器用钢化学成分提出了要求:

2.2.1.2.1　用于焊接的碳素钢和低合金钢

碳素钢和低合金钢钢材碳(C)、磷(P)、硫(S)的含量,C 含量≤0.25%、P 含量≤0.035%、S 含量≤0.035%。

2.2.1.2.2　压力容器专用钢中的碳素钢和低合金钢

压力容器专用钢中的碳素钢和低合金钢(钢板、钢管和钢锻件),其磷、硫含量应当符合以下要求：

(1)标准抗拉强度下限值小于或者等于540 MPa的钢材，P含量≤0.030%、S含量≤0.020%；

(2)标准抗拉强度下限值大于540 MPa的钢材，P含量≤0.025%、S含量≤0.015%；

(3)用于设计温度低于−20 ℃并且标准抗拉强度下限值小于或者等于540 MPa的钢材，P含量≤0.025%、S含量≤0.012%；

(4)用于设计温度低于−20 ℃并且标准抗拉强度下限值大于540 MPa的钢材，P含量≤0.020%、S含量≤0.010%。

2.金属材料

压力容器用金属材料指主要受压元件用钢、铸铁和有色金属等。为确保压力容器产品的安全运行，对压力容器用金属材料而言，首先要求具有一定的强度，同时还应具有良好的塑性、韧性、可成形(工艺)性能及焊接性。

(1)强度：压力容器用金属材料的强度是指其抵抗外加载荷而不致失效的能力，通常是指材料在达到允许的变形程度或在断裂前所承受的最大应力，即屈服强度和抗拉强度，其具体数值是通过拉伸试验获得的。

屈服强度是金属材料十分重要的强度指标。通常来说，材料不允许在超过屈服强度的载荷下工作，屈服强度一般是设计选材的依据。

抗拉强度也是金属材料十分重要的强度指标，它表示材料最大均匀塑性变形的抗力。

对压力容器用金属材料不仅要求应有高的屈强度，且还要求适当的屈强比，碳素钢的屈强比一般为0.6左右；低合金高强度钢一般为0.65～0.75，合金结构钢一般为0.85左右为宜。

(2)塑性：压力容器用金属材料塑性是指其在外力作用下产生塑性变形而不被破坏的能力。通常是以伸长率及断面收缩率来表示，其具体数值是通过拉伸试验获得。

伸长率：它是以试样拉断后的总伸长与原始长度比值的百分率来确定。

断面收缩率：它是在试样拉断后，以断口面积的缩减与原始截面积比值的百分率来确定。压力容器主要受压元件是承压元件，其所使用的金属材料应具良好的塑性。

(3)硬度：压力容器用金属材料硬度是指其抵抗压入物压陷能力的大小，或是对局部塑性变形的抗力。硬度指标有多种，它分别可通过不同的硬度计测试获得。

常用的硬度指标为布氏硬度(HB)、洛氏硬度(HRC)、维氏硬度(HV)和里氏硬度(HL)。硬度是材料的重要性能之一，据经验，它还与抗拉强度有一定近似关系。材料硬度与其化学成分、组成结构以及热处理状态有关。

(4)冲击韧性：压力容器用金属材料冲击韧性是指其在受到外加冲击载荷下，断裂时所消耗能量大小的特性，即冲击试样所吸收的功。通常是以 AK 来表示，其具体数值是通过冲击试验获得。

3. 焊接

（1）焊接是把两种分离的金属，通过加热或加压的方法，借助于金属内部原子的结合与扩散作用，达到牢固连接的工艺方法。按焊接过程的特点，焊接方法大致分为 3 大类：熔化焊、压力焊、钎焊。压力容器产品制造通常采用熔化焊，即利用局部加热使连接处金属熔化并形成共同熔化，再加入填充金属，冷却凝固后彼此牢固结合的方法。压力容器制造单位通常使用的焊条电弧焊、埋弧焊、氩弧焊就是这种焊接方法。在焊接过程中，焊接工艺及焊工技能占有举足轻重的地位，因此，要开展焊接工艺评定和焊工资格培训考核工作。

（2）可焊性：金属材料的可焊性是指金属材料在焊接时获得性能良好焊接接头的难易程度，可焊性与金属的化学成分有关，与焊接方法、焊接工艺因素也有关系。

钢材是压力容器产品最常用的金属材料，它的可焊性主要取决于钢材的化学成分组成，其中又以碳元素影响最大，一般常将其他化学元素对可焊性的影响，折成相当碳元素的含量，即所谓碳当量，并以碳当量来评估被焊钢材的可焊性。

4. 热处理

钢的热处理是把钢加热到预定的温度保温一段时间，然后以预定的速度进行冷却，从而使钢材内部发生变化（如：氢气逸出、晶粒度变化、组织变化等）以获取某种性能或目的的一种工艺方法。它与冶炼、焊接不同，热处理不改变工件整体化学成分；它与其他加工工艺也不同，不改变工件的形状与尺寸。热处理对压力容器产品来说，目的在于消除冷变形应力、焊接应力、去除焊接接头及锻件中的白点（即去氢），改善材料晶粒度和获取良好的力学性能，热处理方法的选择和热处理工艺的确定，与材料自身化学成分有相当大的关联性。

第十一章　热处理质量控制系统

热处理是压力容器或部件消除焊接残余应力和压力容器用材料改善力学性能或耐腐蚀性能的重要手段，亦是保证压力容器产品质量和使用性能的基础。建立热处理质量控制系统并纳入质量保证体系的运转轨道，必将对压力容器制造质量起到重要作用。热处理责任工程师作为这个系统的质控负责人，负有哪些职责，如何管理好这个系统使其正常运转显得尤为重要。本章将就热处理质量控制系统建立运行及系统的控制环节和控制点等分别进行论述。

《特种设备生产和充装单位许可规则》对热处理控制的范围、程序、内容规定如下：

1.热处理工艺基本要求；

2.热处理控制，包括所用的热处理设备、测温装置、温度自动记录装置、热处理记录[注明热处理炉号、工件号(产品编号)、热处理日期、热处理操作人员签字、热处理责任人签字等]和报告的填写、审核确认等；

3.热处理外委的，对受委托单位热处理质量控制系统进行审查确认，包括对受委托单位的评价、热处理工艺控制，以及受委托单位热处理报告、记录[注明热处理炉号、工件号(产品编号)、热处理日期、热处理操作工签字、热处理责任人签字等]和报告的审查确认等。

热处理工艺、热处理记录和报告、受委托单位的评价，由相应质量控制系统责任人员审查确认，作出记录。

第一节　热处理责任工程师的任职条件和岗位职责

一、热处理责任工程师的任职条件

热处理责任工程师，应当熟悉任职岗位的工作任务和要求，通过岗位培训，能够履行岗位职责。

从事本专业工作，且有所负责工作的经历，同时具备以下条件：

1. A1、A2、A3、A5、A6、B、C1、C2、C3 级压力容器生产单位热处理责任工程师，应具有工程师或以上技术职称。

2. A4、D 级压力容器生产单位热处理责任工程师，应具有助理工程师或以上技术职称。

二、热处理责任工程师的岗位职责

1. 在质保工程师的领导下，认真贯彻执行压力容器的法规、标准，并向质保工程师报告工作。

2. 参加编制、修订、贯彻《质量保证手册》热处理系统的有关内容及制度，保证本系统质量控制正常运转。

3. 审核热处理方案与工艺，并指导实施。

4. 审核热处理设备订货技术条件。

5. 审核热处理记录报告，确认热处理效果，审核热处理竣工资料。

6. 负责热处理分包方的评价和热处理分包项目的质量控制。

7. 对本系统责任人员进行技术业务培训。

8. 定期组织热处理工作的质量分析、质量审核，参与管理评审工作。

第二节　热处理质量控制系统的建立和运行

一、热处理质量控制系统的建立

压力容器制造单位应根据《特种设备生产和充装单位许可规则》的规定，结合企业的实际情况，建立热处理质量控制系统。

1. 明确负责热处理质量控制职能的部门并规定其职责。

2. 建立健全热处理控制程序（管理制度）。

3. 规定本系统各级责任人员的职、责、权。

4. 明确开展热处理质量控制活动的程序和控制要求。

5. 实现热处理责任工程师负责制，并接受质量保证工程师的监督检查和领导。

具体应制定以下控制程序：

1. 热处理工作控制程序。

2. 热处理文件管理控制程序。

3. 热处理分包控制程序。

该项目控制程序应对分包热处理进行分包方评价、签订分包协议和对分包项目质量控制作出规定。当压力容器制造单位缺乏开展热处理工作的条件或能力时，依照《特种设备生产和充装单位许可规则》的规定，可委托具备条件及能力的单位进行热处理，但必须对该单位进行分包方评价，评价内容重点为分包单位的热处理能力及质量控制。经评定为合格分包后，纳入合格分包方备选库，实行动态管理。委托前应和分包单位签订热处理分包协议（注明热处理工艺及要求等技术协议）。合格分包方所提供的热处理报告及热处理时间、温度记录曲线，须经热处理责任工程师审核确认签署后，方可转存。

在编制热处理质量控制程序文件的同时，还应制定《压力容器焊后热处理工艺规程（标准）》《球形储罐现场热处理工艺规程（标准）》等操作性文件；规范、完善热处理记录的表、卡、单等证实性文件，实行热处理责任工程师负责制，并接受质量保证工程师的监督检查。

二、热处理质量控制系统的运行

热处理质量控制系统一经建立，热处理责任工程师就要根据《质量保证手册》的规定建立健全热处理质量控制程序，组织本系统的质量控制活动，并通过系统内部质量审核和改进活动不断提高系统的运转水平。

第三节　热处理质量控制系统的质量控制

一、热处理质量控制系统的控制环节和控制点

压力容器制造企业可根据自身的特点来设置各自的控制环节和控制点。

热处理质量控制系统设热处理工艺编制、热处理准备、热处理过程、热处理报告、热处理分包 5 个控制环节和若干个控制点。

1. 热处理工艺编制

热处理工艺编制控制环节应设置热处理工艺编制和热处理工艺修改两个控制点。热处理工艺文件包括通用工艺守则和专用工艺卡等，热处理工艺编制应明确编制依据、基本要求、编制程序、责任人员及其权限。热处理工艺修改应明确热处理工艺更改的程序和审批权限。

由工艺员根据设计图样、有关技术标准、法规和顾客要求，依据热处理工艺试验报告和

焊接工艺指导书上的热处理规范，编制热处理工艺文件，至少应包括以下内容：

(1)热处理类别及采用的热处理设备名称和加热保温方法；

(2)待热处理产品的产品编号及部位或焊缝编号；

(3)热处理规范(升温速度、保温温度和时间、降温速度和方法、进炉温度、出炉温度等)；

(4)热电偶的安装数量及布置方位、固定方法；

(5)容器及其试板的放置位置、支垫方法和间距要求；

(6)附加支撑、加固方法及要求；

(7)密封面、特殊部位保护要求；

(8)热处理后检验标准及其他要求。

热处理工艺文件经热处理责任工程师审核后，下发至热处理部门组织实施。工艺有变更或修改要按有关程序执行和审核。

2. 热处理准备

热处理准备控制环节应设置热处理设备和记录控温仪表、热电偶数量和布置两个控制点。

3. 热处理过程

该环节应设置焊后热处理温度-时间记录曲线控制点。

热处理责任工程师组织工艺员检查工艺执行情况，操作人员按热处理工艺及热处理操作规程的规定进行热处理，在热处理过程中操作人员应随时观测自动记录曲线所显示的各项热处理数据的变化趋势，及时加以调整，以保证符合规定要求。热处理过程中，监测操作人员不得离岗。球形容器在热处理过程中，应注意检测支柱位移，并按设计位移值，及时调整柱脚位移。质检员在热处理过程中进行过程监控。

4. 热处理报告

热处理完毕后，操作人员负责整理热处理曲线图，并出具热处理报告，由质检员确认签字后，交热处理责任工程师审核后转存。

热处理报告应包括以下内容：

(1)热处理温度-时间记录曲线；

(2)热处理方式；

(3)热处理日期；

(4)热处理容器或零部件名称、产品编号、图号、数量；

(5)试板热处理状态；

(6)热处理工艺要求；

(7)操作者、质检员、热处理责任工程师签字并注明日期。

热处理报告和热处理曲线是热处理过程的见证性材料,也是热处理责任工程师到岗的见证性材料。

5. 热处理分包

热处理分包控制环节设置分包方评价、分包协议和分包项目质量控制 3 个控制点。当压力容器制造单位无条件或能力完成热处理工作时,可分包给有能力的单位进行,并按热处理分包控制程序进行质量控制。

二、热处理控制系统控制环节和控制点

热处理控制系统控制环节和控制点一览,见表 11-1。

表 11-1　热处理控制系统控制环节和控制点一览

1. 热处理工艺编制	(1)热处理工艺编制;(2)热处理工艺修改
2. 热处理准备	(1)热处理设备和记录控温仪表;(2)热电偶数量和布置
3. 热处理过程	热处理温度-时间记录曲线
4. 热处理报告	热处理报告
5. 热处理分包质量控制	(1)分包方评价;(2)分包协议;(3)分包项目质量控制

三、热处理质量控制系统控制程序图

热处理质量控制系统控制程序图见附录 I。

第四节　热处理质量控制系统程序文件、作业(工艺)文件及质量记录表卡

一、热处理质量控制系统程序文件

1. 热处理通用工艺规程的编制、审核、发放、更改等规定;
2. 热处理炉有效加热区测定方法;
3. 热处理专用工艺的编制、审核、发放、更改等规定;
4. 分包方的评审方法、记录报告、质量控制规定。

二、热处理质量控制系统作业(工艺)文件、质量记录表卡

1. 热处理检验报告;

2.热处理工艺卡；

3.热处理操作记录卡；

4.热处理温度-时间自动记录曲线；

5.热处理炉有效加热区测定报告和检验合格证。

第五节　热处理责任工程师应掌握的相关法规标准和专业知识

一、相关的法规、标准

热处理责任工程师应熟悉以下压力容器法规、标准有关热处理方面的专业知识，以便更好地实施热处理质量控制。

1.《特种设备安全监察条例》；

2.TSG 07《特种设备生产和充装单位许可规程》；

3.TSG 21《固定式压力容器安全技术监察规程》；

4.TSG 23《气瓶安全技术规程》；

5.GB/T 150《压力容器》；

6.GB/T 151《热交换器》；

7.GB 12337《钢制球形储罐》；

8.GB 50094《球形储罐施工规范》；

9.GB/T 5099《钢制无缝气瓶》；

10.GB 5100《钢制焊接气瓶》；

11.GB/T 5842《液化石油气钢瓶》；

12.GB/T 11638《乙炔气瓶》；

13.GB/T 17258《汽车用压缩天然气钢瓶》；

14.NB/T 47015《压力容器焊接规程》；

15.GB/T 32541《热处理质量控制体系》；

16.GB/T 9452《热处理炉有效加热区测定方法》。

二、GB/T 150.4《压力容器》第4部分：制造、检验和验收对热处理的要求

1.成形受压元件的恢复性能热处理

(1)钢板冷成形受压元件，当符合下列①～⑤中任意条件之一，且变形率超过表11-2的

范围,应于成形后进行相应热处理恢复材料的性能。

①盛装毒性为极度或高度危害介质的容器;

②图样注明有应力腐蚀的容器;

③对碳钢、低合金钢,成形前厚度大于 16 mm 者;

④对碳钢、低合金钢,成形后减薄量大于 10%者;

⑤对碳钢、低合金钢,材料要求做冲击试验者。

表 11-2 冷成形件变形率控制指标

<table>
<tr><td>材　料</td><td>碳钢、低合金钢及其他材料</td><td>奥氏体型不锈钢</td></tr>
<tr><td>变形率/%</td><td>5</td><td>15</td></tr>
<tr><td colspan="3">变形率计算:
单向拉伸(如筒体成形):变形率(%)=$50\delta[1-(R_f/R_0)]/R_f$;
双向拉伸(如封头成形):变形率(%)=$75\delta[1-(R_f/R_0)]/R_f$;
δ——板材厚度,mm;
R_f——成形后中面半径,mm;
R_0——成形前中面半径(对于平板为∞),mm</td></tr>
<tr><td colspan="3">当设计温度低于−100 ℃,或高于 675 ℃时,变形率控制值为 10%</td></tr>
</table>

(2)分步冷成形时,若不进行中间热处理,则成形件的变形率为各分步成形变形率之和;若进行中间热处理,则分别计算成形件在中间热处理前、后的变形率之和。

(3)若需消除温成形工件的变形残余应力,可参照 GB/T 150.4 第 8.1.1 条对冷成形工件的热处理条件和要求进行。

(4)若热成形或温成形改变了材料供货热处理状态,应重新进行热处理,恢复材料供货热处理状态。

(5)当对成形温度、恢复材料供货热处理状态的热处理有特殊要求时,应遵循相关标准、规范或设计文件的规定。

2.焊后热处理(PWHT)

容器及其受压元件按材料、焊接接头厚度(即焊后热处理厚度 δ_{PWHT})和设计要求确定是否进行焊后热处理。

(1)焊接接头厚度应按下列规定确定:

①对于等厚全焊透对接接头为钢材厚度;

②对于对接焊缝和角焊缝为焊缝厚度;

③对于组合焊缝为对接焊缝与角焊缝厚度中较大者;

④当不同厚度元件焊接时:

——不等厚对接接头取较薄元件的钢材厚度；

——壳体与管板、平封头、盖板及其他类似元件的 B 类焊接接头，取壳体厚度；

——接管与壳体焊接时，取接管颈厚度、壳体厚度、补强圈厚度和连接角焊缝厚度中较大者；

——接管与法兰焊接时，取接头处接管颈厚度；对于 GB/T 150.3—2011 图 7-1g 所示结构取法兰厚度；

——对于 GB/T 150.3—2011 附录 D 图 D.12b 所示内封头连接结构取圆筒和封头厚度的较大者；

——非受压元件与受压元件焊接时，取焊缝厚度。

(2)容器及其受压元件符合下列条件之一者，应进行焊后热处理，焊后热处理应包括受压元件间及其与非受压元件的连接焊缝。当制订热处理技术要求时，除满足以下规定外，还应采取必要的措施，避免由于焊后热处理导致的再热裂纹。

①焊接接头厚度应符合表 11-3 规定。

表 11-3　需进行焊后热处理的焊接接头厚度

材料	焊接接头厚度
碳素钢、Q345R、Q370R、P265GH、P355GH、16Mn	>32 mm >38 mm(焊前预热 100 ℃以上)
07MnMoVR、07MnNiVDR、07MnNiMoDR、12MnNiVR、08MnNiMoVD、10Ni3MoVD	>32 mm >38 mm(焊前预热 100 ℃以上)
16MnDR、16MnD	>25 mm
20MnMoD	>20 mm(设计温度不低于−30 ℃的低温容器) 任意厚度(设计温度低于−30 ℃的低温容器)
15MnNiDR、15MnNiNbDR、09MnNiDR、09MnNiD	>20 mm(设计温度不低于−45 ℃的低温容器) 任意厚度(设计温度低于−45 ℃的低温容器)
18MnMoNbR、13MnNiMoR、20MnMo、20MnMoNb、20MnNiMo	任意厚度
15CrMoR、14Cr1MoR、12Cr2Mo1R、12Cr1MoVR、12Cr2Mo1VR、15CrMo、14Cr1Mo、12Cr2Mo1、12Cr1MoV、12Cr2Mo1V、12Cr3Mo1V、1Cr5Mo	任意厚度
S11306、S11348	>10 mm
08Ni3DR、08Ni3D	任意厚度

②图样注明有应力腐蚀的容器。

③用于盛装毒性为极度或高度危害介质的碳素钢、低合金钢制容器。

④当相关标准或图样另有规定时。

(3)对于异种钢材之间的焊接接头，按热处理要求确定是否进行焊后热处理。

(4)当需对奥氏体型不锈钢、奥氏体-铁素体型不锈钢进行焊后热处理时，按设计文件规定。

(5)除设计文件另有规定，奥氏体型不锈钢、奥氏体-铁素体型不锈钢的焊接接头可不进行热处理。

(6)焊后热处理要求

①制造单位应按设计文件和标准的要求在热处理前编制热处理工艺。

②不得使用燃煤炉进行焊后热处理。

③热处理装置(炉)应配有自动记录温度曲线的测温仪表，并能自动绘制热处理时间与工件壁温的关系曲线。

④整体焊后热处理可以是炉内整体加热方法或容器内部加热方法。在可能的情况下，应优先采用炉内整体加热方法；当无法整体加热时，允许分段加热进行。分段热处理时，其重复加热长度应不小于 1 500 mm，且相邻部分应采取保温措施，使温度梯度不致影响材料的组织和性能。热处理操作应符合 GB/T 150.4—2011 第 8.2.7 条的规定。

⑤B、C、D、E 类焊接接头，球形封头与圆筒连接接头以及缺陷焊补部位，允许采用局部热处理。局部热处理有效加热范围应符合下列规定：

a. 焊缝最大宽度两侧各加 δ_{PWHT} 或 50 mm，取两者较小值；

b. 返修焊缝端部方向上加 δ_{PWHT} 或 50 mm，取两者较小值；

c. 接管与壳体相焊时，应环绕包括接管在内的筒体全圆周加热，且在垂直于焊缝方向上自焊缝边缘加 δ_{PWHT} 或 50 mm，取两者较小值。

局部热处理的有效加热范围确保不产生有害变形，当无法有效控制变形时，应扩大加热范围，例如对圆筒全周长范围进行加热；同时，靠近加热区的部位应采取保温措施，使温度梯度不致影响材料的组织和性能。

⑥复合钢板容器及其受压元件热处理时，应采取措施保证容器(特别是覆层材料性能)满足使用要求。

(7)焊后热处理操作

①碳素钢、低合金钢的焊后热处理操作应符合如下规定：

a. 焊件进炉时炉内温度不得高于 400 ℃；

b. 焊件升温至 400 ℃后，加热区升温速度不得超过 5 500/δ_{PWHT}℃/h，且不得超过 220 ℃/h，一般情况下不低于 55 ℃/h；

c. 升温时，加热区内任意 4 600 mm 长度内的温差不得大于 140 ℃；

d. 保温时，加热区内最高与最低温度之差不宜超过 80 ℃；

e.升温及保温时应控制加热区气氛，防止焊件表面过度氧化；

f.炉温高于 400 ℃时，加热区降温速度不得超过 7 000/δ_{PWHT}℃/h，且不得超过 280 ℃/h，一般情况下不低于 55 ℃/h；

g.焊件出炉时，炉温不得高于 400 ℃，出炉后应在静止空气中继续冷却。

②对 S11306、S11348 铁素体型不锈钢的焊后热处理按 GB/T 150.4—2011 第 8.2.7.1 条的规定。其中，对于 f 和 g，当温度高于 650 ℃时，降温速度不得大于 55 ℃/h，当温度低于 650 ℃时，应快速降温。

3.改善材料力学性能热处理

压力容器或受压元件的制造单位进行改善材料力学性能的热处理，应根据设计文件要求所制定的热处理工艺进行。母材的热处理试板应与容器(或受压元件)同炉热处理。

4.其他热处理

当要求材料的使用热处理状态与供货热处理状态一致时，在制造过程中不得改变其供货热处理状态，否则应重新进行热处理。

5.热处理前、后的表面处理

有耐腐蚀要求的不锈钢及复合钢板制容器的表面，应在热处理前清除不锈钢表面污物及有害介质。该类材料所制零部件按设计文件要求进行热处理后，还要作酸洗、钝化处理。

三、《气瓶安全技术规程》对热处理的要求

(1)制造单位应当针对产品进行热处理工艺评定，并且制定出热处理工艺规程和重复热处理工艺文件，按批对气瓶进行整体热处理；

(2)钢质无缝气瓶，应当采用连续炉进行热处理，经过热处理的气瓶，其力学性能及其允许偏差应当符合相关标准和设计文件的规定；

(3)采用奥氏体不锈钢制造的无缝气瓶、热加工成形的焊接气瓶封头，应当按照相关标准的规定进行固溶处理；

(4)铝合金无缝气瓶，应当采用周期炉进行固溶和时效处理，瓶体加热过程中不允许有过烧现象，不同炉处理的同批产品力学性能及其允许偏差应当符合相关标准和设计文件的规定；

(5)消除应力热处理的焊接气瓶，如果热处理后再次进行焊接，应当重新进行热处理；

(6)热处理装置有效加热区的温度分布及其允许的温差范围，应当与所处理产品的性能要求相适应，并且定期对其进行检测和评定，保证一次性处理产品力学性能的一致性；热处

理装置应当具有温度自动控制以及记录功能,热处理记录应当存入产品档案。

热处理责任工程师还要有一定的专业技术知识,这些知识包括金属学原理、热处理原理、热处理工艺、金属材料学以及焊接方面的知识等,这里做一些简单的介绍,供热处理责任工程师参考。

四、相关专业知识

1. 热处理

金属热处理工艺是将工件加热、保温、冷却,通过改变金属及合金表面的或内部的组织结构来控制其性能的工艺。基本工艺方法有:退火、正火、淬火、回火和化学热处理。材料的组织结构与性能变化直接影响到其使用,在实际生产中根据不同需要可采用不同的热处理工艺方法。

(1)退火

将金属及其合金加热到一定温度,保温后在炉内缓慢冷却,使其组织结构达到或接近平衡状态组织的热处理工艺,称为退火。退火可从不同角度分类:

①按退火的目的不同可分为:均匀化退火(扩散退火)、完全退火、球化退火、消除应力退火和去氢退火等。

②按退火时组织转变的特点可分为:细化晶粒退火、再结晶退火、球化退火等。

③按退火工艺方法可分为:低温退火、不完全退火、完全退火、等温退火、高温退火等。

压力容器常用的退火工艺为消除应力的低温退火,即:低碳钢、低合金钢加热到550～650 ℃,保温炉冷却至400 ℃以下空冷,详见NB/T 47015中的有关规定。

(2)正火

正火是将工件加热到临界点 Ac_3 以上适当温度并保持一定时间(使工件完全奥氏体化),然后在空气中冷却的热处理工艺。

正火所达到的效果与材料的成分及组织形态有关,过共析钢正火后可消除网状碳化物,低碳钢正火后切削加工性得到显著改善,所有材料经过正火后都可以消除内应力和细化晶粒,具有较好的综合机械性能。许多锅炉压力容器用钢板都以正火状态供货。

(3)淬火

淬火是将钢加热到临界温度 Ac_3 以上,保温后快速(大于临界淬火速度)冷却,使过冷奥氏体转变为马氏体或贝氏体组织的热处理工艺。钢经过淬火后强度、硬度和耐磨性提高,一定含碳量的淬火马氏体经中温回火后,可以具有很高的弹性极限。中碳钢、中碳合金钢经淬火加高温回火(调质处理),可得到较好的强度、塑性、韧性的配合。如:用35#钢和

35CrMoA 钢制作螺栓一般都要进行调质处理。但由于马氏体硬而脆，韧性差内应力大极易产生裂纹，压力容器主体材料及焊缝的组织中一般不希望出现马氏体组织。

淬火根据分类的原则不同可以分为不同种类：

①按加热温度不同可分为完全淬火、不完全淬火、二次淬火、循环加热淬火。

②按淬火部位不同可分为整体淬火、表面淬火、局部淬火。

③按冷却方式及条件不同分为：直接淬火、等温淬火、形变等温淬火。

(4)回火

回火是将淬火的钢加热到 Ac_1 以下的适当温度，保持一定时间，然后以一定的方式冷却，以获得所需组织和性能的热处理工艺。回火的本质是淬火马氏体分解以及碳化物析出、聚集长大的过程，回火转变是典型的扩散型相变。其目的主要是降低材料的内应力，提高韧性，通过调整回火温度，可获得不同硬度、强度和韧性，以满足所要求的力学性能。

回火工艺按照回火温度及组织变化可分为时效硬化、低温回火(＜250 ℃)、中温回火(350～500 ℃)、高温回火(＞500 ℃)。回火工艺按照回火部位可分为全部回火、局部回火。

2. 焊后热处理

焊后热处理的目的大体上可分为两类：一类是为了改变焊接接头显微组织从而改善焊接接头性能的焊后热处理；另一大类则是常见的为了消除焊接接头残余应力的焊后热处理。

(1)属于焊后改变焊接接头组织的热处理最常见的就是电渣焊后的焊接接头由于其晶粒粗大、机械性能尤其是韧性很差，故焊后一定要进行正火以便细化晶粒，同时又消除了焊接接头的残余应力。对于奥氏体不锈钢，如果使用条件中介质的腐蚀性很强，焊后的接头在设备本身条件允许的情况下可进行固溶处理，加热至 1 050～1 100 ℃后急冷以使晶粒中的合金元素充分均匀扩散后，急冷固定下来，保证其耐蚀性。亦可进行稳定化处理，加热到 850～900 ℃，保温 6 h 后进行空冷亦会达到提高耐蚀性的效果。

(2)属于消除应力的焊后热处理是焊后应用得最广泛的热处理方法。这种热处理由于不改变焊接接头显微组织，加热温度都在 A1 线以下，按其厚度进行保温以达到消除应力的效果。如 Q245R 或 Q345R 等一般加热温度在 600～640 ℃(有资料介绍为 580～620 ℃)之间，每 25 mm 厚保温 1 h 后随炉冷却至 400 ℃以下空冷则可达到消除应力的目的。

3. 压力容器焊后热处理工艺参数

在热处理规范中升温速度、加热温度、降温速度及保温时间是基本工艺参数。它们决定了加热后金属内部的组织结构及各相的成分。制订和实施热处理规范，要考虑下面的影响因素：热处理设备的条件；原材料及热处理的工艺要求；工件的尺寸及形状；加热速度及方式;装炉数量与排列方式等。下面简单介绍这些因素对热处理规范的影响。

(1)热处理设备条件的影响

热处理设备的介质状况:设备的输出功率大小、炉膛内有效加热区范围及温度的均匀性等均影响热处理工艺的制定和实施。不同加热设备所采用的加热介质将直接影响工件的升温速度及表面质量,设备的输出功率决定工件的装炉量以及生产率,对升温速度及可达到的加热温度也有重要影响。

炉膛内有效加热区是指根据预先测温而假设的,能够保证给定热处理工艺所要求的加热温度的装料区域。只有在有效加热区内装料作业才能达到预定的控温精度及均匀度的要求,对于压力容器热处理过程中的控温精度及均匀度,GB/T 150 和 NB/T 47015 中都有规定:即焊件升温期间,加热区内任意 4 600 mm 长度内的温差不得大于 140 ℃;保温期间,加热区内最高与最低温度之差不宜超过 80 ℃。

(2)原材料及热处理工艺要求的影响

确定加热温度时,金属及合金的相变临界点、再结晶温度等是基本的理论依据,但还不能单根据此来确定各种不同热处理工艺的加热温度,而应当根据具体的热处理目的和不同的材料来分别确定加热温度。

(3)工件尺寸及形状对加热时间的影响

热处理加热过程的时间应当是工件升温时间、透热时间与保温时间的总和。升温时间是指工件入炉后表面到达炉内指示温度的时间;透热时间是指工件心部与表面温度趋于一致时的时间;保温时间是指为达到热处理工艺要求而恒温保持的一段时间。升温时间主要取决于加热设备的热功率、加热介质、加热制度、装炉数量及工件的尺寸。透热时间主要取决于工件的截面尺寸、材料的导热性及炉温高低等因素。保温时间往往是为了满足一定的热处理工艺要求,如消除内应力、均匀化学成分等均须充分考虑保温时间。常用钢号的焊后热处理规范详见 NB/T 47015 中的规定。

(4)加热制度加热时间的影响

常用的热处理加热制度有预热加热升温、随炉升温及高温入炉等,随炉升温热应力小但能耗及工时花费较大,高温入炉是一种节能的快速加热方法,具有加热速度快、截面温差大的特点。预热加热可以缩短高温加热时间,减少热应力,在压力容器焊后热处理中,GB/T 150 和 NB/T 47015 中要求工件进炉时炉内温度不得高于 400 ℃,以避免产生过大的截面温差和热应力。同时,上述标准也对焊后热处理工艺参数作了详细规定。

4.钢铁在加热时的腐蚀

钢铁在加热过程中与大气或燃气及燃烧产物中的气体(如氧、二氧化碳、水蒸气等)相互作用而使工件表面发生腐蚀称为气体腐蚀。最常见的气体腐蚀形式是氧化脱碳现象，它包括工件表面与炉气间的相互作用及化学反应。氧元素在工件表面的扩散并形成氧化膜，是一个较为复杂的表面化学-物理过程。氧化脱碳如果超过容许的限度时，将严重影响使用性能，为此，GB/T 150 和 NB/T 47015 中均要求焊件在升温和保温期间控制加热区气氛，防止焊件表面过度氧化。

第十二章　生产设备和检验与试验装置质量控制系统

TSG 07—2019《特种设备生产和充装许可规则》对生产设备和检验与试验装置控制的规定如下：

1.生产设备和检验与试验装置控制，包括采购、验收、建档、操作、维护、使用环境、检定校准、检修、封存以及报废等；

2.生产设备和检验与试验装置档案管理，包括建立生产设备和检验与试验装置台账和档案，质量证明文件、使用说明书、使用记录、维护保养记录，以及校准检定计划、校准检定记录、报告等档案资料；

3.生产设备和检验与试验装置状态控制，包括生产设备使用状态标识，检验与试验装置检定校准标识，法定要求检验的生产设备的检验报告等。

第一节　生产设备和检验与试验装置质量控制系统责任工程师的任职条件和岗位职责

一、生产设备和检验与试验装置质量控制系统责任工程师的任职条件

1.生产设备和检验与试验装置质量控制系统责任工程师，应当熟悉任职岗位的工作任务和要求，通过岗位培训，能够履行岗位职责。

2.应具有所负责工作的经历。

3.能够严格贯彻执行国家有关法规和标准，组织、指导有关人员开展生产设备和检验与试验装置质量控制系统的工作。

4.熟悉有关压力容器法规、标准，具有全面的压力容器生产设备和检验与试验装置专业知识。具有能对生产设备和检验与试验装置质量控制系统的质量工作进行控制和管理的能力。

二、生产设备和检验与试验装置质量控制系统责任工程师的岗位职责

1.在质量保证工程师的领导下，建立健全生产设备和检验与试验装置质量控制系统。定期向质量保证工程师报告质量控制系统的工作情况。

2.组织制定生产设备和检验与试验装置操作规程并监督实施。

3.积极推广先进生产设备和检验与试验装置的应用，提高加工和检验、试验能力。

4.组织制定企业生产设备和检验与试验装置更新改造计划，参加重大、关键生产设备和检验与试验装置的大修技术方案的制定，并组织指导实施。

5.组织重大生产设备和检验与试验装置安全事故的技术调查和分析，提高确保产品质量的能力。

6.对企业生产设备和检验与试验装置的完好和专管负责，满足压力容器生产制造、检验检测、试验的需要。

7.严格计量检定(校准)的管理，确保量值溯源和对不合格计量器具的控制。

8.负责生产设备和检验与试验装置报废的鉴别、审核工作。

9.负责生产设备和检验与试验装置档案建档和保管的监督检查工作。

10.负责组织系统内有关责任人员的培训工作。

第二节　生产设备和检验与试验装置质量控制系统的建立和运行

一、生产设备和检验与试验装置质量控制系统的建立

压力容器制造单位应根据《特种设备生产和充装单位许可规则》的规定，结合企业的实际情况，建立生产设备和检验与试验装置质量控制系统：

1.生产设备和检验与试验装置质量控制系统要达到的目的：一是要符合《特种设备生产和充装单位许可规则》中规定的资源条件要求；二是这些生产设备和检验与试验装置必须保持完好状态。

2.任命符合条件的生产设备和检验与试验装置质量控制系统责任工程师。明确规定生产设备和检验与试验装置质量控制系统管理各级责任人员的职、责和权。实现生产设备和检验与试验装置质量控制系统负责人负责制，并接受质量保证工程师监督检查和领导。

3.质量保证手册中设立生产设备和检验与试验装置质量控制要素，合理设置生产设备和检验与试验装置质量控制系统控制环节和控制点，规定控制工作内容和工作依据以及见证资料。

4.制定生产设备和检验与试验装置质量控制程序文件(管理制度)。程序文件应包括生产设备和检验与试验装置规划选型、购置(或设计制造)及安装调试、验收交接、检定校准、使用环境与维护保养、大修、生产设备和检验,以及试验装置事故、生产设备和检验与试验装置封存报废、生产设备和检验与试验装置档案管理方面的控制措施。

5.编制生产设备和检验与试验装置操作人员安全操作规程,设计制定生产设备和检验与试验装置管理质量控制用表卡。

二、生产设备和检验与试验装置质量控制系统的运行

生产设备和检验与试验装置质量控制系统运行是个过程活动,所以首先应制定生产设备和检验与试验装置质量控制程序图,围绕控制环节、控制点的内容,开展质量活动。每项质量活动并不完全由一个部门承揽,有时涉及多个部门,因此每项质量活动由一个部门为主,其他部门为辅。应明确为主为辅的部门分别承担哪些职责,有哪些权力,并应制定部门和负责该项质量活动的责任人的职、责、权。为达到规定的质量目标和可操作性,在程序文件的编制上应解决这项质量活动要达到的目的,什么时间做,由谁去做,按什么规定去做,谁进行检查确认,如何记录(表格格式),如何进行反馈。这里应注意有个衔接问题,也就是通常所说部门与部门之间,工序与工序之间的联系协调是质量控制的重点,对这些衔接部位应认真研究分析,确定他们之间的联系方式(交换程序)和分工的界限,以便从根本上消除衔接失控现象,内部质量审核、日常检查都应将衔接部位作为重点,以便及时发现问题,采取对策,达到预防为主的目的。

生产设备和检验与试验装置质量控制系统建立后应检查其适应性,通过内部质量审核和管理审核,检查其运行情况,在系统的运行中,生产设备和检验与试验装置质量控制系统应不断得到健全和发展,质量内部审核和管理审核应在生产设备和检验与试验装置质量控制系统责任工程师和质量保证工程师的规划下进行。

第三节　生产设备和检验与试验装置质量控制系统的质量控制

一、生产设备和检验与试验装置质量控制系统设置3个控制环节、12个控制点

1.生产设备和检验与试验装置控制

(1)生产设备和检验与试验装置采购;

(2)生产设备和检验与试验装置验收;

(3)生产设备和检验与试验装置操作；

(4)生产设备和检验与试验装置维护；

(5)生产设备和检验与试验装置的使用环境；

(6)生产设备和检验与试验装置检定校准、检修；

(7)生产设备和检验与试验装置封存以及报废等。

2. 生产设备和检验与试验装置档案管理

(1)生产设备和检验与试验装置台账；

(2)生产设备和检验与试验装置档案(质量证明文件、使用说明书、使用记录、维护保养记录，以及校准检定计划、校准检定记录、报告等档案资料)。

3. 生产设备和检验与试验装置状态控制

(1)生产设备和检验与试验装置使用状态标识；

(2)生产设备和检验与试验装置法定校准标识；

(3)生产设备和检验与试验装置法定要求检验的检验报告等。

二、各控制环节、控制点的控制内容

(一)生产设备和检验与试验装置采购计划、选择及安装调试控制环节

1. 生产设备和检验与试验装置采购计划

根据压力容器制造的特点和本单位压力容器制造级别，按照生产设备和检验与试验装置的先进性和科学性以及《特种生产设备生产和充装单位许可规则》的规定性要求，制定企业生产设备和检验与试验装置采购计划。生产设备和检验与试验装置规划购置时要求注意：

(1)许可条件规定性要求；

(2)生产设备和检验与试验装置的先进性；

(3)企业发展需要。

2. 生产设备和检验与试验装置的选择

现在生产设备和检验与试验装置制造单位很多，如何选择到比较先进的质量好的生产设备和检验与试验装置就必须“货比三家”。

(1)对供货商进行评价，确定其诚信程度；

(2)对生产设备和检验与试验装置进行评价，通过到厂家的考察及该生产设备和检验与试验装置使用用户的调查证实；

(3)对生产设备和检验与试验装置质量进行评价。

3. 生产设备和检验与试验装置安装调试

生产设备和检验与试验装置的安装达不到其安装要求，也就达不到其使用效果，所以生产设备和检验与试验装置的安装调试必须遵循其安装使用说明书。

(1)生产设备和检验与试验装置安装基础、环境和安装人员的素质。

(2)生产设备和检验与试验装置安装后的调试、检验，必须有相关专业技术人员、生产设备和检验与试验装置操作人员参加。

(3)安装调试后的生产设备和检验与试验装置资料齐全。

4. 生产设备和检验与试验装置检定校准

需检定校准的生产设备和检验与试验装置应编制检定校准计划，并按计划定期检定校准，出具检定检验报告，做好检定校准状态标识。

(二)生产设备和检验与试验装置使用和维护控制环节

5. 生产设备和检验与试验装置的使用

正确操作使用生产设备和检验与试验装置，不违章操作，可以确保生产设备和检验与试验装置完好，延长生产设备和检验与试验装置的使用寿命，充分发挥生产设备和检验与试验装置的潜力，取得较好的经济效益。

(1)制定生产设备和检验与试验装置操作规程、生产设备和检验与试验装置维护保养规程及生产设备和检验与试验装置检修规程，并贯彻实施；

(2)确定生产设备和检验与试验装置操作人、专管人，并规定其应负职责和权力；

(3)生产设备和检验与试验装置的现场管理，生产设备和检验与试验装置的使用检查、环境检查等。

6. 生产设备和检验与试验装置的维护

生产设备和检验与试验装置的维护是为了保持其正常工作状态，延长使用寿命。

(1)生产设备和检验与试验装置的日常维护；

(2)生产设备和检验与试验装置的定期维护；

(3)特殊生产设备和检验与试验装置的维护。

7. 生产设备和检验与试验装置大修：生产设备和检验与试验装置达不到额定的使用要求或使用一定的时间后对生产设备和检验与试验装置进行大修。

(1)大修前生产设备和检验与试验装置鉴别(检验缺陷)；

(2)制定大修计划(修理工艺)；

(3)大修后的验收。

对本单位不能大修的生产设备和检验与试验装置，可以委托原制造单位或有大修技术经验的单位，但应将质量要求和本控制点要求纳入合同并监督实施。

(三)生产设备和检验与试验装置事故及报废控制环节

8.生产设备和检验与试验装置事故

对生产设备和检验与试验装置事故应采取“三不放过”的处理原则，即“事故原因分析不清不放过、事故责任者和员工未受到教育不放过、没有制定纠正措施不放过”，避免生产设备和检验与试验装置事故的再发生。

(1)事故分析处理；

(2)生产设备和检验与试验装置的鉴别处理(维修、大修、报废等)。

9.生产设备和检验与试验装置封存报废

生产设备和检验与试验装置陈旧、耗能、污染环境，达不到使用要求的应封存报废。

(1)生产设备和检验与试验装置鉴别：是否具有修复价值，是否属于应封存报废的生产设备和检验与试验装置；

(2)封存报废审批程序。

(四)生产设备和检验与试验装置档案控制环节

10.生产设备和检验与试验装置台账

应建立生产设备和检验与试验装置台账。

11.生产设备和检验与试验装置档案

应建立生产设备和检验与试验装置档案，包括：质量证明文件、使用说明书、使用记录、维修保养记录、校准检定计划、校准检定记录及报告等。

12.生产设备和检验与试验装置状态标识

(1)使用状态标识；

(2)检定校准标识。

三、生产设备和检验与试验装置质量控制系统控制程序图

生产设备和检验与试验装置质量控制系统控制程序图见附录J。

第四节　生产设备和检验与试验装置质量控制系统程序文件及质量记录表卡

一、生产设备和检验与试验装置质量控制系统程序文件

1. 各种生产设备和检验与试验装置安全操作规程；
2. 各种生产设备和检验与试验装置维护保养规程；
3. 生产设备和检验与试验装置大、中、小修管理制度；
4. 生产设备和检验与试验装置更新改造管理制度；
5. 生产设备和检验与试验装置事故处理规定；
6. 生产设备和检验与试验装置检定、校准管理制度；
7. 生产设备和检验与试验装置档案管理制度。

二、生产设备和检验与试验装置质量控制系统质量记录表卡

1. 生产设备和检验与试验装置台账；
2. 生产设备和检验与试验装置卡片；
3. 生产设备和检验与试验装置操作记录；
4. 生产设备和检验与试验装置维护保养记录；
4. 生产设备和检验与试验装置修理记录；
6. 生产设备和检验与试验装置更新改造记录；
7. 生产设备和检验与试验装置事故报告；
8. 生产设备和检验与试验装置履历表；
9. 检定、校准原始记录和台账；
10. 周期检定、校准计划表；
11. 检定、校准证书(报告)；
12. 检定、校准标志。

第五节　生产设备和检验与试验装置质量控制系统负责人应掌握的相关法规标准和专业知识

一、计量法律、法规、标准

1.《中华人民共和国计量法》；

2.《中华人民共和国强制检定的工作计量器具检定管理办法》；

3.《计量标准考核办法》；

4.《计量检定人员管理办法》；

5. JJF 1001《通用计量术语及定义》；

6. GB/T 19022.1《测量设备的质量保证要求计量确认体系》；

7. GB/T 17167《企业能源计量器具配备和管理导则》。

二、压力容器法律、法规、标准

(一)《中华人民共和国特种设备安全法》

(二)《特种设备安全监察条例》

《特种设备安全监察条例》第十四条规定压力容器制造单位应当具备下列条件：

1. 有与特种设备制造、安装、改造相适应的专业技术人员和技术工人；

2. 有与特种设备制造、安装、改造相适应的生产条件和检测手段；

3. 有健全的质量管理制度和责任制度。

(三)《固定式压力容器安全技术监察规程》

(四)《气瓶安全技术规程》

(五)《特种设备生产和充装单位许可规则》规定

制造单位应当具有产品制造需要的切割设备、成形设备、机加工设备、焊接设备、焊接材料烘干和保温设备、起重设备、表面处理设备等，以及必要的工装；具有与产品制造工艺相适应的热处理炉，并且配有自动记录温度曲线的测温仪表。制造单位同时具有压力容器设计能力的，应当具有满足本附件 C1.1 条规定的设计装备和设计手段。不锈钢、有色金属压力容器制造单位还应当满足以下条件：

(1)具有专用的生产厂房(或者清洁场地)和生产设备,不得与碳钢混放或者混合生产,对于钛、锆、钽等容器的制造,还应当有专用的洁净封闭厂房;

(2)钛、锆等活性金属压力容器生产单位,具有满足材料切割要求的切割设备;

(3)钛、锆等活性金属压力容器的热处理设备具有保持还原性气氛的能力。

检测仪器与试验装置

(1)生产单位应当具有产品制造需要的检测平台、无损检测仪器、理化检验仪器、耐压试验装置和泄漏试验装置等;

(2)专项条件规定不允许外委的检测和试验项目,制造单位应当具有相应的检测仪器与试验装置;

(3)具有与制造产品相适应的测量装置,并且按照规定检定、校准合格。

第十三章　质量保证体系的其他控制要素

第一节　文件和记录控制

一、文件控制

文件控制的范围、程序和内容如下：

1. 受控文件类别的确定，至少包括质量保证体系文件、外来文件（注 13-1），以及其他需要控制的文件；

2. 文件管理，包括编制、审核、批准、标识、发放、修改、回收，设计文件许可印章使用管理，保管（方式、设施等）及其销毁的规定；其中外来文件控制还应当有收集（购买）、接收等规定；

3. 质量保证体系相关部门、人员及场所使用的受控文件为有效版本的规定。

受控文件的类别确定、发放使用、销毁，应当由相应质量控制系统责任人员审查确认，作出记录。

注 13-1：外来文件包括法律、法规、安全技术规范及相关标准、外来设计文件、设计文件鉴定报告、型式试验报告、监督检验报告、受委托单位产品质量证明文件、资格证明文件等，其中法律、法规、安全技术规范及相关标准应当是合法出版的正式版本。

二、记录控制

记录控制范围、程序和内容如下：

1. 特种设备生产过程形成的记录的填写、确认、收集、归档、保管与保存期限、销毁的规定等；

2.质量保证体系实施部门、人员及场所使用相关受控记录表格有效版本的规定。记录的归档、受控记录表格有效版本由相应质量控制系统责任人员进行审查确认,并且对记录的使用、保管进行定期检查,作出记录。

第二节　不合格品(项)的控制

一、不合格品(项)控制的范围、程序、内容如下:

1.不合格品(项)的记录、标识、存放、隔离等;

2.不合格品(项)原因分析、处置及处置后的检验等;

3.对不合格品(项)所采取的纠正或者预防措施的制定、审核、批准、实施及其跟踪验证等(必要时)。

二、不合格品(项)的记录、标识、存放、隔离等,原因分析、落实责任、处理意见,进行返工或返修。

三、不合格品(项)返工或返修的工艺(作业指导书、工艺卡等)及处置后检验。

四、发生交付或开始使用后的不合格品(项),应立即采取相应措施处理。

五、保存不合格品(项)处理记录。

六、报废产品的处理程序及记录。

七、对不合格品(项)所采取的纠正或预防措施的制定、审核、批准、实施及其跟踪验证等。

第三节　质量改进与服务

质量改进与服务控制范围、程序、内容如下:

1.质量信息控制,包括内、外部质量信息,特种设备安全监管部门和监督检验机构提出的质量问题,质量信息收集、汇总、分析、反馈、处理、缺陷召回负责机构设置和职责等;

2.每年至少进行1次完整的内部审核,对审核发现的问题分析原因、采取纠正措施并跟踪验证其有效性;

3.对产品一次合格率和返修率进行定期统计、分析、提出具体预防措施等;

4.客户服务包括服务计划、实施、验证和报告,以及相关人员职责等。

第四节　人员管理

一、人员管理的范围、程序、内容

1. 人员培训要求、内容、计划和实施等；

2. 特种设备许可所要求的相关人员的培训、考核档案；

3. 特种设备许可所要求的相关人员的聘用管理。

二、人员培训计划、范围、内容、方式

1. 制订年度人员培训计划；

2. 培训考核范围：质量管理人员、焊接责任工程师、无损检测责任工程师及检验责任工程师及各质量控制系统责任人员、技术人员、检验人员等，另对新员工上岗前或换岗前也应进行培训；

3. 培训考核内容：有关法规、标准、质量保证体系文件、专业知识、专业技能、质量意识教育等；

4. 培训方式：外派、内部集中培训、自学等方式.

三、组织实施相关人员的培训、评价或考核、保存记录，建立档案

四、特种设备许可所要求的相关人员的聘用管理：包括聘用、借调、调出等

第五节　执行特种设备许可制度

执行许可制度控制，控制范围、程序、内容如下：

(1)执行特种设备许可制度；

(2)接受各级特种设备安全监管部门的监督；

(3)接受监督检验，包括法规、安全技术规范对特种设备制造、安装、改造、修理实施监督检验的要求时，制定接受特种设备监督检验的规定，明确专人负责与监督检验人员的工作联

系方式,提供监督检验工作的条件,对监督检验机构提出的《监检工作联络单》《监检意见通知书》的内容进行处理等;

(4)特种设备许可证管理,包括遵守相关法律、法规和安全技术规范的规定,特种设备许可情况(如名称、地点、质量保证体系)发生变更、变化时,及时办理变更申请和备案的规定,特种设备许可证及许可标志使用管理的规定,特种设备许可证换证要求,等;

(5)提供相关信息,包括按照法规、安全技术规范以及信息化工作要求,向特种设备安全监管部门、检验机构和社会提供生产过程的相关信息,以及机构设置、人员配备和设备设施的情况等。

执行特种设备许可制度情况由质量保证工程师进行监督检查,对特种设备安全监管部门监督检查提出的意见、监督检验机构提出的《监检意见通知书》,提出处理意见,并且对处理结果审查确认,作出记录。

附录

附录A 压力容器生产全部过程质量控制程序图

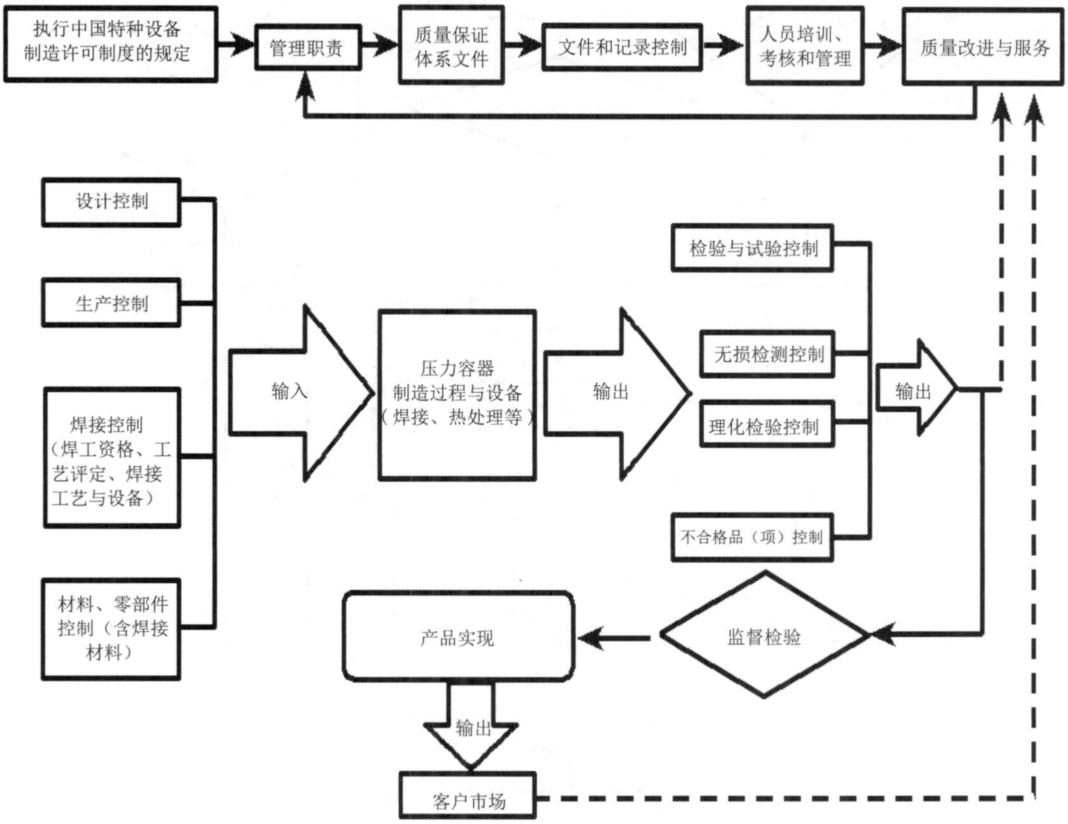

附录 B　设计质量控制系统控制程序图

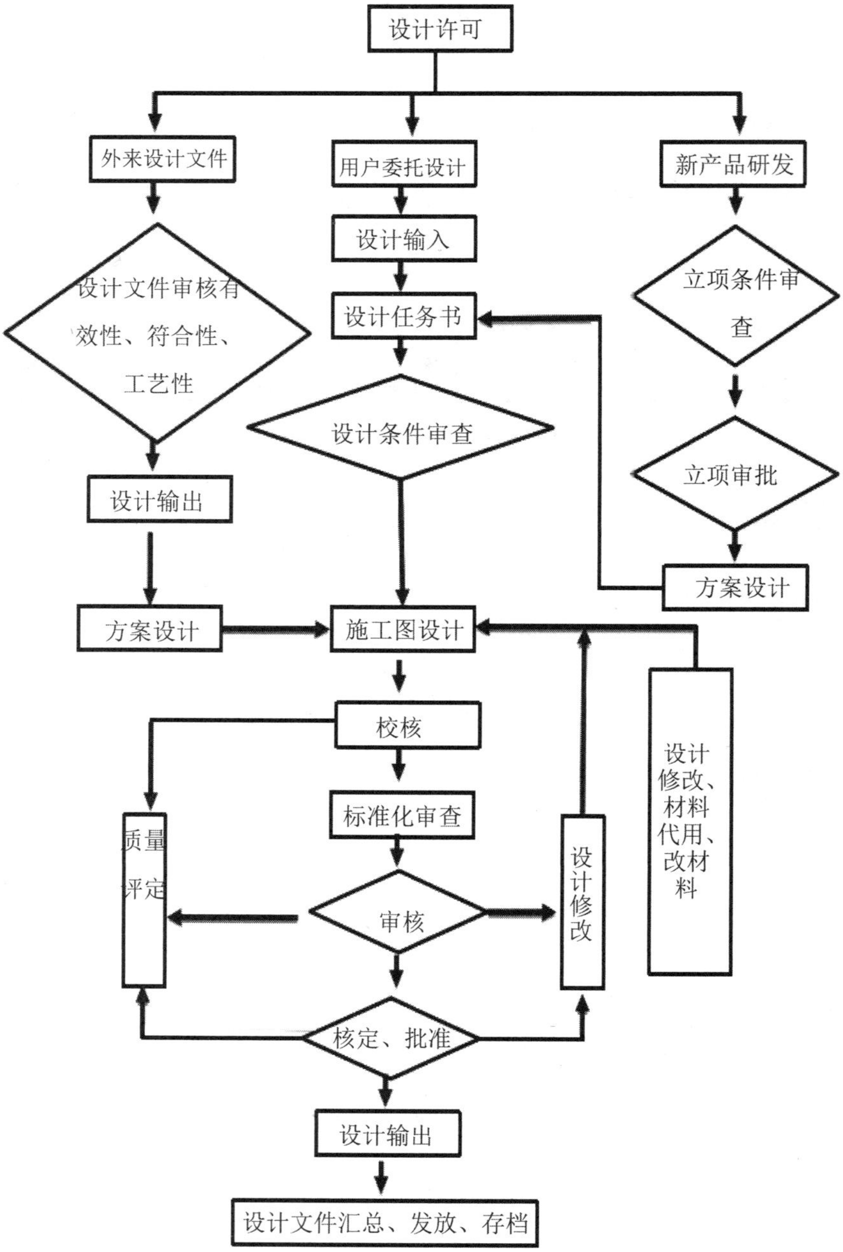

附录 C　材料、零部件质量控制系统控制程序图

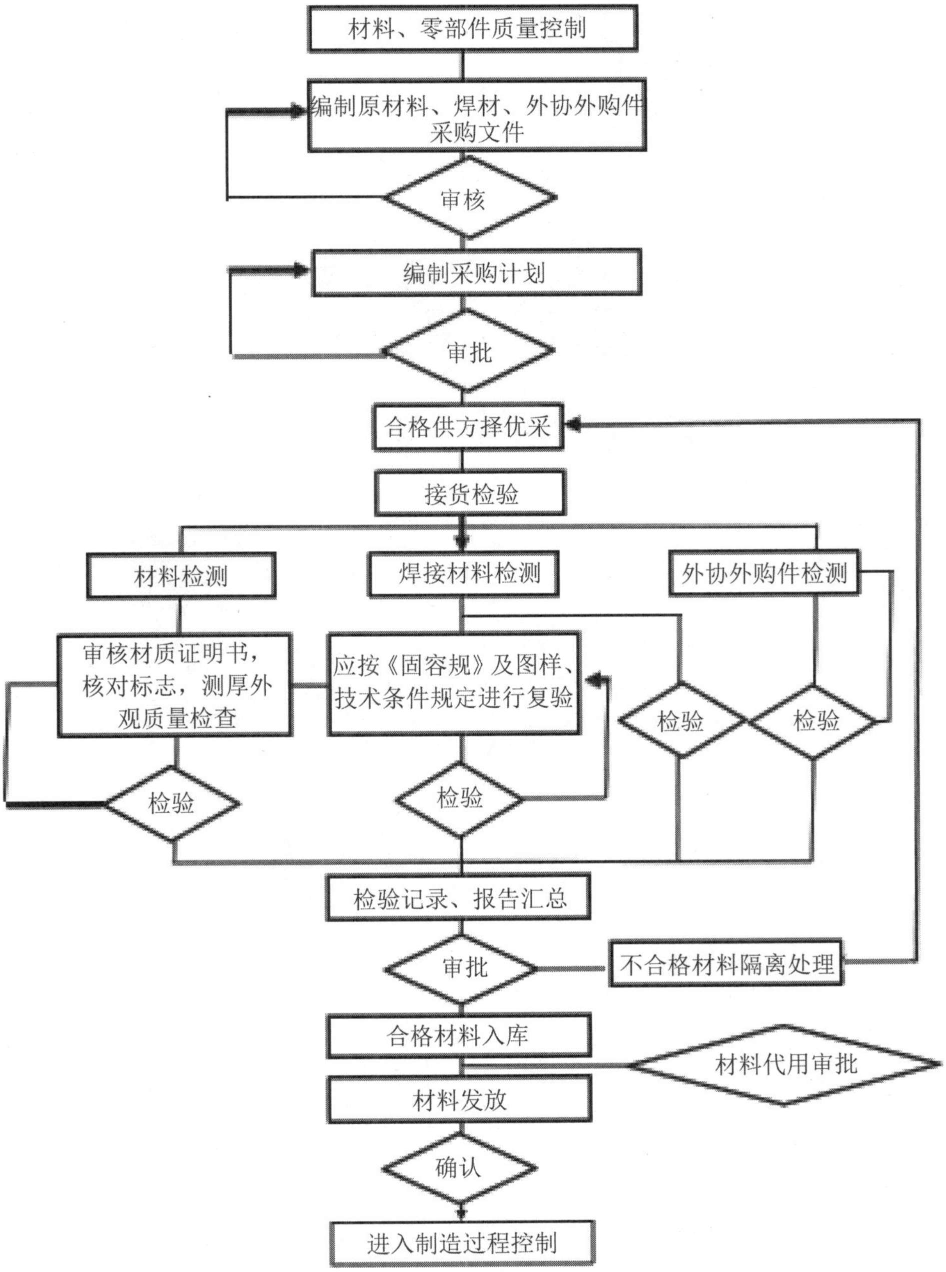

附录 E　工艺质量控制系统控制程序图

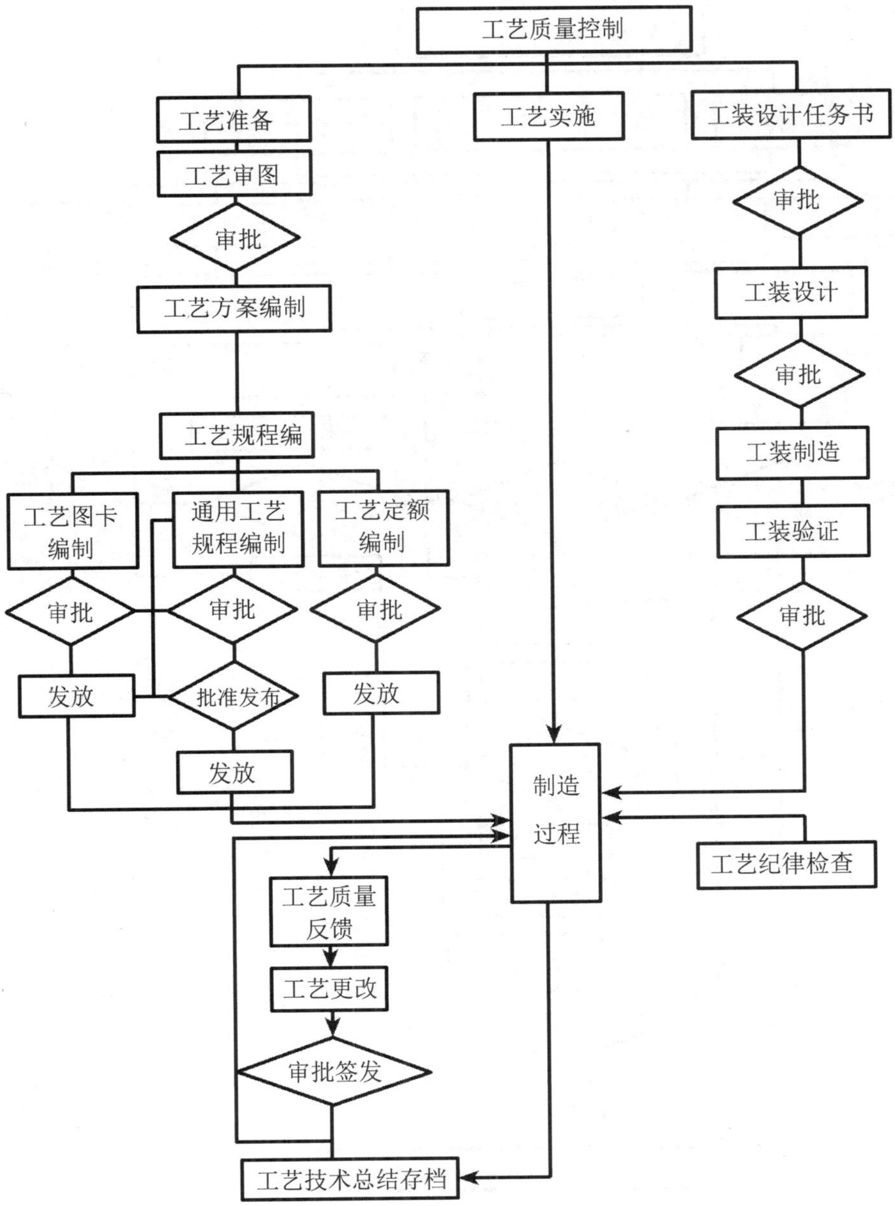

附录 F　无损检测质量控制系统控制程序图

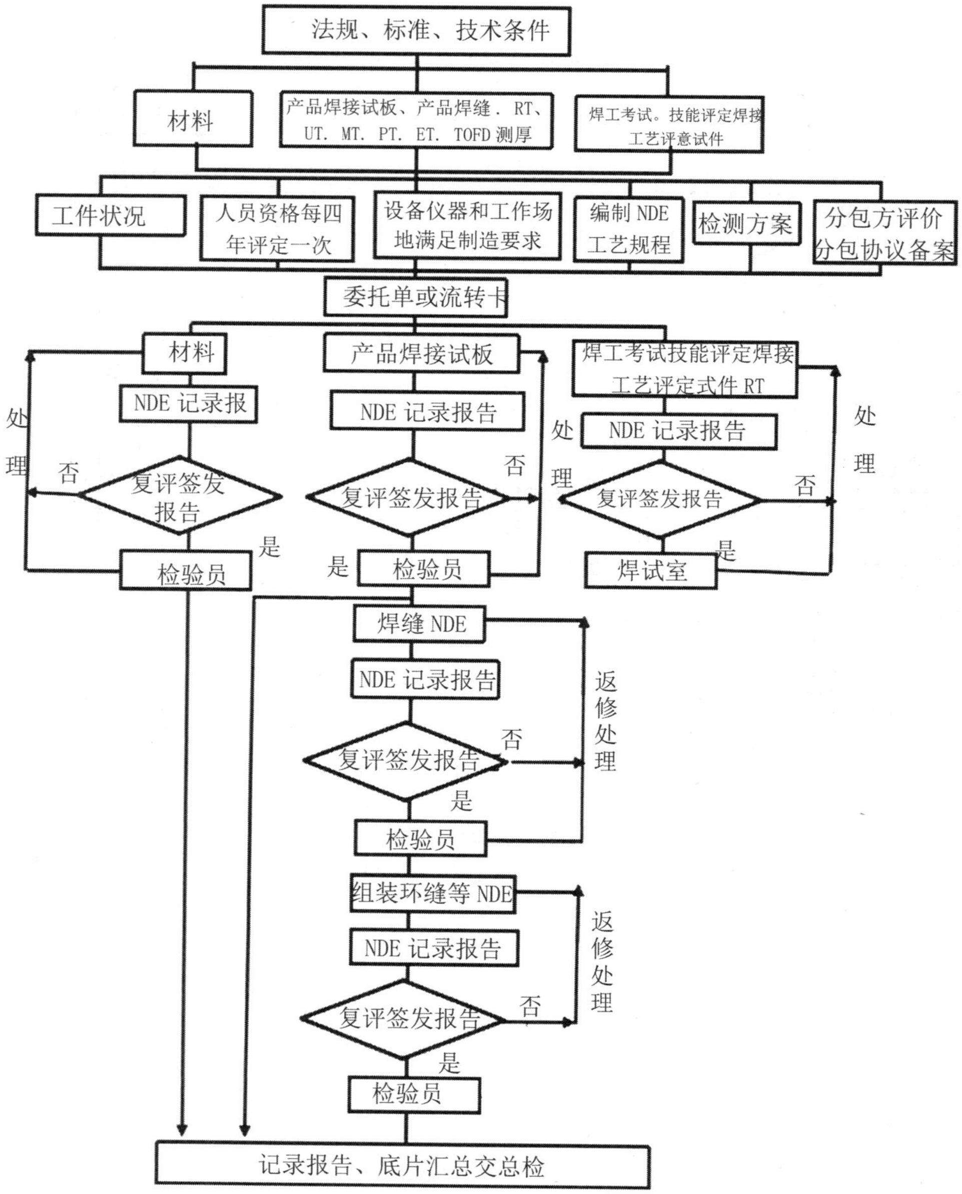

附录 G　检验与试验质量控制系统控制程序图

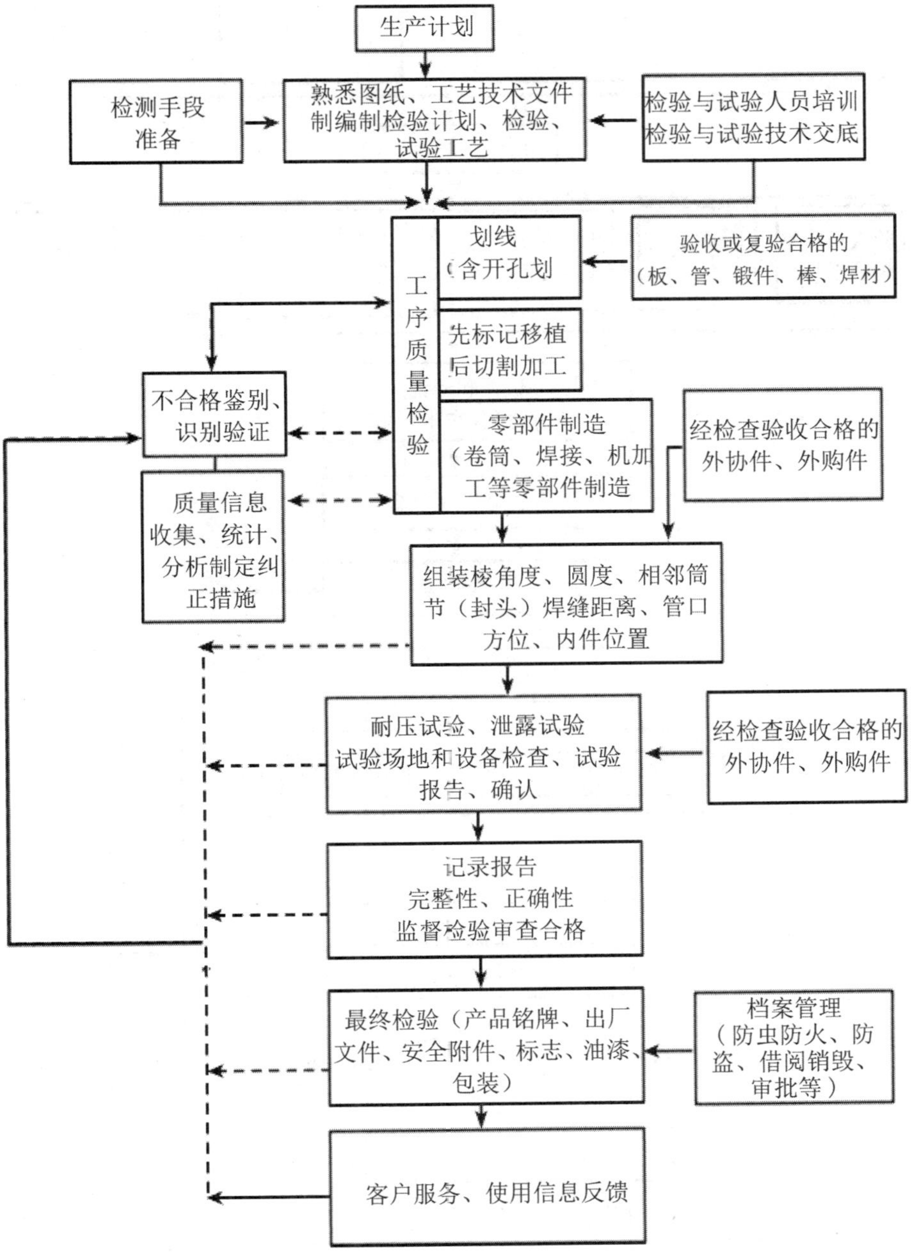

附件 H　理化检验质量控制系统控制程序图

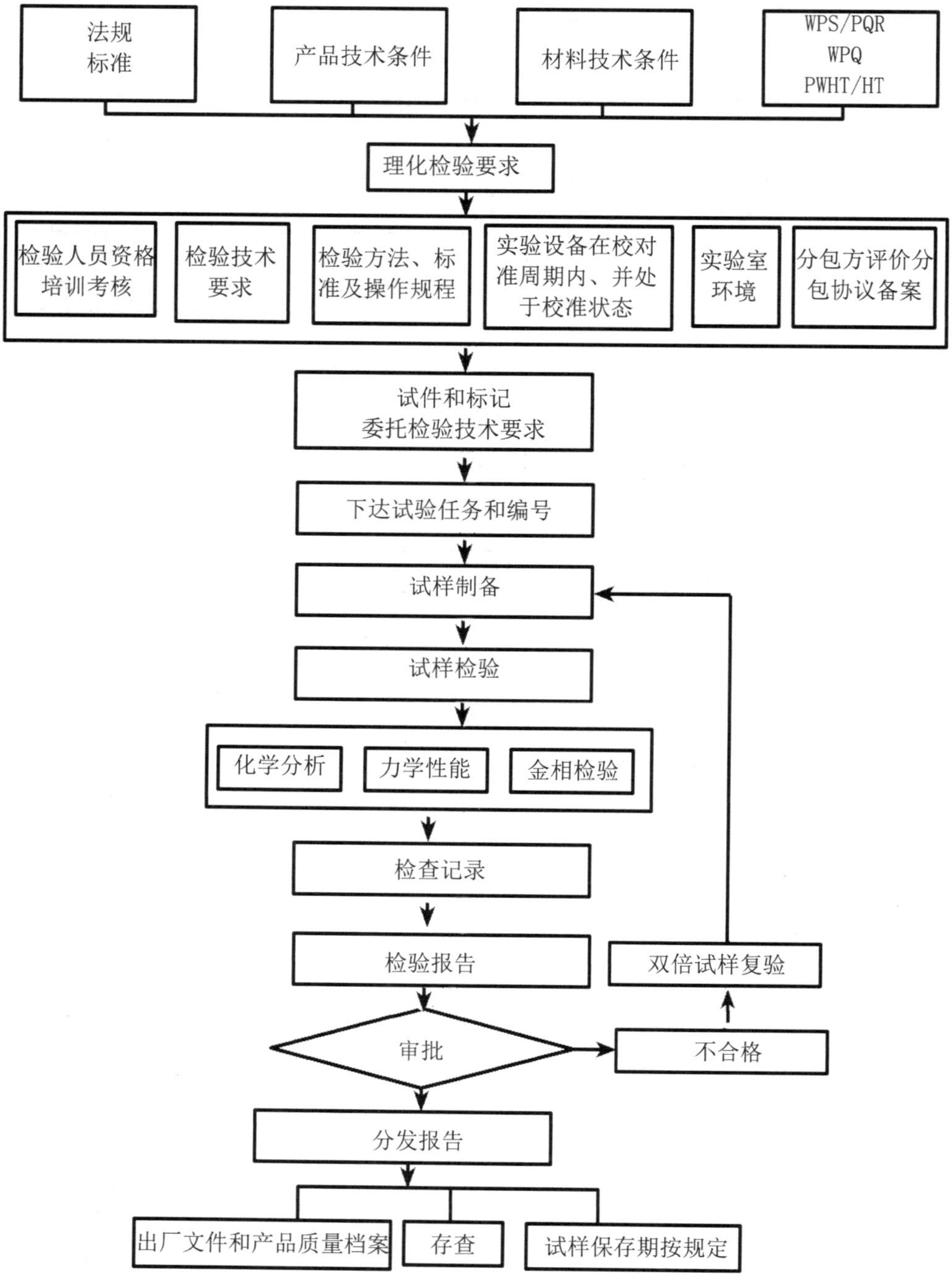

附件Ⅰ　热处理质量控制系统控制程序图

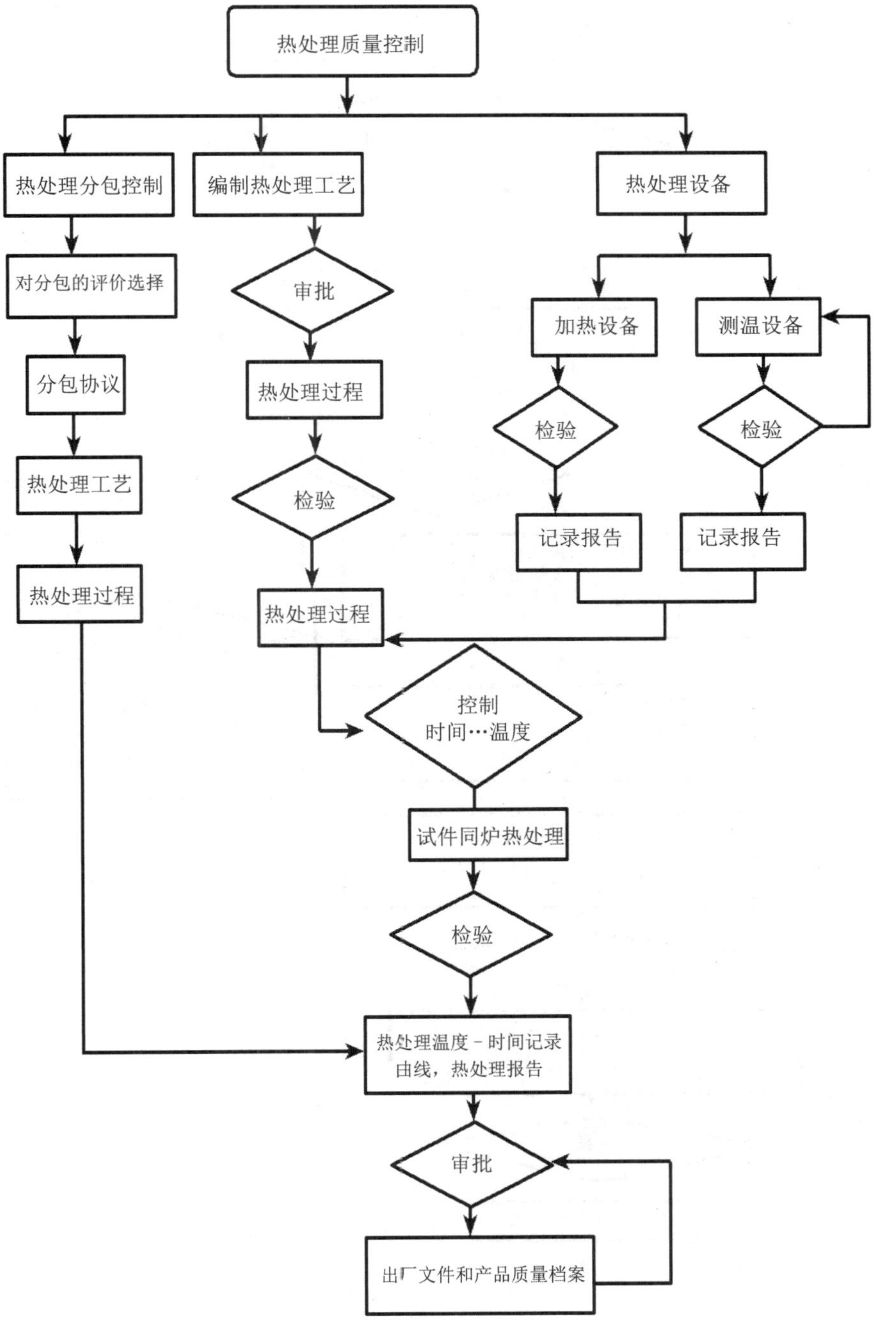

附件 J　生产设备和检验与试验装置质量控制系统控制程序图

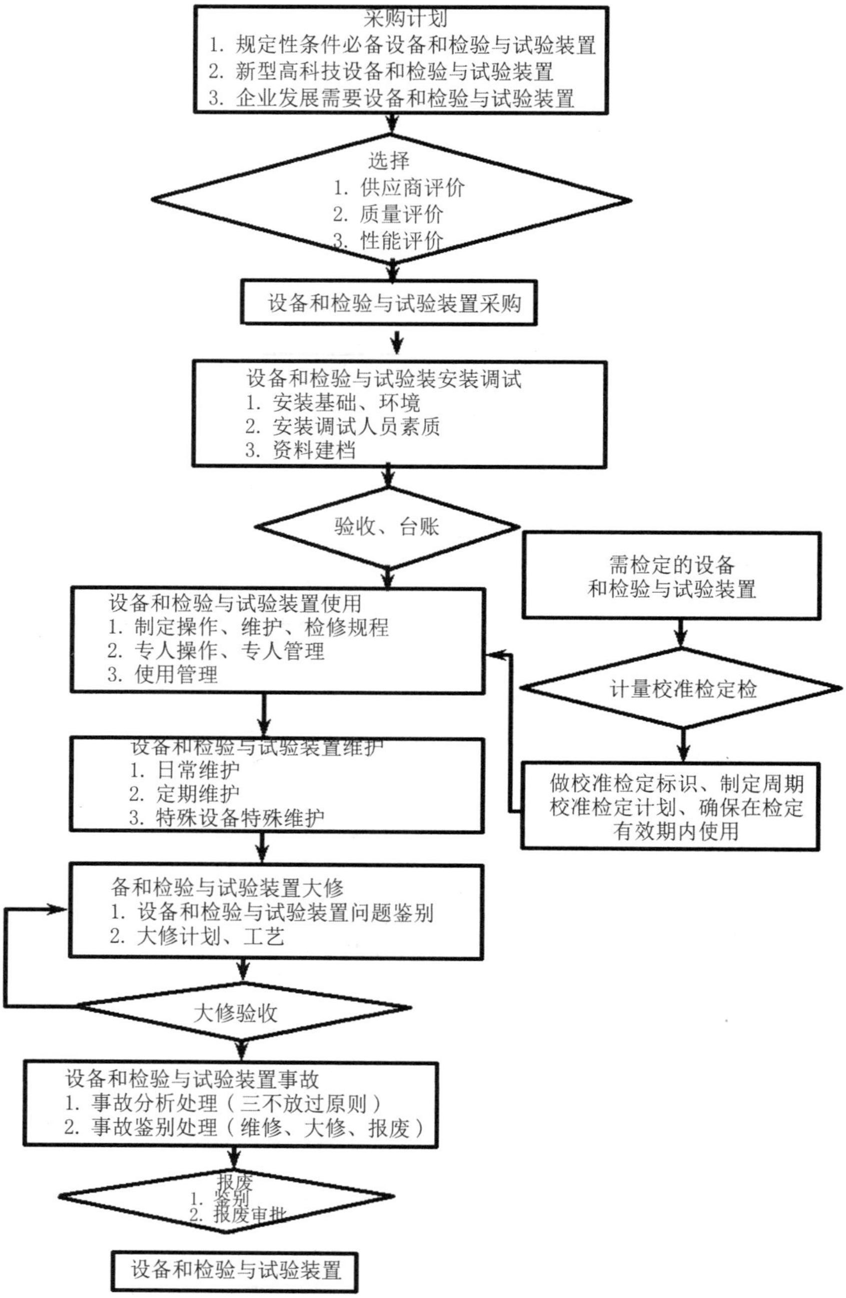

参考文献

[1]全国人民代表大会常务委员会. 中华人民共和国特种设备安全法[Z]. 2013.

[2]全国人民代表大会常务委员会. 中华人民共和国行政许可法[Z]. 2003.

[3]中华人民共和国国务院. 特种设备安全监察条例[Z]. 2003.

[4]国家市场监督管理总局. 市场监管总局关于特种设备行政许可有关事项的公告(2021 年第 41 号)[Z]. 2021.

[5]国家市场监督管理总局. 特种设备生产和充装单位许可规则：TSG 07—2019 [S]. 2019.

[6]中华人民共和国国家质量监督检验检疫总局. 固定式压力容器安全技术监察规程：TSG 21—2016 [S]. 2016.

[7]国家市场监督管理总局. 气瓶安全技术规程：TSG 23—2021 [S]. 2021.

[8]中华人民共和国国家质量监督检验检疫总局. TSG R0005—2011 移动式压力容器安全技术监察规程[S]. 2011.

[9]中华人民共和国国家质量监督检验检疫总局，中国国家标准化管理委员会. GB/T 150—2011 压力容器[S]. 2011.

[10]中华人民共和国国家质量监督检验检疫总局，中国国家标准化管理委员会. GB/T 151—2014 热交换器[S]. 2014.

[11]国家能源局. NB/T 47013—2015 承压设备无损检测[S]. 2015.

[12]国家能源局. NB/T 47014—2011 承压设备焊接工艺评定[S]. 2011.

[13]国家能源局. NB/T 47015—2011 压力容器焊接规程[S]. 2011.

责任编辑：丁立松　夏金玉
封面设计：张丽莉

压力容器生产（设计）单位质量保证系统责任工程师

培训教材

ISBN 978-7-5687-0831-9
湘潭大学出版社
定价：58.00元